中国水利工程协会
团体标准编写实务

（第二版）

中国水利工程协会 编

中国水利水电出版社
www.waterpub.com.cn
·北京·

内 容 提 要

本书在介绍标准化相关概念的基础上，针对中国水利工程协会团体标准的特性、发展要求，对中国水利工程协会标准的格式体例给出了具体的编写说明；结合标准编写实例，提出了标准编制过程中的注意事项、操作指南，为中国水利工程协会团体标准编写的科学性、适用性、规范性提供了技术保障。

本书可作为水利行业企事业单位、科研院所等培养标准化人才的培训教材，也可以作为研究或编制标准人员的指导用书。

图书在版编目（CIP）数据

中国水利工程协会团体标准编写实务 / 中国水利工程协会编. -- 2版. -- 北京：中国水利水电出版社，2025.5
ISBN 978-7-5226-1204-1

Ⅰ. ①中… Ⅱ. ①中… Ⅲ. ①水利水电工程－标准－中国 Ⅳ. ①TV5-65

中国国家版本馆CIP数据核字(2023)第002026号

书　　名	**中国水利工程协会团体标准编写实务（第二版）** ZHONGGUO SHUILI GONGCHENG XIEHUI TUANTI BIAOZHUN BIANXIE SHIWU (DI-ER BAN)
作　　者	中国水利工程协会　编
出版发行	中国水利水电出版社 （北京市海淀区玉渊潭南路1号D座　100038） 网址：www.waterpub.com.cn E-mail：sales@mwr.gov.cn 电话：(010) 68545888（营销中心）
经　　售	北京科水图书销售有限公司 电话：(010) 68545874、63202643 全国各地新华书店和相关出版物销售网点
排　　版	中国水利水电出版社微机排版中心
印　　刷	清淞永业（天津）印刷有限公司
规　　格	184mm×260mm　16开本　23印张　438千字
版　　次	2018年9月第1版　2018年9月第1次印刷 2025年5月第2版　2025年5月第1次印刷
印　　数	0001—2000册
定　　价	**96.00元**

凡购买我社图书，如有缺页、倒页、脱页的，本社营销中心负责调换

版权所有·侵权必究

第二版前言

《中国水利工程协会团体标准编写实务》是中国水利工程协会为会员单位培养标准化人才,提高标准编写水平编制的指导用书。

近年来,随着标准化改革的不断推进,国家及水利行业标准化制度及体系发生了重大变化,团体标准受到高度重视。2019年国家标准化管理委员会、民政部颁布《团体标准管理规定》,对团体标准制定原则、制定程序、编写规定及实施监督等方面做出明确规定,对规范团体标准化工作起了巨大作用。2021年10月,中共中央 国务院印发《国家标准化发展纲要》,其中指出要大力发展团体标准,实施团体标准培优计划,推进团体标准应用示范,引导社会团体制定原创性、高质量标准。2022年2月18日,国家标准化管理委员会等17部门联合印发《关于促进团体标准规范优质发展的意见》,围绕团体标准高质量发展给出了十项具体意见,进一步规范了团体标准化工作,促进团体标准优质发展。在水利行业,2020年2月,水利部印发了《关于加强水利团体标准管理工作的意见》,明确了团体标准制定主体与定位,制度建设与推广应用,强化了团体标准监督管理。

为落实国家标准化有关政策,推动水利行业自主创新和科技进步,根据现行国家和行业有关标准编写规定,对本书进行了修订。此次修订完善了协会团体标准的编写要求,新增了标准立项选题及有关标准案例分析等,标准化知识的全面性和实操性得到加强,符合水利高质量发展形势下标准化工作的行业新规定,满足中国水利工程协会对团体标准管理的新要求,方便会员单位标准化工作者使用。

本书由水利部产品质量标准研究所郑寓统稿。第一章由水利部产品质量标准研究所郑寓、程萌编写;第二、第三章由中国水利工程协会杨清风编写;第四章由中国水利工程协会王丹编写,第五、第八章由水利部产品质量标准研究所程萌编写;第六章由水利部产品质量标准研究所程萌、许国、李蕊编写;第七章由水利部产品质量标准研究所程萌、许国、李桃编写；第九章由水利部产品质量标准研究所李桃、李蕊、许立祥编写；第十章由中国水利工程协会杨清风编写；第十一章由中国水利工程协会杨清风、王丹编写；文件汇编由王丹、孙燕贺、朱毅番负责整理。

  本次修订得到了诸多专家的悉心指导和有关领导的大力支持，在此一并表示感谢。由于编者水平有限，疏漏和错误之处在所难免，敬请广大使用者不吝批评指正。

编者

2025 年 3 月

第一版前言

FOREWORD

标准是为了在一定的范围内获得最佳秩序，经协商一致制定并由公认机构批准，共同使用和重复使用的一种规范性文件。标准与人们的生活息息相关，是企业生存、发展的重要技术基础，是各行各业加强管理，建立现代企业制度的重要技术依托。标准是一种科技成果，是推动技术进步的杠杆，是提高企业竞争力、合理配置资源、促进生产发展的重要内容。

在一些发达国家，对于标准的要求从很早以前就有提出，随着经济全球化的日益加快，标准走向国际化的步伐也在加快。国际标准化组织（ISO）、国际电工委员会（IEC）、国际电信联盟（ITU）等的成立，满足了国际贸易和人类科学技术的创新发展需要。许多不同作用的专业标准化组织，所制定的标准已在全世界得到广泛应用。这些非政府机构的标准化组织，在经济全球化发展中的作用越来越显著，因此包括联合国和WTO在内的政府组织也越来越重视标准化组织的作用，涉及标准的许多方面，不但积极与标准组织合作，也经常委托和依靠标准组织来从事相关工作。

中国标准化事业正处在改革创新阶段，原有标准体系和标准化管理体制已经不能适应社会发展的需要，甚至在一定程度上影响了经济社会发展。2015年3月，国务院印发《深化标准化工作改革方案》（国发〔2015〕13号），提出建立政府主导制定标准与市场自主制定标准协同发展、协调配套的新型标准体系，健全统一协调、运行高效、政府与市场共治的标准化管理体制，形成政府引导、市场驱动、社会参与、协同推进的标准化工作格局的改革总目标，并首次提出要"培育发展团体标准""鼓励具备相应能力的学会、协会、商会、联合会等社会组织和产业技术联盟协调相关市场主体共同制定满足市场和创新需要的标准，供市场自愿选用，增加标准的有效供给"。2017年11月，新修订的《中华人民共和国标准化法》，调整了中国标准的分类，增加了团体标准，明确了团体标准的法律地位，夯实了团体标准的发展基础。2017年12月21日，国家质量监督检验检疫总局、国家标准化管理委员会、民政部联合印发《团体标准管理规定（试行）》（国质检标联〔2017〕536号）（以下简称"规定"），对团体标准的制修定工作提出了进一步的明确要求。

为落实国家标准化改革精神，推动水利行业自主创新和科技进步，满足行业发展需要，提升行业的竞争力，中国水利工程协会于2016年8月24日印发《中国水利工程协会标准管理办法》和《中国水利工程协会标准管理工作细则》，随即开展了团体标准制定工作。2017年6月26日，发布了《水利水电工程施工现场管理人员职业标准》《水利工程质量管理小组活动导则》《水利工程施工环境保护监理规范》《水工预应力锚固施工规范》4项标准。

目前，中国水利工程协会拥有近1万家单位会员，41万个人会员，为帮助发挥广大会员尽快掌握标准编写方法，我们组织编写了《中国水利工程协会团体标准编写实务》一书。详细介绍了国家标准、行业标准以及团体标准的编写规范、有关要求及注意事项，以期对中国水利工程协会标准编写起到积极的促进作用。

本书编写过程中参考了诸多专家学者的论著，也得到了有关领导的大力支持，在此不能一一列举，谨向他们表示深深的谢意。限于编者的水平，疏漏与不当之处在所难免，敬请专家学者和实务工作者不吝赐教，予以批评指正。

编者

2018年6月

目录

第二版前言

第一版前言

第一章 概述 ·· 1
   第一节 基本概念 ·· 1
   第二节 团体标准的作用与效力 ·· 9
   第三节 标准制修订管理程序 ·· 14

第二章 标准立项 ··· 19
   第一节 标准立项基本条件 ·· 19
   第二节 编写单位基本要求 ·· 21
   第三节 立项工作主要内容 ·· 22

第三章 标准编制的基本要求 ··· 24
   第一节 标准编制的基本原则 ·· 24
   第二节 编制标准的基本步骤 ·· 29
   第三节 标准编制的格式体例 ·· 31
   第四节 基本框架 ·· 33

第四章 层次编写 ··· 39
   第一节 GB/T 1.1 层次编写 ·· 39
   第二节 SL/T 1 层次编写 ··· 60

第五章 标准各部分的编写（GB/T 1.1—2020） ····················· 69
   第一节 封面 ··· 69
   第二节 标准名称 ·· 73
   第三节 前言 ··· 79
   第四节 目次 ··· 81

第五节	引言	83
第六节	范围	84
第七节	规范性引用文件	87
第八节	术语和定义	91
第九节	符号和缩略语	95
第十节	技术内容	97
第十一节	附录	103
第十二节	参考文献	109
第十三节	索引	112

第六章 标准各部分的编写（SL/T 1—2024） 116

第一节	封面	116
第二节	标准名称	116
第三节	前言	116
第四节	目次	117
第五节	总则	118
第六节	术语和符号	122
第七节	技术内容	124
第八节	附录	124
第九节	标准用词说明	126
第十节	标准历次版本编写者信息	127
第十一节	条文说明	128

第七章 技术条款编写细则 134

第一节	条款	135
第二节	引用和提示	145
第三节	图	153
第四节	表	160
第五节	注、脚注和示例	166
第六节	计量单位及量的符号	170
第七节	数和公式	177
第八节	其他	183
第九节	特别说明	187

第八章　局部修订 …… 188
 第一节　局部修订的公告 …… 188
 第二节　局部修订编排格式 …… 189

第九章　各类标准编写注意事项 …… 191
 第一节　管理类标准 …… 191
 第二节　服务类标准 …… 194
 第三节　评价类标准 …… 196
 第四节　方法类标准 …… 200
 第五节　技术类标准 …… 204
 第六节　产品类标准 …… 206

第十章　操作指南 …… 211
 第一节　编制背景 …… 211
 第二节　主要技术依据和验证 …… 212
 第三节　主要内容及解读 …… 212
 第四节　与相关标准的协调性 …… 213
 第五节　实施要求 …… 214
 第六节　注意事项 …… 214
 第七节　应用实例 …… 214
 第八节　参考文献 …… 214
 第九节　指南的目录（三级目录模板）…… 215

第十一章　标准编写案例讲解 …… 216
 第一节　水利工程质量管理小组活动导则 …… 216
 第二节　水利水电工程砌石坝施工规程 …… 249
 第三节　入河风沙量监测规程 …… 290
 第四节　水工建筑物环氧树脂涂料施工规范 …… 318
 第五节　水利水电工程食品级润滑脂应用导则 …… 342

参考文献 …… 356

第一章

概 述

中华人民共和国成立以来,水利事业蓬勃发展,水利标准化工作也取得了长足的进步。水利技术标准的颁布实施,有力地促进了中国水利工程建设质量的提高和规范化、科学化,起到了重要的技术支撑和保障作用。水利技术标准是水利科技工作的重要基础,标准编制的质量直接影响水利科技工作的发展。编写水利技术标准除了需要水利技术领域的知识外,还需要掌握标准化最基本的概念,了解指导标准编写的相关标准体系,并熟练运用标准编写方法和规则。

第一节 基 本 概 念

一、标准的概念

标准化,指"为了在既定范围内获得最佳秩序,促进共同效益,对现实问题或潜在问题确立共同使用和重复使用的条款以及编制、发布和应用文件的活动。注1:标准化活动确立的条款,可形成标准化文件,包括标准和其他标准化文件。注2:标准化的主要效益在于为了产品、过程或服务的预期目的改进它们的适用性,促进贸易、交流以及技术合作。"[引自 GB/T 20000.1—2014,定义 3.1]。标准化是一项活动,这种活动的结果是制定条款和文件,制定条款和文件的目的是在一定范围内共同遵守、获得最佳秩序、促进共同效益,所制定的条款的特点是共同使用和重复使用,针对对象是现实问题或潜在问题。

标准,指"通过标准化活动,按照规定的程序经协商一致制定,为各种活动或其结果提供规则、指南或特性,供共同使用和重复使用的文件。注1:标准宜以科学、技术和经验的综合成果为基础;注2:规定的程序指制定标准的机构颁布的标准制定程序;注3:诸如国际标准、区域标准、国家标准等,由于它们可以公开获得以及必要时通过修正或修订保持与最新技术水平同步，因此它们被视为构成了公认的技术规则，其他层次上通过的标准，诸如专业协（学）会标准、企业标准等，在地域上可影响几个国家。"[引自 GB/T 20000.1—2014，定义 5.3]。通过上述定义，可以将标准简单地理解成一种文件。然而标准不是一般的文件，它是一种共同使用和重复使用的规范性、约束性文件。

技术标准，是根据生产技术活动的经验和总结，作为技术上共同遵守的规则而制定的各项标准。技术标准的产生既是人类生产发展到一定阶段的产物，是科学技术与方法日趋成熟、不断完善的凝练，也是保证生产和贸易的升级和顺利进行所必要的标准规范，并随着知识产权和服务贸易的兴起日益向新的产业领域扩展。

二、标准的层级

《中华人民共和国标准化法》规定，标准包括国家标准、行业标准、地方标准和团体标准、企业标准。国家标准分为强制性标准、推荐性标准，行业标准、地方标准是推荐性标准。按此要求，水利部《水利标准化工作管理办法》规定了水利技术标准包括国家标准、行业标准、地方标准和团体标准、企业标准。标准层级的划分，仅仅是因为适用范围的不同，与标准技术水平的高低无关。推荐性国家标准、行业标准、地方标准、团体标准、企业标准的技术要求不得低于强制性国家标准的相关技术要求。

（一）国家标准

适用范围最为广泛的是国家标准。国家标准指"由国家标准机构通过并公开发布的标准"[引自 GB/T 20000.1—2014，定义 5.3.3]。即为，由国务院标准化行政主管部门或国务院有关行政主管部门组织制定，并对全国国民经济和技术发展有重大意义，需要在全国范围内统一的标准。对保障人身健康和生命财产安全、国家安全、生态环境安全以及满足经济社会管理基本需要的技术要求，应当制定强制性国家标准；其余为推荐性标准。

（二）行业标准

行业标准，指"由行业机构通过并公开发布的标准"[引自 GB/T 20000.1—2014，定义 5.3.4]，其适用范围仅为行业范围内。对水利技术标准而言，水利行业标准是对国家标准没有规定或规定不足而又需要在水利行业范围内统一的技术要求，所制定的标准。水利行业标准由水利行业标准归口部门（水利部）审批、编号和发布，并由水利部将已发布的水利行业标准送国务院标准化行政主管部门备案。

（三）地方标准

地方标准，指"在国家的某个地区通过并公开发布的标准"［引自 GB/T 20000.1—2014，定义 5.3.5］。地方标准满足地方自然条件、风俗习惯等特殊技术要求，具有民族特色和特殊的地域特点。地方标准由省、自治区、直辖市人民政府标准化行政主管部门制定；设区的市级人民政府标准化行政主管部门根据本行政区域的特殊需要，经所在地省、自治区、直辖市人民政府标准化行政主管部门批准，可以制定本行政区域的地方标准。地方标准由省、自治区、直辖市人民政府标准化行政主管部门报国务院标准化行政主管部门备案，由国务院标准化行政主管部门通报国务院有关行政主管部门。

（四）团体标准

团体标准，指"依法成立的社会团体为满足市场和创新需要，协调相关市场主体共同制定的标准"［引自国家标准化管理委员会 民政部关于印发《团体标准管理规定》的通知（国标委联〔2019〕1号）］。

根据 2017 年修订发布的《中华人民共和国标准化法》，国家鼓励学会、协会、商会、联合会、产业技术联盟等社会团体协调相关市场主体共同制定满足市场和创新需要的团体标准，由本团体成员约定采用或者按照本团体的规定供社会自愿采用。制定团体标准，应当遵循开放、透明、公平的原则，保证各参与主体获取相关信息，反映各参与主体的共同需求，并应当组织对标准相关事项进行调查分析、实验、论证。

国务院 2015 年 3 月 11 日印发了《深化标准化工作改革方案》，其中明确提出培育发展团体标准：在标准制定主体上，鼓励具备相应能力的学会、协会、商会、联合会等社会组织和产业技术联盟协调相关市场主体共同制定满足市场和创新需要的标准，供市场自愿选用，增加标准的有效供给。在标准管理上，对团体标准不设行政许可，由社会组织和产业技术联盟自主制定发布，通过市场竞争优胜劣汰。国务院标准化主管部门会同国务院有关部门制定团体标准发展指导意见和标准化良好行为规范，对团体标准进行必要的规范、引导和监督。在工作推进上，选择市场化程度高、技术创新活跃、产品类标准较多的领域，先行开展团体标准试点工作。支持专利融入团体标准，推动技术进步。自此，中国的团体标准发展步入正轨，市场主体将真正成为标准制定的主要参与方，政府的规范、引导和监督也必定会对团体标准的发展起到至关重要的作用。

1. 团体标准有利于推动政府职能转变

多年来中国国家标准、行业标准及地方标准制修订时间慢、标龄长、标准不齐全等顽症还没有得到根本性改变，某些行业内缺乏相关统一的标准，导致了在技术引领、质量保证等方面出现了不利于产业发展的无序竞争趋势，因此急需寻找一种适应性强的标准化管理机制。推进社会团体标准的培育发展，把可由市场机制产出的标准交由市场决定，既可避免制定出的标准与市场需求脱节，又可加快标准制定速度、增加标准有效供给。政府可把更多精力放在保障安全、健康和保护环境范围的强制性标准，及市场不愿、不宜、不能提供的基础性标准上。因此，发展社会团体标准有助于改进标准管理体制的弊端，是转变政府职能、构建服务型政府的有效途径。

2. 团体标准有利于推动行业科技进步

团体标准的制定主体是在专业领域具有影响力并具备相应的标准化能力的学会、协会等专业组织和产业技术联盟。团体标准在规范行业发展和竞争方面具有重要意义，可优化产业链、增强行业竞争力、扶优汰劣、做大做强产业，引导行业良性发展。团体标准产业影响大、标准制定灵活、内部协调相对容易、与自主核心技术结合紧密，从而能够得到制定主体的主动参与和积极追随，能够体现市场整体水平，能够体现产品在市场中的竞争优势。

3. 团体标准有利于提高企业核心竞争力

中小微企业由于标准化意识不到位、标准化人才匮乏，造成其标准化水平普遍不高的现状，制约了其创新成果产业化的发展。调查发现，这些企业所生成的无标产品在一致性和稳定性上存在较大的缺陷。中小微企业通过形成标准联盟、抱团发展，一是能有效地整合各个企业的资源和研发力量，共同分担研发成本，快速制定联盟标准，加快科研成果转化为生产力的速度和走向市场的步伐；二是中小微企业由于有了联盟标准支撑的底气，可明显提高中小微企业市场竞争的信心，面对激烈的市场竞争，勇于做大做强，促使产品优化升级，提升企业市场竞争力。

4. 团体标准有利于社团自律、有序竞争，规范社团会员的市场行为

团体标准是学会、协会、商会、联合会、产业技术联盟等社会团体协调相关市场主体共同制定满足市场和创新需要的技术标准，由市场自主制定，能充分发挥规范行业门槛，促进行业自律，推动行业内企业间的健康有序的合理竞争。

5. 团体标准是国家标准、行业标准的重要补充

根据 2017 年修订发布的《中华人民共和国标准化法》，强制性标准将被严格限定在"对保障人身健康和生命财产安全、国家安全、生态环境安全以及满足经济社会管理基本需要的技术要求"的范围内，政府制定的推荐性国家标准和行业标

准"满足基础通用、与强制性国家标准配套、对各有关行业起引领作用等需要的技术要求"或"没有推荐性国家标准、需要在全国某个行业范围内统一的技术要求",而国家鼓励"学会、协会、商会、联合会、产业技术联盟等社会团体协调相关市场主体共同制定满足市场和创新需要的团体标准"。也就是说,在中国新型标准体系中,强制性标准保底线,政府主导制定的推荐性标准强基础,而团体标准充分体现行业标杆、及时反映行业特点,是国家标准、行业标准的重要补充。中国水利工程协会(CWEAE)在团体标准制定上以企业为主体,产、学、研、官、社广泛参与,以市场需求为导向,制定效率高,所制定的团体标准为国家标准、行业标准的实施起到了拾遗补缺和有效拓展的作用,成为国家水利工程建设行业重要的标准技术支撑。例如,T/CWEA 17—2021《水利水电工程食品级润滑脂应用导则》有效地补充了国家标准、行业标准在食品级润滑脂方面的空白,为饮水安全、水资源保护等提供了技术支撑。

(五)企业标准

企业标准,指"由企业通过供该企业使用的标准"(引自 GB/T 20000.1—2014,定义5.3.6),是针对企业范围内需要协调、统一的技术要求、管理要求和工作要求所制定的标准。企业标准是企业组织生产、经营活动的依据。企业标准虽然只在某企业适用,但在地域上可能会影响多个国家。企业标准由企业制定,由企业法人代表或法人代表授权的主管领导批准、发布,由企业法人代表授权的部门统一管理。企业标准大多是不公开的。然而,作为组织生产和第三方合格评定依据的企业产品标准发布后,企业应将企业标准报当地标准化行政主管部门和有关行政主管部门备案。企业标准是规范企业内部生产经营活动的各种要求的规范性文件。企业标准中大部分是针对"过程"的标准,主要是对各类人员,例如开发设计人员、工艺技术人员、测试检验人员、销售供应人员、经营管理人员等如何开展工作做出规定;企业标准中少部分是"结果"标准,主要是针对"物",例如采购的原材料、半成品、最终产品等的技术要求作出规定。

三、水利技术标准的特性

从上述概念可以看出,水利技术标准就是以水利科学技术和实践经验的综合成果为基础,不断创新,不断完善,以在水利行业范围内获得最佳秩序、促进最佳社会效益为目的,规定了水利工程或产品、过程或服务应满足的技术要求,以及水利技术装备的设计、制造、安装、维修或使用的操作方法。水利技术标准具有以下特性：

（1）目的性：水利技术标准的最终目的是"在水利行业范围内获得最佳秩序、促进最佳社会效益"。

（2）科学性：水利技术标准是以水利科学技术和实践经验的综合成果为基础的。

（3）适宜性：水利技术标准既要以水利科学技术和实践经验的综合成果为基础，又要能在水利行业范围内获得最佳秩序、促进最佳社会效益，那么对水利技术标准的技术水平的要求是先进、成熟、可靠、适用，故标准的技术水平要与社会科技水平的发展相适应。

（4）协调性：水利技术标准的目的性要求水利技术标准相互间在标准内容、标准技术要素等层面协调一致。

（5）权威性：水利技术标准需要由公认机构批准。

（6）约束性：水利技术标准为各种活动或其结果提供规则、指南或特性，因此要求在水利行业内共同遵守，自觉规范水利行业技术行为。

（7）民主性：水利技术标准是各方协商一致的产物。

（8）政策性：水利技术标准客观上要求内容符合国家的法律法规、技术经济政策和水利行业发展的要求。

四、水利技术标准体系

目前，我国水利技术标准已基本形成了一个科学、完善的标准体系，覆盖了水利行业各个专业。水利部编制的《水利技术标准体系表》收录了其组织编制的国家标准和行业标准，不包括地方标准、团体标准和企业标准。

截至2024年底，水利部共发布了1988版、1994版、2001版、2008版、2014版、2021版和2024版共七版《水利技术标准体系表》，水利标准体系不断完善。目前2024版水利技术标准体系共644项标准，覆盖了水利工作的主要领域，是标准化发展规划和年度计划的主要依据。历年体系表中标准数量如图1.1所示。

2024年版《水利技术标准体系表》框架结构由专业门类、功能序列构成。

"专业门类"划分与水利部行政职能和水利专业分类密切相关，反映水利事业的主要对象、作用和目标，体现水利行业特色，满足行业管理需求；"功能序列"划分统筹水利勘测、规划、设计、建设、运行全生命周期管理，符合水利工程建设管理的普遍规律，反映了国民经济和社会发展所具有的共性特征。

专业门类——包括水文、水资源、水生态水环境、水利水电工程、水旱灾害

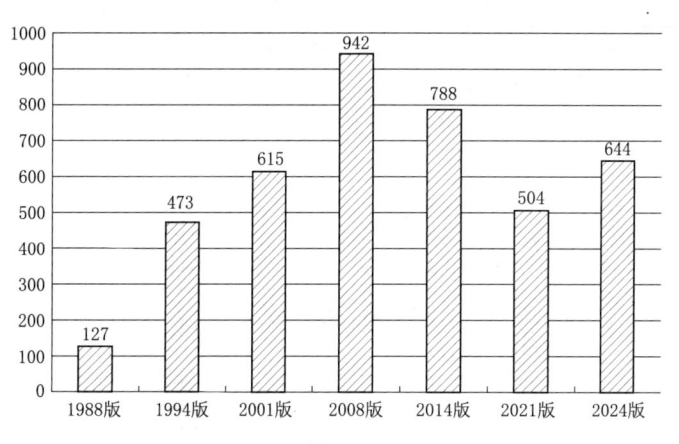

图1.1 历年体系表中标准数量

防御、蓄滞洪区、节约用水、河湖管理、水土保持、灌溉排水、农村供水、水利工程移民、数字孪生水利、流域治理管理、综合等15个专业门类。

功能序列——包括通用、勘测、规划、设计、施工与安装、监理、验收、运行维护、质量与评价、安全与监督、监测预报、材料与仪器设备、试验与检验检测等13个功能序列。水利技术标准体系结构框图如图1.2所示。

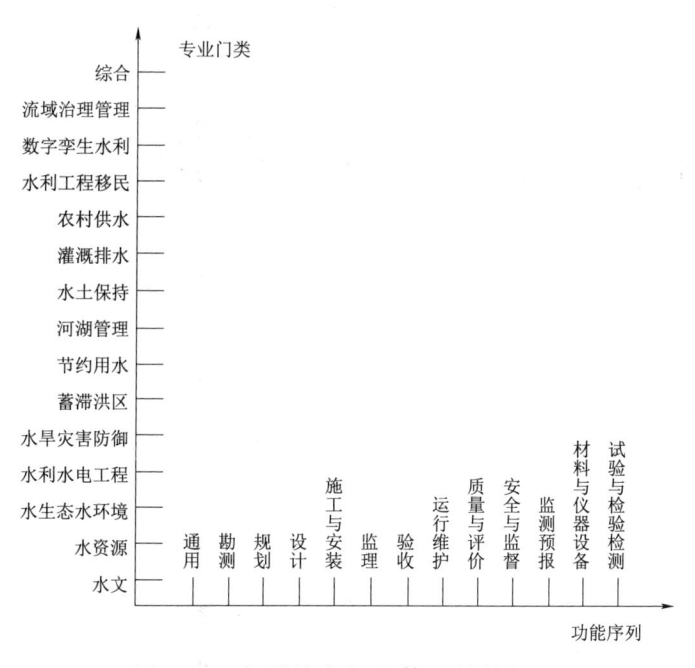

图1.2 水利技术标准体系结构框图

各个专业门类包括的范围及其解释说明见表1.1。

表 1.1　　　　　　专业门类包括的范围及其解释说明

专业门类	包括范围及解释说明
A 水文	水文水资源监测，水文情报预报，站网布设等雨水情监测预报"三道防线"建设，资料整编，水文仪器设备等
B 水资源	水资源规划，取水总量控制，水资源监测，水资源评价，饮用水源地保护，水资源论证与许可，水资源调度，水资源开发利用与保护等
C 水生态水环境	水生态调查监测，生态流量，地下水保护治理，水生态系统保护修复等
D 水利水电工程	工程规划，工程地质，水工建筑物，水力机械，金属结构，电气设备，小水电建设与管理等
E 水旱灾害防御	防洪（防潮、防凌），排涝，抗旱（压咸），水旱灾情评估，风险管理，水工程调度，山洪、堰塞湖等灾害防治等
F 蓄滞洪区	蓄滞洪区安全建设、管理和运用等
G 节约用水	用水总量和用水效率控制，节约用水规划，用水定额，节水评价，非常规水开发利用，节水载体建设，节水监督管理，节水产业发展，合同节水管理，节水型社会建设等
H 河湖管理	河湖水域及其岸线管理和保护，水利风景区，河口管理，河道采砂，河湖健康评价，河长制湖长制等
I 水土保持	水土保持规划，水土流失重点防治区划分，水土保持监测与评价，淤地坝，生产建设项目水土保持管理，水土保持工程建设，水土保持碳汇等
J 灌溉排水	灌区建设与管理，节水灌溉改造，牧区水利等
K 农村供水	农村供水工程建设与管理、巩固提升，农村饮水安全，供水突发事件应急处置等
L 水利工程移民	建设征地与移民安置规划设计，实施管理，监督评估，后期扶持等
M 数字孪生水利	分类与编码，传输交换，数据存储，水利网络安全，信息系统建设与管理，数字孪生水利建设等
N 流域治理管理	流域的规划、治理、管理、调度等
O 综合	水利统计，审计，档案，水文化等

各个功能序列包括的范围及其解释说明见表1.2。

表 1.2　　　　　　功能序列包括的范围及其解释说明

功能序列	包括范围及解释说明
01 通用	术语，标准编写规程，工程建设三阶段编写规程等
02 勘测	地质勘察，地形测绘，测量等
03 规划	综合规划，专业规划，工程规划等

续表

功能序列	包括范围及解释说明
04 设计	水工，施工组织，机电及金属结构，征地移民，环境保护，水土保持，管理设计，安全监测设计，数字孪生设计等
05 施工与安装	施工通用技术，土建工程施工，机电及设备安装，智能化施工技术等
06 监理	工程建设监理等
07 验收	阶段验收，专项验收，竣工验收等
08 运行维护	工程调度，运行操作，养护修理，降等，报废等
09 质量与评价	质量检测与评价，环境、生态影响评价，移民评估等
10 安全与监督	劳动卫生与人员安全，安全检测，安全鉴定，安全评价，水利安全生产等
11 监测预报	调查，观测，监测，预测，预报，预警，预演，预案等
12 材料与仪器设备	混凝土，管材，土工合成材料，监测、检测仪器及实验器具或装置，起重机，搅拌机，节水设备及产品，水泵等
13 试验与检验检测	模（原）型试验方法，岩土试验、程序，计量，仪器检验、校验、校准等

第二节 团体标准的作用与效力

2017年修订发布的《中华人民共和国标准化法》对国家标准、行业标准、地方标准、企业标准重新进行了定位，正式将团体标准纳入标准体系。

一、强制性标准的效力

《深化标准化工作改革方案》提出"在标准体系上，逐步将现行强制性国家标准、行业标准和地方标准整合为强制性国家标准。在标准范围上，将强制性国家标准严格限定在保障人身健康和生命财产安全、国家安全、生态环境安全和满足社会经济管理基本要求的范围之内"。

2017年修订发布的《中华人民共和国标准化法》规定："对保障人身健康和生命财产安全、国家安全、生态环境安全以及满足经济社会管理基本需要的技术要求，应当制定强制性国家标准。国务院有关行政主管部门依据职责负责强制性国家标准的项目提出、组织起草、征求意见和技术审查。国务院标准化行政主管部门负责强制性国家标准的立项、编号和对外通报。国务院标准化行政主管部门应当对拟制定的强制性国家标准是否符合前款规定进行立项审查，对符合前款规定的予以立项。"

2017年修订发布的《中华人民共和国标准化法》将强制性标准严格限定在"保障人身健康和生命财产安全、国家安全、生态环境安全以及满足经济社会管理基本需要的技术要求"的范围。强制性标准一经颁布，必须贯彻执行。不符合强制性标准的产品、服务，不得生产、销售、进口或者提供。否则对造成恶劣后果和重大损失的单位和个人，依法承担民事责任，构成犯罪的，依法追究刑事责任。由此，可以确定强制性标准的效力如下。

（一）安全技术红线

2017年新修订的《中华人民共和国标准化法》的规定将强制性标准的范围严格界定在保障人身健康和生命财产安全、国家安全、生态环境安全以及满足经济社会管理基本需要的技术要求的范围内。国际上，《世界贸易组织与贸易技术壁垒（WTO/TBT）协议》对强制性标准的范围限制为"维护国家安全、防止欺诈行为、保护人身健康或安全、保护动植物的生命和健康、保护环境等"。欧盟、美国等国家和地区的技术法规与强制性标准，也将范围限制在了"人身安全、社会安全、环境安全、国家安全"的范围内。强制性标准是保证社会、经济活动的有序开展的"底线"，关注的是在社会公共活动中，每个个体的生命、健康与安全等正当权益不可侵犯，关注社会的整体利益不受侵犯，关注社会正常秩序不被干扰。也就是，在产品生产、建设施工、服务提供、社会运行中，强制性标准从技术层面规定了哪些指标不可逾越，哪些行为不被允许，而哪些要求必须满足。强制性标准是社会生产正常运行的最低标准，是维持正常的社会生活不可逾越的"技术红线"。

如在水利行业，水资源领域的水资源保护、节水，防汛抗旱领域的防洪、治涝，农村水利中的村镇供水，水土保持领域的水土保持监测、水土流失治理、水土流失监督，水利水电工程领域的施工、建设、运行的安全与卫生，水利水电工程专用机械及水工金属结构领域的安全等内容，均为保证水利行业安全不可逾越的"技术红线"。

（二）最基本技术要求

标准是以科学技术成果和实践经验为基础。强制性标准虽然规定了哪些界限不可逾越，哪些行为不被允许，而哪些要求必须满足，但是它与规章制度等约束性文件有本质的区别。强制性标准的制定也是基于科学、技术知识和客观经验，主要内容应为技术内容，含有约束性技术指标，但强制性标准的技术指标应为"最基本"的技术指标。这里的"最基本"一方面指技术指标水平"基本"，不能超过现阶段社会科技发展的最基本水平，是所有标准化对象必须满足的最基本的技术要求；另一方面是技术指标范围"最基本"，技术指标仅限于满足《中华人民共和国标准化法》对强制性标准的限定，不能涵盖其他的技术要求。例如，涉及产品的强制标准，应对保证产品"最低质量"、保证使用者的人身安全、保证生态环境安全的技术指标进行约束，而不应产品其他的性能进一步规定。涉及工程建设的强制性对保证工程质量安全、社会公共安全、生态环境安全等最基本技术指标进行约束，而不能对如施工技术、工程工期等内容提更高的要求。涉及工作管理的强制性标准，应对保证经济社会管理需要的最低要求进行约束。

（三）必需的依法行政技术手段

2017年修订发布的《中华人民共和国标准化法》中规定强制性标准发挥作用的领域有"保障人身健康和生命财产安全""保障国家安全""保障生态环境安全"以及"满足经济社会管理基本需要"。在这些领域由于利益关系，市场监管往往存在失灵的现象，而又直接关系经济、社会的稳定运行，这些领域需要政府强制执行。此时，就需要配套的强制性标准为政府主管部门依法行政提供技术手段，以保证各级政府履行基本职责，保障经济社会运行秩序、社会整体利益水平。因此，强制性标准应围绕政府"三定方案"进行编制，满足相关政府部门的工作需求，涵盖行政主管部门需要强制执行的有关技术内容。

二、推荐性政府标准的效力

推荐性标准是指满足基础通用、与强制性国家标准配套、对各有关行业起引领作用等需要的技术要求，是在生产、交换、使用中，通过经济手段或市场调节而自愿采用的一类标准。

《深化标准化工作改革方案》提出要推动推荐性标准向"政府职责范围内的公益性标准过渡"，明确了推荐性政府标准的定位于政府职责范围内的公益性标准。

水利技术标准中，推荐性政府标准分为推荐性国家标准和行业标准。《深化标准化工作改革方案》对推荐性国家标准和行业标准进行了界定："推荐性国家标准重点制定基础通用、与强制性国家标准配套的标准。推荐性行业标准重点制定本行业领域的重要产品、工程技术、服务和行业管理标准"。对于推荐性国家标准，2017年修订发布的《中华人民共和国标准化法》规定"对满足基础通用、与强制性国家标准配套、对各有关行业起引领作用等需要的技术要求，可以制定推荐性国家标准。推荐性国家标准由国务院标准化行政主管部门制定。"可见，推荐性国家标准是强制性国家的标准的补充，满足基础通用，对有关行业起引领作用。而对于行业标准，2017年修订发布的《中华人民共和国标准化法》规定"对没有推荐性国家标准、需要在全国某个行业范围内统一的技术要求，可以制定行业标准。行业标准由国务院有关行政主管部门制定，报国务院标准化行政主管部门备案。"由此可以确定推荐性政府标准的效力如下。

1. 不具备强制性

推荐性标准不具有强制性，任何单位均有权决定是否采用。违反推荐性标准，不构成经济或法律方面的责任。应当指出的是，推荐性标准一经接受并采用，或各方商定同意纳入经济合同中，就成为各方必须共同遵守的技术依据，具有法律上的约束性。强制性标准和推荐性标准存在共性。作为标准，它们都具有技术属性，制定过程中都需要发挥专家的作用，确保标准在技术上的先进性。两者又有明显的差异，强制性标准除了标准属性以外，还具有技术法规的属性，体现的是国家法律和政府意志，必须强制执行。而推荐性标准由利益相关方协调一致，社会自愿采用。

2. 支撑法律、行政法规和强制性标准实施，或配套使用

推荐性政府标准首先应是对法律、行政法规和强制性标准实施起支撑作用或者配套使用的标准。法律、行政法规和强制性标准规定了哪些行为必须满足、哪些指标必须达到，而哪些底线不能触碰，强制性标准严格限定在有关人身安全、社会安全和环境安全的范围内。而强制性标准在使用过程中，标准化对象还有大量的技术内容需要在国家范围或者行业范围内进行统一。仅仅依靠强制性标准，标准使用者会无所适从。因此，推荐性政府标准为强制性标准的实施提供支撑或者配套使用，是标准使用者的需要，也是满足行业的发展的需要。

3. 行业基础通用的技术要求

推荐性政府标准的技术内容应基础通用。推荐性国家标准应制定跨行业、跨领域的基础、通用类的标准。推荐性行业标准应能适用于整个行业的技术水平，为行业的发展起到提纲挈领的作用。跨行业、跨领域的术语、符号、分类和方法等通用基础标准；跨行业跨领域使用的通用规范、规程和指南标准；采用ISO/IEC和ITU等国际组织的标准，或国际国内统一推进、支撑国内外标准互认工作的相关标准，这些范围内的标准都应界定为推荐性政府标准。如水利领域国家标准《水文基本术语和符号标准》《水位观测标准》《工程岩体分级标准》《小型水轮机基本技术条件》等，规定了水利及相关行业的通用技术内容。水利行业标准《水利水电工程施工组织设计规范》《水利水电工程水文计算规范》《水利水电工程技术术语》标准，规定了水利行业的通用技术内容。

4. 对市场进行基础性的技术规范

虽然推荐性政府标准是为政府职责服务的公益性标准，市场领域理论上不属

于推荐性标准的界定范畴，但是为了和下文即将论述的团体标准做更详细的界定，这里有必要对市场领域下推荐性标准的定位做详细的论述。团体标准属于市场自主制定的标准，在"政府主导和社会主导的标准协调发展""激发市场主体活力"的改革思路下，团体标准定位为满足市场发展和创新的需要的新产品新技术等标准。有一些新产品、新技术直接或者间接地为政府职能服务，而对于这些产品技术的检验把关，一方面交由市场决定，优胜劣汰；另一方面，推荐性政府标准应对基本的技术参数进行初步的规定，既满足后期政府采信的需要，又能避免团体标准某一技术指标不成熟带来的风险。例如在水利行业，水利部负责指导监督水利工程建设与运行管理，良好的施工材料和施工技术带来的高品质的施工质量，是水利工程施工安全的基础。将施工材料和施工方法的运用作为团体标准推向市场，必然会促进材料和技术的创新，能及时吸纳最新的科技成果并迅速产业化，提高工程建设的质量。但是，将施工材料和施工方法作为团体标准推向市场的前提，是水利行业标准对其基本技术要求进行初步的规定，即规定基本的水利工程建设的施工材料和施工方法应满足的要求，对相关的基础技术指标进行统一，以便政府对市场进行约束。

三、团体标准的效力

2017年修订发布的《中华人民共和国标准化法》第十七条规定"国家鼓励学会、协会、商会、联合会、产业技术联盟等社会团体协调相关市场主体共同制定满足市场和创新需要的团体标准，由本团体成员约定采用或者按照本团体的规定供社会自愿采用。"团体标准的技术要求不得低于推荐性标准、强制性标准的技术要求。团体标准属于市场自主制定标准，是自愿性的，按市场机制竞争，供市场自愿选用。由此可确定团体标准的效力如下。

1. 行业自律的技术支撑

团体标准是学会、协会、商会、联合会、产业技术联盟等社会团体协调相关市场主体共同制定满足市场和创新需要的技术标准，由市场自主制定，自愿采用。GB/T 20004.1《团体标准化 第1部分：良好行为指南》中要求团体标准要"妥善解决有关重要利益相关方对于实质性问题的反对意见，按照程序考虑有关各方的观点并协调所有争议，获得团体成员的普遍同意"。也就意味着，团体标准是团体成员协商协调后的产物，其技术内容是获得了团体成员的普遍认可，是能够代表团体成员的普遍利益的。团体标准制定的过程中，如果过多地考虑会员特别是企事业组织的影响，很可能会降低要求，使标准低于社会需求和期望。当然团体标准的编制，也可能使标准高于社会需求和期望。当团体标准低于社会需求和期望的时候，会给社会带来一定的损坏，而高于社会需求和期望的时候，团体标准可能大大提高了相关单位的执行成本。而团体标准由社会自愿采用，按市场机制竞争的属性，很好地解决了这一问题。社会自愿采用，也就意味着，市场可以选用团体标准，也可以淘汰团体标准，可以认可也可以不认可团体标准。从而自动筛选出一批符合社会需求和期望的团体标准，由相关团体共同遵守，规范行业门槛，促进行业自律，推动行业内企业间的健康有序的合理竞争。

2. 满足市场的需要

团体标准的市场属性，决定了团体标准的制定是满足市场和创新的需要。随着科技创新的发展和市场的需要，社会团体需要在本专业或者行业内发挥其专业优势，就需要制定并发布相应的团体标准，以供市场选择，快速、高效满足市场需求和响应技术创新，及时吸纳科技创新成果，促进科技成果的市场化和产业化，增加标准有效供给、支撑产业发展，尤其是产品类标准、方法类标准。在团体标准的市场属性下，团体标准对市场需要，响应迅速，技术领先。

3. 为推荐性政府标准做增量

推荐性政府标准严格限定在基础通用和政府职责的公益性范围内，而团体标准为行业技术研究和产品开发、生产等活动所急需的基本特性，是对现行推荐性标准的补充，这里的补充包含下面两方面含义：

(1) 团体标准的标准化对象和标准范围弥补了推荐性政府标准的空白。团体标准以服务行业技术进步为宗旨，以快速、高效满足市场需求和响应技术创新为目标，及时吸纳科技创新成果，促进科技成果的市场化和产业化，团体标准的内容是国家标准或者行业标准尚未涉及的内容，尤其是市场需要的新产品、新方法。

(2) 团体标准的技术内容是推荐性政府标准的增量。公益性政府标准只对技术内容做了基本的规定，在市场驱动下，鉴于团体标准市场主导、优胜劣汰的发展原则，团体标准技术指标不仅不低于推荐性政府标准，而且指标范围包括推荐性政府标准的全部技术指标。

第三节　标准制修订管理程序

中国水利工程协会标准（以下简称协会标准）制修订管理遵循公开、公平、公正和协商一致的原则，突出水利特色，反映技术创新，适应市场需求，体现行业自律，坚持绿色可持续发展理念。

中国水利工程协会标准制修订程序主要包括立项、起草、征求意见、审查、批准、发布和复审等。制定周期一般为 12 个月，采用快速程序的制定周期一般为 3 个月。特殊情况下，经中国水利工程协会秘书处（以下简称秘书处）批准变更的申请最多可延长 6 个月，超过 18 个月未能批准发布的标准自动撤销。

对协会标准编制质量存在严重问题和进度严重滞后，且整改不力的主编单位，中国水利工程协会采取取消协会标准编制资格，暂停协会标准申报等措施。

一、立项

协会标准申请立项单位应为中国水利工程协会会员单位，鼓励相关单位联合提出申请。申请立项应填写《中国水利工程协会标准立项申请表》（见附录 1）并附标准初稿。

由会员单位提出的立项申请，经秘书处形式审查符合要求的，提交委员会审查，获得三分之二以上委员赞成的，由秘书处批准立项。

由政府有关部门或秘书处提出的标准项目，可直接批准立项。

批准立项的标准，由秘书处与主编单位签订《中国水利工程协会标准项目协议书》。

二、起草

秘书处批准立项申请后，负责组建协会标准编制组，确定主编、参编单位。原则上立项申请单位为主编单位，参编单位由主编单位推荐或在会员内征集。编制组的构成应符合利益相关方代表均衡的原则，鼓励吸纳生产、科研、用户等相关方共同参与协会标准编制工作。

由政府有关部门或秘书处提出的立项，由中国水利工程协会作为主编单位，或由中国水利工程协会指定主编单位。主编单位应是本专业领域内具有领先技术水平的法人单位，并具备团体标准编制所需的人员、设备、资金等相关条件。

主编单位的主要职责：

（1）确定主编及主要起草人，并报秘书处批准；

（2）组织协会标准编制工作，按计划提交各阶段成果；

（3）负责协会标准质量和进度；

（4）负责协会标准解释和跟踪标准实施情况。

主编应具备以下条件：

（1）具有广博、扎实的专业知识和丰富的实践经验。

（2）具有高级及以上专业技术职称，有较好的文字表达和组织协调能力。

（3）熟悉标准编写的有关规定，有标准编制经历。

三、征求意见

征求意见稿完成后，主编单位应将征求意见稿、编制说明等有关材料报秘书处，由秘书处通过全国团体标准信息平台、中国水利工程协会官方网站、发函等形式公开征求意见，公开征求意见的时间一般为30天。

公开征求意见结束后，主编单位应对反馈意见进行汇总和处理，形成协会标准送审稿和《中国水利工程协会标准征求意见汇总表》（见附录1），并逐条注明处理意见，对不予采纳的意见应说明理由。

送审稿完成后，主编单位应将送审稿、编制说明和《中国水利工程协会标准征求意见汇总表》一并报秘书处，必要时应附专项报告。

四、审查

送审稿审查一般由中国水利工程协会组织采用会议审查的形式进行，具体程序为：

（1）秘书处从相应类别委员中选取7～11名（人数为单数）委员组成会议审查专家组，组长由秘书处推荐、专家组成员讨论同意后产生；

（2）会议审查按照协商一致、共同确定的原则，并形成客观、公正、恰当的结论性意见。

特殊情况下，也可采用函审的方式进行，秘书处通过标准管理平台发送函审材料和收集审查意见。委员应在函审通知发出之日起15天内完成审查，并提出客观、完整、明确的书面意见。

函审结束后，由秘书处汇总审查结论，形成《中国水利工程协会标准审查意见汇总表》（见附录1）。函审回函率应不少于三分之二，并有不少于四分之三赞同意见方为通过；函审回函率不足三分之二时，应重新组织审查。

过审查的协会标准，由主编单位根据审查意见修改完善后形成报批稿，经中国水利工程协会会长办公会审定后提请协会理事会投票表决；未通过审查的标准，退回主编单位进行修改完善，之后再行审查程序。

五、批准和发布

报批稿经中国水利工程协会会长办公会审定后提请协会理事会投票表决，通过后正式发布。协会标准的编号由秘书处负责，编号规则如下：

（1）编号由标准代号 T、中国水利工程协会代号 CWEA、顺序号和发布年号组成。

（2）编号格式为：T/CWEA、顺序号、发布年号；

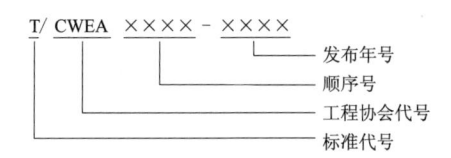

```
T/ CWEA  ××××-××××
                  ├── 发布年号
                  ├── 顺序号
         └────── 工程协会代号
└──────────── 标准代号
```

（3）协会标准顺序号从"1"开始计数，按发布时间先后顺序依次编号，修订后的协会标准顺序号不变，年号更改为批准后的发布年号。

协会标准内部编号由秘书处根据协会标准类别进行编号。协会标准的发布时间为工程协会批准时间，开始实施时间不应超过其后的 3 个月。

六、快速程序

对于技术成熟、基础工作扎实、技术文件较完善的标准，可进入快速程序，直接组织征求意见或审查。快速程序主要包括下列情况：①国家有关部门已形成的行业规范性文件；②由行业标准转化为协会标准的；③等同采用的国际标准、国外标准；④经实践应用证实技术成熟，并具有省级以上行政主管部门、权威机构出具的鉴定、验收或审定意见。

快速程序工作步骤如下：

（1）会员单位提交《中国水利工程协会标准立项申请表》，并附协会标准送审稿、编制说明、审定意见和专项报告等；

（2）秘书处对材料进行形式审查；

（3）秘书处将符合条件的立项申请提交委员会进行审查；

（4）审查通过的，经会长办公会审定后提请理事会表决通过后发布。

七、变更与终止

协会标准的名称、技术内容、参编单位、人员组成等，在编制过程中需进行调整的，或存在无法克服困难需撤销申请的，应填写《中国水利工程协会标准变更申请表》，经秘书处批准后方可执行。

特殊情况需延长协会标准制修订时间的，由主编单位填写《中国水利工程协会标准变更申请表》，经批准后最多可延长 6 个月，累计 18 个月未完成的立项申请自动撤销。

送审稿未通过审查的，退回主编单位修改完善，可自动延长 6 个月；再次提交后仍未通过审查的，予以撤销。

对落后、过时、应用面不广以及出现严重缺陷的协会标准，应及时废止。

八、复审与修订

协会标准实施后，由秘书处根据复审工作要求统一组织复审。复审工作原则上每年集中开展一次，复审结论应作为修订、废止相关协会标准的依据。

秘书处定期开展协会标准复审工作。应广泛征求意见后报委员会进行审定，形成复审结论。

复审结论为继续有效的协会标准，由秘书处通过中国水利工程协会官方网站向社会公告。

复审结论为修订的，由秘书处作为修订协会标准直接批准立项，原则上由原主编单位组织对协会标准进行修改，修订程序同制定程序。修订的协会标准顺序号不变，年号改为新批准的年号。复审结论为废止的，由秘书处报协会理事会批准后，通过中国水利工程协会官方网站向社会公告。

九、局部修订

现行协会标准属于下列情况之一时，应当及时进行局部修订：

（1）标准的部分规定已经制约了科学技术新成果的推广应用。

（2）标准的部分规定经修订后可取得明显的经济效益、社会效益、环境效益。

（3）标准的部分规定有明显不适应或与相关的标准相抵触。

（4）根据水利工程建设的需要对现行的标准作局部的补充规定。

局部修订的协会标准，可仅采用立项、审查和批准发布三个阶段。

第二章

标 准 立 项

标准立项是标准化工作的关键环节，是一个标准能否成为协会标准的第一道门槛，决定着协会标准体系的结构和协会标准的质量。为加强团体标准立项管理，提高标准的科学性、系统性和协调性，从源头上确保标准质量，标准立项工作在准入门槛、申请时间、主体、材料及受理人、立项程序和评审专家等方面需满足相关规定。

第一节　标准立项基本条件

根据《中国水利工程协会标准管理工作细则》，申请立项的协会标准应具备标准初稿。进入立项阶段的标准初稿应满足下列基本条件。

一、标准定位恰当

协会标准的编制要以深化标准化工作改革的方向为指导，标准的选题、定位应与团体标准的定位相一致。

协会标准应能够满足市场和创新需求，填补行业空白。协会标准的市场属性，决定了协会标准的制定应该满足市场和创新的需要。随着水利科技创新的发展和市场的需要，社会团体需要在本专业或者行业内发挥其专业优势，制定并发布相应的团体标准，以供市场选择。进入立项阶段的协会标准应该以快速、高效满足市场需求为目标，技术内容能够及时响应技术创新、及时吸纳科技创新成果，紧密围绕行业技术研究和产品开发、生产等活动所急需的内容，聚焦新技术、新产业、新业态和新模式，填补标准空白，能对现行水利推荐性标准的进行有效补充，促进科技成果的市场化和产业化，增加标准有效供给、更好地支撑水利改革发展的需要。

二、标准编制必要、可行

协会标准作为水利行业标准的必要的补充，其编制内容应确有必要。

协会标准以服务行业技术进步为宗旨，以快速、高效满足市场需求和响应技术创新为目标，及时吸纳科技创新成果，促进科技成果的市场化和产业化，因此协会标准的内容是国家标准或者行业标准尚未涉及的内容，尤其是市场需要的新产品、新方法。

如果协会标准的标准化对象与水利推荐性标准重复，协会标准的技术指标应对水利国家标准、行业标准做增量。水利国家标准、行业标准只对技术内容做了基本的规定，在市场驱动下，鉴于协会标准受市场主导、具有优胜劣汰的发展原则，协会标准技术指标不仅不低于推荐性政府标准，而且指标范围包括推荐性政府标准的全部技术指标。

三、标准名称及适用范围基本合理、准确

标准名称能够明确限定标准化对象，标准的适用范围明确了标准编制的边界条件。标准的编制需要围绕标准的标准化对象和标准适用范围进行，是标准编写的方向和界限，两者都能够直接影响标准编制的框架结构和技术内容。如《小型水电站施工安全标准》的标准化对象是小型水电站施工安全，适用范围就是小型水电站。标准编制过程中，就需要与大型水电站施工安全有所区别，也不应写入小型水电站施工安全之外的内容。不同的标准名称和标准化对象，标准的技术内容相差甚远。因此，在立项阶段，编制人员需要仔细、反复斟酌标准名称和适用范围。立项所提交的初稿应该具备准备、合理的标准名称和适用范围，以作为后续标准编制的基础。避免后续编制过程中因为名称和范围不适用的问题，进行颠覆性的修改。

四、标准框架结构合理

申请立项的协会标准初稿，需要具备合理的框架结构。标准的框架结构是标准后续编制工作的依据，决定了标准编制的具体内容。在立项阶段，标准编制者应该对标准的内容有全局性的把控，初稿的框架结构应完整、合理，充分围绕标准化对象和标准适用范围，符合标准技术内容编写的要求。

合理的框架结构也是标准编制者前期工作基础的反映。只有具备了足够的专业技术和标准化相关储备，才能提出框架结构合理的初稿。

五、关键技术指标完善

标准的核心内容是标准中的关键技术指标。社会成员通过对这些技术指标的执行来实施标准，协会标准通过使用者对技术指标的执行，来获得最佳秩序，促进行业自律。在立项阶段所提交的标准初稿，需要明确提出关键的技术指标，并且关键技术指标的来源和依据应该准确、合理。这是一项标准能够成为标准，并且能够在相关领域进行规范的基础。完善的关键技术指标，也是判断标准定位和编制必要性、可行性的重要依据。

这就要求标准编制具有扎实的前期工作基础，来支撑技术指标的完善，主要包括下列三个方面：一是从理论上进行了充分的论证，涉及的技术、产品具有充分可靠的理论依据；二是进行了充分的试验验证，试验成果得到了第三方机构的认可；三是涉及的技术、产品等成熟、可靠，在实际应用中得到了充分的推广、验证。基于上述工作基础的技术指标，能够充分保证协会标准的编制质量。

六、与国家有关法律法规、方针政策以及相关技术标准的协调一致性

协会标准作为水利行业标准的重要补充，其技术内容应该与国家有关法律法规、方针政策以及相关技术标准的协调一致。技术内容不应与国家强制性标准、国家和行业推荐性标准相矛盾、冲突。相重叠的技术内容，协会标准应高于国家强制性标准、国家和行业推荐性标准。

七、技术内容科学合理

协会标准的技术内容应能够代表水利行业的整体意志。《中华人民共和国标准化法》和《团体标准管理规定》规定了团体标准是协调相关市场主体共同制定的标准。团体标准应该遵守标准化工作的基本原理、方法和程序。因此，在协会标准立项之初就应坚持科学公正的原则，保证协会标准不应成为某些企业等小范围团体进行市场垄断的工具。

第二节　编写单位基本要求

协会标准立项采取随时申报、随时评审的方式。具体评审时间由中国水利工程协会秘书处确定。评审结果作为标准批准立项的主要依据。

根据中国水利工程协会多年来团体标准编制工作实践，协会标准编制工作通

常由主编单位会同参编单位共同完成,尚无以个人名义申请编制标准特例。同时编制标准是一项系统工程,涉及面广,个人编制标准难度较大,因此只受理单位提交的立项申请。主编单位应是本专业领域内具有领先技术水平的法人单位,并具备标准制定所需的人员、设备及相关条件。参编单位应是本专业领域内具有较高技术水平的法人单位。

《团体标准管理规定》明确"团体标准由本团体成员约定采用",因此,协会标准应该能够代表中国水利工程协会团体的意志。因此,团体标准立项申请的参编单位必须具有一定的数量和代表性。

协会标准要能够满足市场需要、填补行业空白,因此协会标准编写单位需要具备足够的编制能力水平,在专业技术水平上能科学合理地设置技术要素,在标准化方面应具备一定的标准编制经验。

标准第一起草人,应具有高级专业技术职称,具有较高的专业技术水平和丰富的实践经验,熟练掌握标准编写的有关规定,有较强的组织协调能力,能够解决标准制定工作中的重大技术问题。其他主要起草人应具有相应的专业技术水平和实践经验。

第三节 立项工作主要内容

中国水利工程协会秘书处负责受理协会标准提案,提案包括《中国水利协会团体标准立项申请书》和标准初稿等。标准立项申请书应包含项目必要性、可行性、市场应用前景、与相关标准协调性分析等,同时明确提案单位人、财、物等支撑保障条件以及标准编制进度安排等。为保障协会标准编制的时效性,要求提案单位将标准编制工作前置,立项阶段提交标准初稿,作为标准评审时的重要参考材料。通过立项审查,可对标准框架等提出合理的意见和建议,避免标准编制工作走"弯路",降低编制风险。

协会标准在立项阶段的主要工作包括提出标准提案、初审、立项论证、公示及批准等。

1. 提案

提案单位应根据中国水利工程协会标准有关规定编制标准提案材料,并将电子材料提交秘书处。纸质材料(加盖公章)待秘书处审查通过后提交,一式两份。

2. 初审

秘书处对提案材料进行初审,符合要求的由秘书处组织进入下一环节;不符合要求的退回至提案单位。提案单位同意修改完善的，修改直至合格，进入下一环节；不同意修改完善的，终止提案项目。

3. 立项论证

评审材料符合要求的项目，由秘书处组织专家召开立项论证会议，进行立项论证。与会专家对立项材料进行质询讨论，形成明确的评审结论，结论分 3 种情况：同意立项、不同意立项和暂缓立项。对于同意立项的，由提案单位根据专家意见修改完善有关材料；对于不同意立项的，退回提案单位并终止提案项目；对于暂缓立项的，提案单位同意修改完善的，修改完善至合格，再次组织会议进行审议，不同意修改完善的，终止提案项目。

立项论证会专家组由技术委员会委员或相应专家组成，专家组成员应具有代表性，一般不少于 5 人。评审专家由秘书处确定。

4. 批准

对于经论证同意立项的标准项目，秘书处负责在中国水利工程协会标准管理平台公开立项信息。

第三章

标准编制的基本要求

第一节 标准编制的基本原则

一、目标性

制定标准最直接的目标就是编制出清楚、准确且无歧义的条款，使得标准能够为未来技术发展提供框架，并且通过这些条款的使用，促进贸易、交流和技术合作。编制标准的过程，始终要围绕这个目标。

1. 充分考虑最新技术水平和当前市场情况

标准是经济活动和社会发展的技术支撑，是国家基础性制度的重要方面。在制定标准时，所规定的各项内容都应在充分考虑技术发展的最新水平之后确定。这里并不是要求标准中所规定的各种指标或要求都是最新的、最高的，但是所规定的内容应是在对最新技术发展水平进行充分考虑、研究之后确定的，以保证标准所规定内容的可靠、适用。

2. 满足所属领域的标准化需求，为未来技术发展提供框架

起草标准时，不但要考虑当今的"最新技术水平"，还要为未来的技术发展提供框架和发展余地，满足所属领域的标准化需求。即使目前标准中的内容考虑了最新技术水平，但是经过一段时间，某些技术就有可能落后于科技的发展。例如信息技术等，技术更新的时间往往比标准的复审周期要短得多，如此一来，标准就会阻碍技术的发展。所以，起草标准的条款时，应避免编制阻碍技术发展的技术条款。

3. 合理设置和编写标准的层次和要素

在开始起草标准文件之前，就应考虑并确定标准的层次和定位，确定标准化

对象及其所覆盖的范围。标准的具体要素在其范围所规定的界限内按需要力求完整。在"范围"一章所规定的界限内标准的内容按照需要力求完整。标准的范围一章划清了标准所适用的界限，在这个界限内，应将所需要的内容在一项标准内规定完整。此外，标准所规定的内容应仅限于标准范围所划定的界限，不应将不需要的内容加以规定。

4. 表述清楚、准确

在准确把握标准化对象、标准使用者和文件编制原则的基础上明确标准的类别和/或功能类型，选择和确定标准的规范性要素，准确表达标准的技术内容。标准的条文应用词准确、条理清楚、逻辑严谨。标准文本的表述要有很强的逻辑性，用词禁忌模棱两可，防止不同的人从不同的角度对标准内容产生不同的理解。

5. 易于所理解

参与标准编制的人员，非常熟悉标准中所规定的技术内容，这种情况下，容易忽视标准中具体条文的措辞是否表述得十分清楚。对于未参加标准编制的人员来说，虽然他们是相关领域的专业人员，但如果标准的内容表述得不清楚，他们也未必能够很容易地理解，有时甚至还可能造成误解。为了使标准使用者易于理解标准的内容，在满足对标准技术内容的完整和准确表达的前提下，标准的语言和表达形式应尽可能简单、明了、易懂，还应注意避免使用口语化的措辞。

二、统一性

统一性是对标准编写及表达方式的最基本的要求。标准编制的统一性包括四个方面：结构统一、文体统一、术语统一、形式统一。

1. 结构统一

标准的结构即是标准中的章、条、段、表、图和附录排列顺序。在编制分成多个部分的标准中的各个部分、系列标准的各项标准或者类似标准时，一方面各个标准或部分之间的结构应尽可能相同，另一方面各个标准或部分中相同或相似内容的章、条编号应尽可能相同。如 GB/T 11828.1—2019《水位测量仪器 第 1 部分：浮子式水位计》和 GB/T 11828.3—2012《水位测量仪器 第 3 部分：地下水位计》都属于《水位测量仪器》系列标准，标准的结构设置均为"范围、规范性引用文件、术语和定义、产品分类、技术要求、试验方法、检验规则、标志随机文件及使用说明书，包装运输贮存"等。这种设置符合系列标准中不同标准之间的结构尽可能保持相同的原则。

各个标准或部分中相同或相似内容的章、条编号应尽可能相同。例如，如果系列标准的一项标准中"技术要求"设在了第 5 章,那么,其他相应标准中的"技术要求"也应尽可能设在第 5 章。

2. 文体统一

在编制分成多个部分的标准中的各个部分、系列标准的各项标准或者类似标准时,在每个部分、每项标准或系列标准内,类似的条款应由类似的措辞来表达;相同的条款应由相同的措辞来表达。示例 3.1 给出了同属于《水位测量仪器》系列标准的两项标准在表述上存在文体不统一缺陷的例子。

【示例 3.1】

GB/T ×××××—2019 中,使用环境要求的表述为:

5.1 使用环境要求

5.1.1 工作环境温度:−10℃～+50℃,测井内水面不应结冰。

5.1.2 工作环境相对湿度:20%～95%(40℃时)。

而 GB/T ×××××—2012 使用环境要求的表述为:

5.2 工作环境地下水位计应能在下列环境下正常工作:

a)温度:

水下部分:0℃～40℃(水面不结冰);

水上部分:−10℃～50℃或−25℃～55℃。

b)相对湿度:水上部分不大于 95%(40℃时)。

两个文件条文的表述不符合"文体统一"的要求。两个文件中的内容一致,而表述类似,可见它们的表述不符合"类似的条款应由类似的措辞来表达;相同的条款应由相同的措辞来表达"的规定。

3. 术语统一

在每个部分、每项标准或系列标准内,标准的术语、符号、代号应统一,避免出现一物多名或一名多物的现象。对于同一个概念应使用同一个术语。对于已定义的概念应避免使用同义词。每个选用的术语应尽可能只有唯一的含义。

4. 形式统一

在每个部分、每项标准或系列标准内,表述形式应统一。相同的条款使用相同的用语,类似的条款使用类似的用语;同一个概念使用同一个术语,避免使用同义词;相似内容的要素的标题和编号尽可能相同。如同一层次的列项符号应统一,无标题条或列项的主题要统一,同一层次有无标题要统一,图、表标题要统一。上述要求有助于保证标准的理解,"结构、文体、术语和形式"的统一将避免由于同样内容不同表述而使标准使用者产生的疑惑。

三、协调性

标准是成体系的技术文件，各有关标准之间存在着广泛的内在联系。统一性强调的是一项标准或部分的内部或一系列标准的内部，而协调性是针对标准之间的，它的目的是"达到所有标准的整体协调"。标准之间只有相互协调、相辅相成，才能充分发挥标准系统的功能，获得良好的系统效应。针对一个标准化对象的规定宜尽可能集中在一个文件中；从水利行业的角度来看，所有的水利技术标准应是协调的。

为了标准系统整体协调，在制定标准时应注意和已经发布的标准进行协调。这种协调包括以下三个方面的内容。

1. 普遍协调

普遍协调是指制定的标准要与现行基础标准内容相互协调，尤其是涉及标准化原理和方法，标准化术语，术语的原则和方法，量、单位及其符号，符号、代号和缩略语，参考文献的标引，技术制图和简图，技术文件编制，图形符号等内容。

2. 特殊协调

特殊协调是针对特定领域的标准需要进行的协调。特别是极限、配合和表面特征，尺寸公差和测量的不确定度，优先数，统计方法，环境条件和有关试验，安全，电磁兼容，符合性和质量。

3. 本领域协调

制定标准时，除了与上述标准协调外，还要注重与同一领域的标准进行协调，要与本领域上级或同级标准相互协调，尤其要考虑本领域的基础标准的情况，注意采用已经发布的标准中作出的规定。遵守基础标准和采取引用的方法是保证标准协调的有效途径。

为了避免不必要的重复，编制标准时，应该：

——针对一个标准化对象的规定尽可能集中在一个文件中；

——通用的内容规定在一个文件中，形成通用标准或通用部分；

——文件的起草遵守基础标准和领域内通用标准的规定，如有适用的国际文件尽可能采用；

——需要适用文件自身其他位置的内容或其他文件中的内容时，采取引用或提示的表述形式。

四、适用性

适用性指所制定的标准便于使用的特性。一方面，标准中的内容应便于直接使用；另一方面，标准中的内容应易于被其他标准或文件引用。

1. 便于直接使用

任何标准只有最终被使用才能发挥其作用。在制定标准时就应考虑到标准中的条款是否适合直接使用。为此标准中的每个条款都应是可操作的。

2. 便于引用

标准的内容不但要便于实施，还要易于被其他标准、法律、法规或规章等引用。GB/T 1.1—2020《标准化工作导则　第1部分：标准文件的结构和起草规则》和 SL/T 1—2024《水利技术标准编写规程》规定的标准编写规则中的许多条款都是为了便于被引用。因此，在标准编制时，为了避免引用时产生混淆，应遵循下列原则：

（1）如果标准中的段有可能被其他标准所引用，则应考虑改为条。

（2）应避免出现悬置段，即不应在章标题和条之间设段，不应在条标题和下一层次的条之间设段。

（3）在编写列项时，应考虑它们是否会被其他标准所引用，如果被引用的可能性很大，则应考虑对列项进行编号（包括字母编号、数字编号）。

五、一致性

一致性指起草的标准应以对应的国际文件（如有）为基础并尽可能与国际文件保持一致。

起草标准时如有对应的国际文件，首先应考虑以这些国际文件为基础制定中国标准。在此基础上还应尽可能保持与国际文件的一致性，按照 GB/T 1.2—2020《标准化工作导则　第2部分：以 ISO/IEC 标准化文件为基础的标准化文件起草规则》确定一致性程度，如等同（IDT）、修改（MOD）和非等效（NEQ）。

1. 等同（IDT）

等同（IDT）指标准技术内容和结构相同，可包括最小限度的编辑性修改。如小数点，修改印刷错误，删除多语种文本，纳入修正和勘误，为与现行系列一致而更改标准名称，增加资料性附录和注、脚注，删除资料性概述要素，增加计量单位的换算，由于按照 GB/T 1.1 的规定设置"规范性引用文件"和"术语和定义"两章时引起的章、条编号的顺延（称作"允许的结构调整"）等。

2. 修改（MOD）

修改（MOD）指标准之间存在技术性差异，但差异及其产生的原因被清楚地说明；或者文本结构发生变化，但清楚地说明了这些调整。

3. 非等效（NEQ）

非等效（NEQ）仅表示与国际标准存在着对应关系，并不被视为采用了国际标准。国家标准化文件与对应的 ISO/IEC 标准化文件的一致性程度为"非等效"是指：①标准之间存在结构调整，并且没有清楚的说明；②存在技术差异，并且没有清楚地说明这些差异产生的原因；③只保留了数量较少或者重要性较小的 ISO/IEC 标准化文件条款。

六、规范性

规范性指起草标准时要遵守与标准制定有关的基础标准以及相关法律、法规。

1. 遵守与标准制定有关的基础标准

中国已经建立了支撑标准制修订工作的基础性系列国家标准。包括：GB/T 1《标准化工作导则》、GB/T 20000《标准化工作指南》、GB/T 20001《标准编写规则》、GB/T 20002《标准中特定内容的编写》、GB/T 20004《团体标准化》等。水利行业也有一系列基础性行业标准，如 SL/T 1—2024《水利技术标准编写规程》、SL 2—2014《水利水电量和单位》、SL 73《水利水电工程制图标准》等规范标准制修订工作的基础标准。在标准编制过程中，要遵守制定程序和编写规则，特定标准的制定要符合相应基础标准的规定。

2. 遵守相关法律、法规

制定标准过程中，条文规定应与中国现行法律法规相一致。标准中不得出现与法律法规相冲突的技术条款。

第二节 编制标准的基本步骤

一、明确标准化对象

在具体编制标准之前，首先，要讨论并明确标准的主体，即明确标准化对象的边界。其次，要确定标准所针对的使用对象：是水利工程的施工方还是业主方；是水利产品的制造者、经销商、使用者，还是安装人员、维修人员；是认证机构，还是监管机构中的一个或几个适用对象。标准化对象的确定，能保证编制人员对所编制标准做到心中有数，并且认识一致，不会出现不同编制人员编制目标不一致的情况。在编制的过程中，明确的标准化对象能保证编制内容不脱离最初的预定目标。

二、确定标准的层次结构

在一般情况下,一个标准化对象编制成为一个整体的标准。在特殊情况下,可编制成分为若干部分的标准。标准编制前,需要综合考虑标准篇幅、标准使用者需求以及编制目的等,确定标准编制为整体还是分为若干部分。

通常情况,标准篇幅过长、标准使用者需求不同(例如生产方、供应方、采购方、检测机构、认证机构、立法机构、管理机构等)、文件编制目的不同(如保证可用性,便于接口、互换、兼容和相互配合,利于品种控制、保障健康、安全,保护环境或促进资源合理利用,以促进互相理解和交流等)时,可分若干部分编制标准。适用范围较窄的标准化对象的通用内容可编制成分为若干部分的文件的某个部分。例如,对于试验方法,适用于广泛的产品,编制成试验标准;适用于某类产品,编制成分为若干部分的文件的试验方法部分;适用于某产品的具体特性的测试,编写成产品标准中的"试验方法"要素。

对于分成若干部分的标准,在标准起草的开始,就需要确定拟分为部分的原因以及分为部分后各部分之间的关系,以及确定分为部分的文件中预期的每个部分的名称和范围。

三、确定标准的技术要素

第一,在明确了标准化对象后,需要考虑标准化对象或领域的相关内容,以便确认拟标准化的是设计、施工、运行维护等工程建设类,还是产品/系统、过程或服务;是完整的标准化对象,还是标准化对象的某个方面,从而确保技术要素中的内容与标准化对象或领域紧密相关。标准对象决定着起草的标准的对象类别,它直接影响文件的技术要素的构成及其技术内容的选取。技术要素详细内容见本章第四节。

第二,确定标准的技术要素,需要考虑标准使用者。以便确认标准针对的是哪一个方面的使用者,他们关注的是结果还是过程,从而保证技术要素中的内容是特定使用者所需要的。标准使用者不同,会对标准的特性产生影响,如将确定为规范性标准、规程标准还是试验标准,进而标准的技术要素的构成及其内容的选取就会不同。

第三,需要进一步讨论并确定制定标准的目的。根据标准所规范的标准化对象、标准所针对的使用对象,以及制定标准的目的,确定所要制定的标准的类型是否属于规范、规程还是指南、导则。规范主要规定产品、过程或服务需要满足

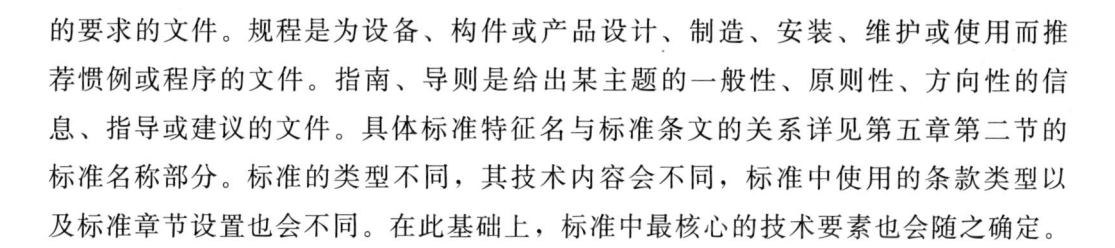

的要求的文件。规程是为设备、构件或产品设计、制造、安装、维护或使用而推荐惯例或程序的文件。指南、导则是给出某主题的一般性、原则性、方向性的信息、指导或建议的文件。具体标准特征名与标准条文的关系详见第五章第二节的标准名称部分。标准的类型不同，其技术内容会不同，标准中使用的条款类型以及标准章节设置也会不同。在此基础上，标准中最核心的技术要素也会随之确定。

四、编写标准

标准的技术要素确定后，就可以开始具体编写标准了。首先应从标准的核心技术要素开始编写。上述内容编写完毕后，就可以编写标准的其他技术要素要素，该项内容应根据已经完成的内容加工而成。例如，按照 GB/T 1.1 编写的标准，技术要素中规范性引用了其他文件，这时需要编写第 2 章"规范性引用文件"，将标准中规范性引用的文件以清单形式列出。将规范性技术要素的标题集中在一起，就可以归纳出标准的第 1 章"范围"的主要内容。若是按照 SL/T 1 的要求编写，则需要将规范性引用的文件列在"总则"的"引用标准清单"中。按照 SL/T 1 的要求编写的标准，在编写核心技术要素的同时，应根据需要同步编写条文说明。

规范性要素编写完毕，需要编写资料性要素。按照 GB/T 1.1 的要求编写的标准，根据需要可以编写引言，然后编写必备要素前言。如果需要，则进一步编写参考资料、索引和目次。按照 SL/T 1 的要求编写的标准，则应编写必备要素前言，完善条文说明，不可编写引言。

最后，则需要编写必备要素封面。

应注意，这里阐述的标准要素的编写顺序十分重要，标准要素的编写顺序不同于标准中要素的前后编排顺序。编写标准时，规范性技术要素的编写在前，其他要素在后，这是因为后面编写的内容往往需要用到前面已经编写的内容，也就是其他要素的编写需要使用规范性技术要素中的内容。各要素具体如何编写详见第五章、第六章、第七章。

第三节　标准编制的格式体例

中国标准的编制主要有自主研制和采用国际标准两种方法。自主研制的标准按照中国标准化行政主管机构的规定的格式体例进行编制。采用国际标准进行编制的中国标准，除了应遵照相关行业的规定外，还要按照 GB/T 1.2—2020 的规定进行编制。水利行业制修订标准的主要格式体例见表 3.1。

表 3.1　　　水利行业制修订标准的主要格式体例

体例格式	起 草 规 则	类 别	
主要格式体例	GB/T 1.1—2020《标准化工作导则　第1部分：标准化文件的结构和起草规则》	非工程建设类	
	《工程建设标准编写规定》（建标〔2008〕182号）	工程建设类	国家标准
	SL/T 1—2024《水利技术标准编写规程》		行业标准
补充格式体例	GB/T 1.2—2020《标准化工作导则　第2部分：以ISO/IEC标准化文件为基础的标准化文件起草规则》	采标（采用国际标准）	
	GB/T 20000.9—2014《标准化工作指南　第9部分：采用其他国际标准化文件》		
	GB/T 20000.3—2014《标准化工作指南　第3部分：引用文件》	规范性引用文件	
	GB/T 20000.7—2006《标准化工作指南　第7部分：管理体系标准的论证和制定》	管理体系	
	GB/T 20001.1—2001《标准编写规则　第1部分：术语》	术语	
	GB/T 20001.2—2015《标准编写规则　第2部分：符号标准》	符号	
	GB/T 20001.3—2015《标准编写规则　第3部分：分类标准》	分类、编码、代码	
	GB/T 20001.4—2015《标准编写规则　第4部分：试验方法标准》	试验方法	
	GB/T 20001.5—2017《标准编写规则　第5部分：规范标准》	规范	
	GB/T 20001.6—2017《标准编写规则　第6部分：规程标准》	规程	
	GB/T 20001.7—2017《标准编写规则　第7部分：指南标准》	指南	
	GB/T 20001.10—2014《标准编写规则　第10部分：产品标准》	有形产品	
	JJF 1002—2010《国家计量检定规程编写规则》	计量检定	
	JJF 1071—2010《国家计量校准规范编写规则》	计量校准	

中国水利工程协会团体标准的格式体例主要按照 GB/T 1.1—2020《标准化工作导则　第1部分：标准化文件的结构和起草规则》和 SL/T 1—2024《水利技术标准编写规程》编写。其中，管理类、服务类、方法类、产品类标准按照 GB/T 1.1，评价类、技术类按照 SL/T 1。

第四节　基本框架

分析现行有效的水利技术标准或者其他行业的技术标准文本，可以发现虽然标准化对象种类繁多，但是标准的结构却是有共性的。作为一种规范性文件，标准独特的结构形式，与法律、法规等规范性文件有着明显的区别，使读者能从一个标准的文本上一目了然地辨认出它是标准，而不是其他的文件。

标准的结构是一个标准的骨架，是内容的外在反映，在标准编制过程中，需要从标准的技术内容出发规划标准的结构。通过对大多数标准结构的总结分析，标准结构的划分一般分为按照内容划分和按照层次划分两个方面。

一、按照内容划分

（一）按照 GB/T 1.1—2020 的内容划分

按照 GB/T 1.1—2020 编制的水利技术标准，根据功能，可将标准内容划分为相对独立的功能单元——要素。为了便于中国水利工程协会的协会标准的统一管理，促进标准化管理工作的有序开展，将要素"目次"和"前言"的顺序，调整为"前言""目次"，即"前言"在"目次"之前。

一个完整的标准所包括的要素有：

——封面：标明文件信息；

——前言：编制标准依据的文件、与其他文件的关系、编制者的信息等标准自身内容之外的信息；

——目次：标准的结构信息；

——引言：标准的编制背景等信息；

——范围；

——规范性引用文件；

——术语和定义；

——符号和缩略语；

——分类和编码/系统构成；

——总体原则和/或总体要求；

——核心技术要素；

——其他技术要素；

——参考文献；

——索引。

上述要素，按照所起的作用，可分为资料性要素和规范性要素。按照要素存在的状态，可分为必备要素和可选要素。

规范性要素主要由条款构成，还可包括少量附加信息。对标准化对象起约束作用，是标准的主要技术内容。规范性要素又可分为规范性必备要素和规范性可选要素：

——规范性必备要素主要有："范围""术语和定义"和"核心技术要素"，"术语和定义"的有无可根据标准的具体情况选择，在术语标准中，"术语和定义"是必备要素。

——规范性可选技术要素，可根据标准的需求编制，主要包括"符号和缩略语""分类和编码/系统构成""总体原则/或总体要求""其他技术要素"，以及非术语类标准中的"术语和符号"。

资料性要素是对标准内容的表示、说明以及补充：

——资料性必备要素："封面""前言""规范性引用文件"是必备要素，"规范性引用文件"可根据标准编制的实际情况选择。

——资料性可选要素："目次""引言""参考文献""索引"是可选要素。

将一项标准中的所有要素进行这样的区分后，声明符合一项标准意味着并不需要符合标准中的所有内容，只需要符合其中的规范性要素即可，而其余的资料性要素无须使用遵照执行。按照要素的性质对标准中的要素进行划分的目的就是要区分出：在声明符合标准时，标准中的哪些要素是应遵守的要素，哪些要素是不必遵守的，只是为了符合标准而提供帮助的要素。

（二）按照 SL/T 1—2024 的内容划分

按照 SL/T 1—2024 编制的水利技术标准一般分为前引部分、正文部分和补充部分三个部分，另外附加条文说明。

（1）前引部分包括封面、发布公告、前言、目次。

（2）正文部分包括总则、术语和符号、技术内容。

（3）补充部分包括附录、标准用词说明、标准历次版本编写者信息。

（4）条文说明的主要作用是解释标准条文，重点解释条文制定的目的、主要依据、执行强度、预期效果、执行条文的注意事项、相关标准的信息及所选用标准用词的含义等，必要时可增加工程实例。也可以对标准中的一些上下限的取值依据、相关标准的信息及所选用标准用词的涵义等进行解释。

（三）GB/T 1.1 与 SL/T 1 的内容划分异同梳理

按照 GB/T 1.1 与按照 SL/T 1 编制的标准，两者都有术语和符号、技术内容（总体要求/总体原则、核心技术要素、其他技术要素）。两者在内容上的主要区别如下：

（1）按照 GB/T 1.1 编制的标准内容有引言、参考文献和索引。由于按照 SL/T 1 编制的标准具有条文说明部分，条文说明可以对标准编制的背景信息、参考资料进行全面具体的说明，故不需要再编制引言、参考文献。

（2）按照 GB/T 1.1 编制的标准范围和引用文件作为两个单独的要素，属于必备要素。按照 SL/T 1 编制的标准，范围和引用文件包括在总则中。

（3）按照 SL/T 1 编制的标准还需编制标准用词说明、标准历次版本编写者信息。

二、按照层次划分

（一）按照 GB/T 1.1—2020 的层次划分

1. 部分

根据所要规范的标准化对象的内容，可以将标准作为一个整体单独出版，也可以将标准化对象的不同方面分别制定一项标准的不同部分，每个部分单独出版。这样划分出的部分，就构成了标准的一个层次。

2. 章

章是标准内容划分的基本单元，是标准或部分中划分出的第一层次，因而章构成了标准结构的基本框架。

3. 条

条是对章的细分。凡是章以下有编号的层次均称为"条"。条的设置是多层次的，第一层次的条可分为第二层次的条，第二层次的条还可继续分为第三层次的条，需要时，可以分到第五层次。虽然允许将标准中条的层次分到第五层，但编写标准时，为了便于引用、叙述和检索，尽量不要将条的层次划分得过多。

4. 段

段是对章或条的细分。段没有编号，这是区别段与条的明显标志，也就是说段是章或条中不编号的层次。

5. 列项

在标准条文中常常使用列项的方法阐述标准的内容。列项可以说是"段"中的一个子层次，它可以在标准的章或条中的任意段里出现。表 3.2 给出了标准层次的名称及相应的编号示例。

表3.2　按照 GB/T 1.1—2020 划分的标准层次名称及编号示例

层次	编　号　示　例
部分	××××.1
章	5
条	5.1
条	5.1.1
段	[无编号]
列项	列项符号"——"和"·"； 字母编号 a）、b）和下一层次的数字编号 1）、2）
附录	附录 A
附录（对应章级）	A.1

表3.2所示的层次是一项标准可能具有的所有层次。具体标准所具有的层次及其设置应视标准篇幅的多少、内容的繁简而定。但无论什么样的标准，标准中至少要有章、条、段三个层次，它们是标准的必备层次。除了章、条、段，其余的层次都是可选的，例如，有些标准没有分成"部分"，有些标准没有列项、不设附录等。

（二）按照 SL/T 1—2024 的层次划分

按照 SL/T 1—2024，标准分为六个层次：部分、章、节、条、款、项。章是标准的分类单元，节是标准的分组单元，条是标准的基本单元。章与条是标准的核心层次。附录的层次划分与正文的层次划分相同。

1. 部分

同 GB/T 1.1—2020 的层次划分中对部分的解释，部分是根据所要规范的标准化对象的内容，可以将标准作为一个整体单独出版，也可以将标准化对象的不同方面分别制定一项标准的不同部分，每个部分单独出版。这样划分出的部分，就构成了标准的一个层次。

2. 章

同 GB/T 1.1—2020 的层次划分，章是标准的第一层次，构成了标准结构的基本框架。

3. 节

节是标准的第二层次，是对章的内容的进一步划分。当标准的一章内容较少时，也可不划分节，由章直接到条。

4. 条

条是标准的第三层次。条是标准的基本单元。标准的技术内容是通过条实现的，条是标准技术内容的具体表达。一条应只表达一个具体内容。

5. 款

款是条的构成部分，是标准的第四层次。当条的内容较多需进一步细分，以便简练、准确地表达条的内容时，可将条细分为款。

6. 项

项是款的构成部分，是标准的第五层次。当款的内容较多需进一步细分，以便简练、准确地表达款的内容时，可将款细分为项。

表 3.3、表 3.4 给出了标准层次的名称及相应的编号示例。其中，表 3.3 给出了由章直接到条的层次结构示例。

表 3.3　按照 SL/T 1—2024 划分的标准层次名称及编号示例（一）

层次	编　号
章	3
条	3.0.1
款	1
项	1)

表 3.4　按照 SL/T 1—2024 划分的标准层次名称及编号示例（二）

层次	编　号
章	3
节	3.1
条	3.1.1
款	1
项	1)

（三）GB/T 1.1 与 SL/T 1 的层次划分异同梳理

按照 GB/T 1.1 与按照 SL/T 1 编制的标准，在层次上两者都有部分、章和条的层次。其中，部分是根据标准化对象分类的需要，单独编写单独出版。章是标准的内容划分的基本框架。条是标准的基本单元，技术内容的具体表达。两者的不同点在于：

(1) 按照 SL/T 1 编制的标准章下分节，节下分条。而按照 GB/T 1.1 编写的标准，章下直接分条，而条再细分层次，最多到第五层次。

（2）按照 SL/T 1 编制的标准条下设款，款下设项。而按照 GB/T 1.1 编写的标准，条下设列项，列项可以再细分层次。

（3）按照 SL/T 1 编制的标准，附录的级别对应章的级别。而按照 GB/T 1.1 编写的标准，附录是独立的部分，附录下分章（或是不分章，即无编号，均为段）。

第四章

层 次 编 写

第一节　GB/T 1.1 层次编写

按照 GB/T 1.1 编写的标准，标准条文的具体内容由部分、章、条、段、列项组成。

一、部分

依据第三章第四节"基本框架"对标准层次的论述，可以根据所要规范的标准化对象的内容将标准分为多个部分。部分是标准化文件划分出的第一层次，若干部分共同使用同一个文件顺序号。

在标准编写之初，确定了标准化对象之后，就需要进一步确定标准的层次结构。标准是作为一个整体，还是根据不同的需要分成若干部分？一般来讲，存在下列两种情况时，可以将标准分为几个部分编制：

（1）标准化对象涉及几个特殊的方面，每个方面的技术要素都足够成为一本标准，并且能够单独使用。

【示例 4.1】

第 1 部分：术语

第 2 部分：技术要求

第 3 部分：试验方法等

【示例 4.2】

降水量观测仪器

第 1 部分：翻斗式雨量传感器

第 2 部分：虹吸式雨量计

第 3 部分：融雪型雨雪量计

第 4 部分：称重式雨量计

第 5 部分：雨量显示记录仪

（2）标准化对象涉及通用和特殊两个方面，通用方面作为文件的第一部分，特殊方面或者对通用方面的补充，作为文件的其他部分。

【示例 4.3】

水利水电工程制图标准

第 1 部分：基础制图

第 2 部分：水工建筑图

第 3 部分：勘测图

第 4 部分：水力机械图

第 5 部分：电气图

第 6 部分：水土保持图

标准各个部分的编号和标准名称的编写详见第五章、第六章中标准编号和标准名称的编写内容。

二、章

章是标准内容划分的基本单元，是标准或部分中划分出的第一层次，因而章构成了标准结构的基本框架。

（一）章的编号

每一章都应编号。章的编号使用阿拉伯数字从 1 开始编写。在每项标准或每个部分中，章的编号从"范围"开始一直连续到附录之前。附录中章的编号遵循另外的规则。

（二）章的标题

章的标题是必需的，即每一章都应有章标题，并置于编号之后。章的标题与其编号一起单独占一行，并与其后的条文分行。

标准正文中的各章构成了标准的规范性要素，而规范性一般要素（除了"标准名称"）通常为标准的前两章。标准中常见的章的标题及其编号见示例 4.4。

【示例 4.4】

1　范围

2　规范性引用文件

3　术语和定义

4　一般要求

5　……

三、条

条是对章的细分。凡是章以下有编号的层次均称为"条"。条的设置是多层次的，第一层次的条可分为第二层次的条，第二层次的条还可继续分为第三层次的条，需要时，可以分到第五层次。

（一）条的编号

条的编号使用阿拉伯数字加下脚点的形式，即层次用阿拉伯数字，每两个层次之间加下脚点。条的编号在其所属的章内或上一层次的条内进行，例如第6章内的条的编号：第一层次的条编为6.1、6.2、…，第二层次的条编为6.1.1、6.1.2、…，一直可编到第五层次，即6.1.1.1.1、6.1.1.1.2、…。

（二）条的标题

条的标题是可以选择的，可根据标准的具体情况决定是否设置标题。如果设置了标题，则位于条的编号之后，条的标题与编号一起单独占一行，并与其后的条文分行。如果不设标题，则在条的编号后紧跟着条的内容。

1. 第一层次条的标题

每个第一层次的条最好设置标题。第二层次的条可根据情况决定是否设置标题。

2. 条标题设置的统一

虽然条标题的设置是可选择的，但在某一章或条中，其下一个层次上的各条有无标题应统一。例如：如果第5章的下一层次5.1有标题，则处于同一层次上的5.2、5.3等也应有标题；如果5.2条的下一层次5.2.1有标题，则5.2.2、5.2.3、…亦应有标题；同样，如果6.2.1无标题，则6.2.2、6.2.3、…也应无标题。

【示例4.5】

5　设计

5.1　设计荷载

5.1.1　××。

5.1.2 ××。

5.1.3 ××。

5.2 结构设计

5.2.1 一般规定

……

5.2.2 荷载组合

……

5.2.3 应力计算

……

6 复核

6.1 ×××。

6.2 ××××××××××××××××××××××××××××。

……

【示例4.6】

错误示例：

8.1 总体要求

8.1.1 调节系统宜采用下列系统结构：

  a) 微机调节器加电动液随动系统结构；

  b) 电子调节器加中间接力器结构。

8.1.2 微机调节器宜采用不低于16位的工业级中央处理器（CPU）的控制器作为硬件平台。

8.1.3 液压随动系统宜采用具有互换性的机械液压元件、液压集成块方式连接。

8.1.4 油压装置的压力容器可采用油、气接触式压力罐，也可采用油、气分离式蓄能器。工作油压不宜超过10MPa。

8.1.5 设计参数

8.1.5.1 永态差值系统 bp/ep 应能在零至最大设计值范围内整定。

8.1.5.2 人工频率死区 E_f 应能在±2%额定转速范围内整定。

8.1.5.3 开度/负荷指令信号应能自零至最大开度/负荷范围内任意整定。整定时间宜为 20s～80s。

正确示例：

8.1 总体要求

8.1.1 调节系统宜采用下列系统结构：

a) 微机调节器加电动液随动系统结构；

b) 电子调节器加中间接力器结构。

8.1.2 微机调节器宜采用不低于 16 位的工业级中央处理器（CPU）的控制器作为硬件平台。

8.1.3 液压随动系统宜采用具有互换性的机械液压元件、液压集成块方式连接。

8.1.4 油压装置的压力容器可采用油、气接触式压力罐，也可采用油、气分离式蓄能器。工作油压不宜超过 10MPa。

8.1.5 设计参数如下：

a) 永态差值系数 bp/ep 应能在零至最大设计值范围内整定。

b) 人工频率死区 E_f 应能在±2％额定转速范围内整定。

c) 开度/负荷指令信号应能自零至最大开度/负荷范围内任意整定。整定时间宜为 20s～80s。

3. 无标题条的主题

和条的标题的设置相同，无标题条中关键词的强调也应考虑统一性，即在某一条中，其下一个层次上的各无标题条是否强调关键词应是统一的。

注意：无标题条中用黑体标出的术语或短语不应在目次中列出。

（三）章、条编制的注意事项

在某一章或某一条中，可以将相应的内容编写成几个段落，也可以分成几条编写。那么，什么情况下分条编写，什么情况下编写为几个段落呢？以下给出了一些供考虑的原则。

1. 下级条应最少存在两个

同一层次中有两个或两个以上的条时才可设条，标准中不应在章或条中存在单独一个下一层次的条。

【示例 4.7】

错误示例：

5 设计

5.1 ××××

5.1.1 ××。

5.2 ×××××

正确示例：

5 设计

5.1 ××××××××××××××××××××××××。

5.2 ×××××。

2. 无标题条不应再分条

如果某一条没有标题，就不应在该条下再设下一层次的条。这是因为，在这种情况下假如对该条再进一步细分成下一层次的条，则就会出现"悬置条"，这给引用造成了困扰。假如另一标准需要引用示例4.8中紧跟5.2.3后的内容时（不包括5.2.3.1和5.2.3.2的内容），如果指明"按照5.2.3的规定"就会产生混淆，因为，在这种情况下5.2.3还包括了5.2.3.1和5.2.3.2。因此，无标题条不应再进一步细分条。

【示例4.8】

错误示例：

5.2.3 ××。（悬置条）

5.2.3.1 ××。

5.2.3.2 ××××××××××××××××××××××××××××××××××××。

正确示例：

5.2.3 ××。

××××××××××××××××××××××××××××××××××。

××××××××××××××××××××××××××××××××××。

【示例4.9】

错误示例：

8.1.3 当出版物的题名页上有多种语言和/或文字的题名时，应将未选作正题名的提名著录为并列题名。

8.1.3.1　当并列题名依题名页所载顺序著录,并在第二语种及其以后每个并列题名前用"＝"标识,与题名并列的汉语拼音题名不作为并列题名著录。

8.1.3.2　与正题名相对应的其他语种题名不载于题名页时(如翻译著作),可著录于附注项。

正确示例:

8.1.3　当出版物的题名页上有多种语言和/或文字的题名时,应将未选作正题名的提名著录为并列题名:

a)　当并列题名依题名页所载顺序著录,并在第二语种及其以后每个并列题名前用"＝"标识,与题名并列的汉语拼音题名不作为并列题名著录。

b)　与正题名相对应的其他语种题名不载于题名页时(如翻译著作),可著录于附注项。

四、段

段是对章或条的细分。段没有编号,这是区别段与条的明显标志,也就是说段是章或条中不编号的层次。

为了不在引用时产生混淆,应避免在章标题或条标题与下一层次条之间设段(这样的段称为"悬置段")。

【示例 4.10】
错误示例:

4　××××

××××××××××××××××××××××××××××。(悬置段)

4.1　××××

××××××××××××××××××××××××××××。(悬置段)

4.1.1　××××××××××××××××××××××。

4.1.2　×××××××××××××××××××××××××××××××××××。

【示例 4.11】

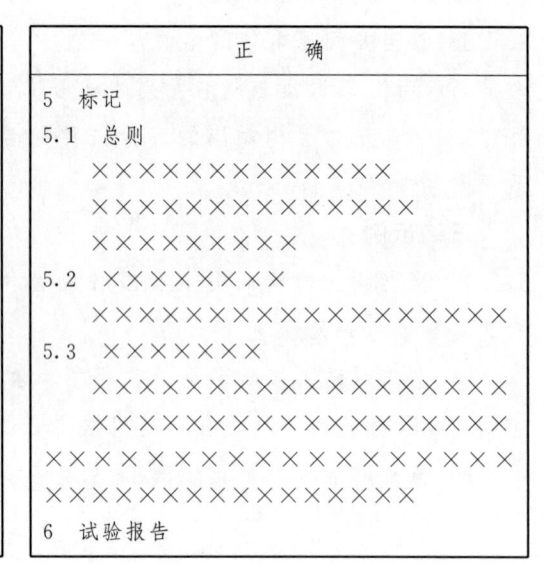

不 正 确	正 确
5 标记 　　××××××××××× ⎫ 　　×××××××××××× ⎬ 悬置段 　　××××××××× ⎭ 5.1　××××× 　　×××××××××× 5.2　××××× 　　×××××××××× 　　×××××××××××× 6 试验报告	5 标记 5.1　总则 　　××××××××× 　　××××××× 5.2　×××××××× 　　×××××× 5.3　×××××× 　　××××××××××× 　　×××××××× 6 试验报告

在示例 4.11 的左侧，当需要引用第 5 章中悬置段的内容时，如果指明"按照第 5 章的规定进行标记"，就会在理解上产生混淆：有人认为只引用了悬置段，而另一些人则会认为还包含 5.1 和 5.2。实际上，不应只将所标出的悬置段看作"第 5 章"，因为按照隶属关系 5.1 和 5.2 也属于第 5 章。为了避免这类问题，应将未编号的悬置段编为 5.1 并增加标题，即"5.1 总则"（也可给出其他适当的标题），并且将现有的 5.1 和 5.2 重新编号。在这种情况下，避免混淆的其他方法还包括将悬置段移到别处或删除。一般来讲，悬置段作为条处理后，原悬置段中凡是规定了规则的内容或要求的内容，可以使用"总则""通则""一般要求"等作为条的标题；凡是给出陈述或说明的内容，可以使用"概述"作为条的标题。

五、列项

在标准条文中常常使用列项的方法阐述标准的内容。列项可以说是"段"中的一个子层次，它可以在标准的章或条中的任意段里出现。

（一）列项的作用

列项通常是将一个包含并列成分的长句，采用分列的形式表述；列项也可由并列的句子构成。采用列项的形式能起到如下作用。

1. 突出并列的各项

由于列项的形式具有独特、醒目的特点，因此，将本来可在段中叙述的内容以列项的形式展现，能够使列项中各项表述的内容更加醒目，同时也更加突出了列项中各项的并列关系。

2. 强调各项的先后顺序

通过对列项中的各项进行编号可以强调并列各项的先后顺序，使本来无先后顺序的平行的各项，通过编号获得了先后顺序。

（二）列项的形式

列项的形式具有其独特性，有以下两种形式：

（1）后跟句号的完整句子引出后跟句号的各项；

（2）后跟冒号的文字引出后跟分号或逗号的各项。

无论采用哪一种形式，列项的最后一项均由句号结束。

只有同时具备两个要素，即引语和被引出的并列各项，列项才是完整的。引语可以是一个句子（见示例 4.12），也可以是一个句子的前半部分（见示例 4.14）。当由一个句子的前半部分作为引语时，该句子的其余部分由列项中的各项来完成。

【示例 4.12】

图形标志与箭头的位置关系遵守以下规则。

a）图形标志与箭头采用横向排列：

1）箭头指左向（含左上、左下）时，图形标志应位于右侧；

2）箭头指右向（含右上、右下）时，图形标志应位于左侧；

3）箭头指上向或下向时，图形标志宜位于右侧。

b）图形标志与箭头采用纵向排列：

1）箭头指下向（含左下、右下）时，图形标志应位于上方；

2）其他情况，图形标志宜位于下方。

【示例 4.13】

下列各类仪器不需要开关：

——在正常操作条件下，功耗不超过 10W 的仪器；

——在任何故障条件下使用 2min，测得功耗不超过 50W 的仪器；

——用于连续运转的仪器。

【示例 4.14】

仪器中的振动可能产生于：

• 转动部件的不平衡；

• 机座的轻微变形；

• 滚动轴承；

• 气动负载。

(三) 列项的编号

在列项的各项之前应标明列项符号或列项编号。列项符号为破折号（——）或间隔号（·）；列项编号为字母编号（后带半圆括号的小写拉丁字母）或数字编号（后带半括号的阿拉伯数字）。列项可以进一步细分为分项，这种细分不宜超过两个层次。

1. 无编号列项

在列项的各项之前使用"破折号"或"圆点"间隔号（见示例4.13、示例4.14）。需要注意的是，在一项标准同一层次的列项中，使用破折号还是圆点应统一。也就是说，一项标准的列项如果使用破折号，则全部使用破折号，反之则全部使用圆点；或者，第一层次的列项使用破折号，第二层次的列项使用圆点，全文统一。

2. 有编号列项

列项中的各项如果需要识别或标明先后顺序，采用有编号列项。有编号列项是在列项的各项之前使用字母编号〔后带半圆括号的小写拉丁字母，即 a)、b)、c) 等〕的列项。

3. 无编号列项的细分

如果需要将无编号的列项再细分成新的列项，则只能继续细分成无编号的列项，不可细分成有编号的列项。如果第二级的列项需要识别，则应将第一级列项改为字母形式的有编号列项，然后再使用数字编号作为第二级列项的编号。

4. 有编号列项的细分

在字母编号的列项中，如果需要对某一项进一步细分为有编号的若干分项，则应使用数字编号〔后带半圆括号的阿拉伯数字，即 1)、2)、3) 等〕或间隔号在各分项之前进行标示（见示例4.15）；如果细分出的若干分项不需要识别，则可细分为无编号的列项（见示例4.16）。

【示例4.15】

图形标志与箭头的位置关系遵守以下规则。

a) 图形标志与箭头采用横向排列：

1) 箭头指左向（含左上、左下）时，图形标志应位于右侧；
2) 箭头指右向（含右上、右下）时，图形标志应位于左侧；
3) 箭头指上向或下向时，图形标志宜位于右侧。

b) 图形标志与箭头采用纵向排列。

1) 箭头指下向（含左下、右下）时，图形标志应位于上方；

2）其他情况，图形标志宜位于下方。

【示例 4.16】

图形标志与箭头的位置关系遵守以下规则。

a）图形标志与箭头采用横向排列：

——箭头指左向（含左上、左下）时，图形标志应位于右侧；

——箭头指右向（含右上、右下）时，图形标志应位于左侧；

——箭头指上向或下向时，图形标志宜位于右侧。

b）图形标志与箭头采用纵向排列。

——箭头指下向（含左下、右下）时，图形标志应位于上方；

——其他情况，图形标志宜位于下方。

5．列项中编号的选择

前文介绍了各种形式的列项，主要分为有编号列项和无编号列项，两类列项进一步细分的子项也包含有编号和无编号两类。那么，什么情况下需要编号，什么情况下不需要编号呢？

（1）对列项编号。只有在下述两种情况下，才需要对列项进行编号。

1）为了便于引用。如果列项中的项需要识别，例如，列项中的某一项或某些项有可能被引用（见第 7 章第 2 节），特别是标准本身就需要引用本标准的某个列项中的某一项，这时就需要对列项进行编号，以方便引用［例如："见 4.3.2a)"］。同理，如果列项中的子项也需要识别（需要引用），则也应对其进行编号，以方便引用［例如："见 5.3.4.2 b) 3)"］。

2）表明先后顺序。如果列项中各项的先后顺序需要强调，则可使用编号。例如，一些设计程序、试验过程，使用编号可以表明设计或试验是按照 a)、b)、c)、…的顺序进行的。所以说，在某些情况下，有编号的列项表明了列项中的各项是有先后顺序的；而无编号的列项可以理解为，各项是无先后顺序的。示例 4.17 中的列项即属于有先后顺序的情况。

【示例 4.17】

5 标准化程序

在设计图形符号并对其标准化时应遵循以下程序：

a）调查需求：调查待传递信息的客观需求，并论证确需用图形符号传递该信息；

b）确定应用领域：按照第 4 章中的图形符号分类，确定待设计图形符号的应用领域；

c) 描述对象：清晰明确地描述图形符号所表示的对象以及图形符号的功能和含义；

d) 收集资料：查找并收集现行国家标准、行业标准、国际标准、国外标准以及其他相关资料中已有的表 7K 相似对象的图形符号；

e) 采用现行标准：如现行国家标准中已存在表示同一对象的图形符号，且其设计符合 GB/T 16901、GB/T 16902 或 GB/T 16903 的要求，则应直接采用；

f) 设计方案：如现行国家标准中不存在表示同一对象的图形符号或者未能采用现行标准，则应按照 GB/T 16901、GB/T 16902 或 GB/T 16903 的要求设计表示该对象的图形符号方案；

g) 测试：对图形符号方案的易理解性和理解度进行测试；

h) 确定图形符号：根据测试情况可直接确定标准图形符号，也可对图形符号方案进行修改直至获得满意的方案；

i) 注册：向相关标准化技术委员会登记注册。

[选自 GB/T 16900—2008《图形符号表示规则总则》]

（2）不对列项编号。除了上文所述的两种情况外，大多数的列项是为了突出列项中各项的并列关系，因此，最原始和简单的做法就是在各项之前加上破折号或圆点。

（四）列项中各项的主题

在列项的各项中，为了标明各项所涉及的主题，可将其中的关键术语或短语标为黑体。这种情况下，列项中每项的主题都应标明，也就是说，每项中都应有用黑体标出的术语或短语（见示例 4.18）。

这类用黑体标出的术语或短语不应在目次中列出；如果有必要列入目次，则不应使用列项的形式，而应采取条的形式，将相应的术语或短语作为条标题。

【示例 4.18】

前言应视情况依次给出下列内容：

a) **标准结构的说明**。对于系列标准或分部分标准，在第一项标准或标准的第 1 部分中说明标准的预计结构；在系列标准的每一项标准或分部分标准的每一部分中列出所有已经发布或计划发布的其他标准或其他部分的名称。

b) **标准代替的全部或部分其他文件的说明**。给出被代替的标准（含修改单）或其他文件的编号和名称，列出与前一版本相比的主要技术变化。

c) **与国际文件、国外文件关系的说明**。以国外文件为基础形成的标准，可在前言中陈述与相应文件的关系。与国际文件的一致性程度为等同、修改或非等效的标准,应按照 GB/T 1.2 的有关规定陈述与对应国际文件的关系。

……

(五) 编写列项需要注意的问题

编写列项时,需要注意以下一些问题。

1. 引导语不应省略

前文已经介绍,列项由引导语和分列的各项两个要素组成,因此列项中引导语是必需的,不应省略。但是在标准编写中常常出现没有引导语的现象,这类问题常常发生在条标题之后,如示例 4.19 所示。

【示例 4.19】

错误示例:缺少引导语。

5.2.1 确定设计参数

a) 内装物的计量值,如质量、容积、数量、形状尺寸等;

b) 预留容积或允许偏差;

c) 根据内装物特点需确定的其他参数;

……

正确示例:由于示例 4.19 的各分项之间是并列关系,所以,只要在列项之前增加一个引导语就可以形成符合规定的列项。

5.2.1 正确设计参数

应确定下列设计参数:

a) 内装物的计量值,如质量、容积、数量、形状尺寸等;

b) 预留容积或允许偏差;

c) 根据内装物特点需确定的其他参数;

……

【示例 4.20】

错误示例:缺少引导语。

3.2 压延机辊筒的清理

a) 在清理过程中,应防止压延机辊筒间卷入及碾压危险。如无法在辊筒静止状态下进行清理,压延机应配置清理装置以保证操作者能在 3.13 中确定的危险区自由地清理辊筒。

b) 离吸入区一定距离(见 5.1.1.1 规定的尺寸)应设置清理专用防护装置。

c) 在单层料片送于辊隙并且料片和辊筒表面间第一接触点处于 3.13 中确定的危险区外侧时,跳闸杆应根据图 10 定位。

正确示例：不使用条标题。

3.2 压延机辊筒的清理方式如下：

a) 在清理过程中，应防止压延机辊筒间卷入及碾压危险。如无法在辊筒静止状态下进行清理，压延机应配置清理装置以保证操作者能在3.13中确定的危险区自由地清理辊筒。

b) 离吸入区一定距离（见5.1.1.1规定的尺寸）应设置清理专用防护装置。

c) 在单层料片送于辊隙并且料片和辊筒表面间第一接触点处于3.13中确定的危险区外侧时，跳闸杆应根据图10定位。

2. 条或段不应表述成列项的形式

在编写标准时，有些内容本来应该分条或分段表述，但却错误地使用了列项的形式。这类问题也常常发生在条标题之后，如示例4.21所示。

【示例4.21】

错误示例：

5.4.8.4 贮存

a) 应规定贮存要求。特别是对有毒、易腐、易燃、易爆等类产品应规定各种相应的特殊要求；

b) 贮存要求的内容包括：

1) 贮存场所，指库存、露天、遮篷等；

2) 贮存条件，指明温度、湿度、通风、有害条件的影响等。

……

错误分析：列项的特征是要有引导语，并且引导语所引出的内容应是并列的关系，具体列项可用a)、b)、c)等标识；而条要有由阿拉伯数字和下脚点组成的编号。

示例4.18是典型的将条或段的内容表述成列项的例子。该示例中既没有引导语，a) 和b) 的内容也不是并列关系，因而不应用列项的形式进行表述。在这种情况下，即使在a) 之前增加了引导语，它也不是列项。针对该示例中的这类问题，可将a)、b) 按以下两种方法之一进行修改：

——作为两条处理，分别改为5.4.8.4.1和5.4.8.4.2，见示例4.22；删去编号"a)、b)"，直接作为两段处理，见示例4.23。

【示例4.22】

正确示例1：

5.4.8.4 贮存

5.4.8.4.1 必要时应规定贮存要求。特别是对有毒、易腐、易燃、易爆等类产品应规定各种相应的特殊要求;

5.4.8.4.2 贮存要求的内容包括:

　　a) 贮存场所,指库存、露天、遮篷等;

　　b) 贮存条件,指明温度、湿度、通风、有害条件的影响等。

……

【示例 4.23】

正确示例 2:

5.4.8.4 贮存

　　必要时应规定贮存要求。特别是对有毒、易腐、易燃、易爆等类产品应规定各种相应的特殊要求;

　　贮存要求的内容包括:

　　a) 贮存场所,指库存、露天、遮篷等;

　　b) 贮存条件,指明温度、湿度、通风、有害条件的影响等。

3. 引导语引导的内容与列项中的内容应相符

　　引导语引导的内容与分列各项的内容不应出现不一致,甚至矛盾的现象。如果引导语中的表述为:"……应符合下述要求",则分列的各项中应全部都是要求,不应出现推荐的分项。

　　又如示例 4.24。在该示例中存在如下问题:引出列项的引导语表明,列项中所列都是搪玻璃表面的缺陷,但实际列出的不全是缺陷,例如"搪玻璃表面色泽均匀"就不是缺陷。

【示例 4.24】

错误示例:

　　在距搪玻璃表面 600mm 处用 100W 手灯以正常视力观察,不应有以下缺陷:

　　——搪玻璃表面不应有裂纹、局部剥落等缺陷;

　　——搪玻璃表面色泽均匀,没有明显的擦伤、暗泡、粉瘤等缺陷;

　　——搪玻璃表面应没有妨碍使用的烧成托架痕迹,搪玻璃面修理和修补痕迹;

　　——每平方米搪玻璃面上的杂粒不应超过 3 处,每处面积应小于 4mm^2,且相互间距不得小于 100mm。

4. 引导语与列项的内容不应相互重复

　　引导语中已经出现的词语,分列各项中不应重复出现。例如:引导语中已经使用了"不应",分列各项中就不应再出现"不应"。

示例 4.24 中，引导语中已有"搪玻璃表面""不应"和"缺陷"等词语，但分列的各项中却多次重复。

鉴于示例 4.24 的列项中存在着"引导语引导的内容与实际列项中的内容不相符"以及"引导语与列项的内容相互重复"等问题，有必要对该列项进行修改。示例 4.25 只做了较少修改，示例 4.26 则做了较大改动，形成了比较简洁、理想的列项。

【示例 4.25】

正确示例：

在距离 600mm 处用 100W 手灯以正常视力观察，搪玻璃表面：

——不应有裂纹、局部剥落等缺陷；

——应色泽均匀，没有明显的擦伤、暗泡、粉瘤等缺陷；

——不应有妨碍使用的烧成托架痕迹，以及修理和修补痕迹；

——每平方米的杂粒不应超过 3 处，每处面积应小于 4mm^2，且相互间距不得小于 100mm。

【示例 4.26】

正确示例：

在距离 600mm 处用 100W 手灯以正常视力观察，搪玻璃表面应色泽均匀，并且不应有以下缺陷：

——裂纹、局部剥落等；

——明显的擦伤、暗泡、粉瘤等；

——妨碍使用的烧成托架痕迹，以及修理和修补痕迹；

——每平方米超过 3 处，每处面积大于 4mm^2，且相互间距小于 100mm 的杂粒。

六、条、段、项格式案例分析

（一）条

【示例 4.27】

错误示例：

8.1 总体要求

8.1.1 调节系统宜采用下列系统结构：

　　a) 微机调节器加电动液随动系统结构；

　　b) 电子调节器加中间接力器结构。

8.1.2 微机调节器宜采用不低于16位的工业级中央处理器（CPU）的控制器作为硬件平台。

8.1.3 液压随动系统宜采用具有互换性的机械液压元件、液压集成块方式连接。

8.1.4 油压装置的压力容器可采用油、气接触式压力罐，也可采用油、气分离式蓄能器。工作油压不宜超过10MPa。

8.1.5 设计参数

8.1.5.1 永态差值系统 bp/ep 应能在零至最大设计值范围内整定。

8.1.5.2 人工频率死区 E_f 应能在±2%额定转速范围内整定。

8.1.5.3 开度/负荷指令信号应能自零至最大开度/负荷范围内任意整定。整定时间宜为 20s～80s。

错误分析：

同一层次的条，采用标题和段落形式不一致。这个示例中，8.1.5为标题形式，但 8.1.1～8.1.4 均为无标题形式。

正确示例：

8.1 总体要求

8.1.1 调节系统宜采用下列系统结构：

a) 微机调节器加电动液随动系统结构；

b) 电子调节器加中间接力器结构。

8.1.2 微机调节器宜采用不低于16位的工业级中央处理器（CPU）的控制器作为硬件平台。

8.1.3 液压随动系统宜采用具有互换性的机械液压元件、液压集成块方式连接。

8.1.4 油压装置的压力容器可采用油、气接触式压力罐，也可采用油、气分离式蓄能器。工作油压不宜超过10MPa。

8.1.5 设计参数如下：

a) 永态差值系统 bp/ep 应能在零至最大设计值范围内整定。

b) 人工频率死区 E_f 应能在±2%额定转速范围内整定。

c) 开度/负荷指令信号应能自零至最大开度/负荷范围内任意整定。整定时间宜为 20s～80s。

【示例4.28】

错误示例：

C.2 各种标石结构图

C.2.1 边角网及视准线观测墩结构，如图 C.2.11 所示；水准点结构，如图

C.2.12所示。

C.3 ……

错误分析：下级位独立一条，出现编号有"1"无"2"的独条等状况。

正确示例：

C.2 各种标石结构图

C.2.1 边角网及视准线观测墩结构，如图C.2.1所示。

C.2.2 水准点结构，如图C.2.2所示。

C.3 ……

【示例4.29】

错误示例：

4.2.2 工程风险要素识别主要查找可能导致溃坝的工程自身缺陷。

4.2.3 环境风险要素识别主要查找可能导致溃坝的外力因素。

4.2.4 人为风险要素识别主要查找大坝安全管理的薄弱环节。

错误分析：将一项具体内容分条书写。

正确示例：

4.2.2 风险要素识别应查找可能导致溃坝的工程自身缺陷、外力因素、人为因素。

【示例4.30】

错误示例：

5.1.4 雨量站布设

简易雨量站应按行政村布设，山洪威胁较大、居住分散的自然村宜增加布设。

自动雨量站宜按照20~100km²/站的密度布设；在降雨频发、人口密度较大的山洪灾害易发区应适当加密站点。

自动雨量站应布设在人口密集的居民点、小流域上游、暴雨中心等有代表性的地点，并充分考虑地形因素的作用。

自动雨量站布设宜选择有人看管的地点。

错误分析：将多项的具体内容写在一条内。

正确示例1：两类雨量站的布设原则，应分成两条。

5.1.4 简易雨量站应按行政村布设，山洪威胁较大、居住分散的自然村宜增加布设。

5.1.5 自动雨量站布设原则如下：

a) 自动雨量站宜按照20~100km²/站的密度布设；在降雨频发、人口密度较大的山洪灾害易发区应适当加密站点；

b）自动雨量站应布设在人口密集的居民点、小流域上游、暴雨中心等有代表性的地点，并充分考虑地形因素的作用；

　　c）自动雨量站布设宜选择有人看管的地点。

　　正确示例2：分成两项也可。

5.1.4　雨量站布设原则如下：

　　a）简易雨量站应按行政村布设，山洪威胁较大、居住分散的自然村宜增加布设。

　　b）自动雨量站：

　　1）宜按照20～100km^2/站的密度布设；在降雨频发、人口密度较大的山洪灾害易发区应适当加密站点；

　　2）应布设在人口密集的居民点、小流域上游、暴雨中心等有代表性的地点，并充分考虑地形因素的作用；

　　3）布设宜选择有人看管的地点。

　　【示例4.31】

　　错误示例：

4.2.3　……允许偏差应不超出0～0.25%的范围。

4.2.3　……允许偏差应不大于±0.25%。

　　错误分析：允许偏差的表示方式不正确。

　　正确示例：

4.2.3　……允许偏差应为±0.25%。

　　【示例4.32】

　　错误示例：

3.7.5　启闭机运转时，启闭机及电气操作屏旁应有人巡视和监护，具备无人值守条件的除外。

　　错误分析：条文的口语化。

　　正确示例：

3.7.5　启闭机运转时，不具备无人值守条件的启闭机及电气操作屏旁应有人巡视和监护。

　　【示例4.33】

　　错误示例：

12.5.1　上下渡船不许争先恐后。

　　错误分析：条文的口语化。

正确示例：

12.5.1 上下渡船应遵守秩序。

（二）段

【示例 4.34】

错误示例：

A.2 蓄水安全鉴定需准备的资料

为满足水利水电建设工程蓄水安全鉴定工作需要，项目法人应组织设计、监理、施工、第三方检测、质量与安全监督等单位为鉴定工作准备相关工程资料，主要包括下列三类。

A.2.1 第一类：工程建设管理工作报告、工程地质自检报告及附图、设计自检报告及附图、监理自检报告、施工自检报告、金属结构设计、制造及安装自检报告、工程安全监测自检报告、第三方工程质量检测报告，以及工程重大问题专题报告等。这类资料供专家组使用，鉴定单位存档。

A.2.2 第二类：初步设计报告及图纸、合同文件、招标设计文件、施工安装图纸、设计变更报告、专题研究报告、相关验收报告、质量与安全监督报告、地震危险性分析专题报告、施工地质报告及编录图、有关审批文件和其他有关重要工程文件等资料。这类资料供专家组查阅。

A.2.3 第三类：设计、施工、设备制造与安装方面的试验报告、计算分析报告、检测资料及验收签证等资料。这类资料供专家组抽查。

错误分析： 出现悬置段。

正确示例：

A.2 蓄水安全鉴定需准备的资料

A.2.1 为满足水利水电建设工程蓄水安全鉴定工作需要，项目法人应组织设计、监理、施工、第三方检测、质量与安全监督等单位为鉴定工作准备相关工程资料。

A.2.2 蓄水安全鉴定应准备的资料应主要包括下列三类：

　　a）第一类：……。

　　b）第二类：……。

　　c）第三类：……。

【示例 4.35】

错误示例：

6.4.5 地下厂房勘察应包括下列内容：

地下厂房勘察除应符合6.4.1条的有关规定外，尚应查明地下厂房和洞群布置地段的岩性组成、岩体结构特征及成洞条件。

错误分析：条的引导语不是引出列项而是引出自然段。

正确示例：

6.4.5 地下厂房勘察除应符合6.4.1条的有关规定外，尚应查明地下厂房和洞群布置地段的岩性组成、岩体结构特征及成洞条件。

（三）列项

【示例4.36】

错误示例：

5.2.5 玻璃表面应符合下列要求：
  a) 不应有裂纹、划痕；
  b) 每平方米杂粒不得超过3处。

错误分析：引导语和列项不能同时写有表述条款类型的能愿动词。

正确示例：能愿动词写在列项中。

5.2.5 玻璃表面：（注：此时引导语并不是完整的语句，只是完整语素的一部分，它与每一列项均可组成完整语句。）
  a) 不应有裂纹、划痕；
  b) 每平方米杂粒不应超过3处。

正确示例：能愿动词写在引导语中。

5.2.5 玻璃表面应符合下列要求：
  a) 无裂纹、划痕；
  b) 每平方米杂粒不超过3处。

【示例4.37】

错误示例：

5.5.2 防渗层材料抗渗等级的最小允许值为：
  a) $H<30m$ 时，W4；其中 H 为防渗层的承压水头，m。
  b) $30m \leqslant H<70m$ 时，W6。

错误分析：不应将一个范围内的数值割裂为两项。

正确示例：

5.5.2 防渗层材料抗渗等级的最小允许值为：$H<30m$ 时，W4；$30m \leqslant H<70m$ 时，W6。其中 H 为防渗层的承压水头，m。

第二节　SL/T 1 层次编写

SL/T 1—2024 规定的编排层次格式与 GB/T 1.1—2020 规定的要求不同，按照 SL/T 1—2024 编写规则，标准共有 6 个层次：部分、章、节、条、款、项。而 GB/T 1.1—2020 章下直接设条，条分为第一层次的条至第五层次的条。章与条是标准的核心层次。附录的层次划分与正文的层次划分相同。

其中按照 SL/T 1—2024 编写部分的划分与 GB/T 1.1—2020 规定的要求相同，这里不再重复说明。

一、章

章是标准的分类单元。章是标准的第一层次，构成了标准结构的基本框架。

1. 章（附录）的标题

章（附录）应设置标题并居中，章（附录）的编号与标题文字之间应空两个字符。

2. 章（附录）的编号

章号采用阿拉伯数字从 1 开始按顺序编写，直到正文部分结束。章号在正文内应连续。正文的每一章均应有标题。附录应按其在正文中出现的先后顺序依次编排，其编号应采用由 A 开始的正体大写拉丁字母，不应采用"I""O""X"三个字母。只有一个附录时，其编号应书写为"附录 A"。

【示例 4.38】

　　　　　1　总则
　　　　　2　术语
　　　　　3　工程划分
　　　　　4　工程质量检验
　　　　　5　工程质量评定
　　　　　6　工程验收
　　　附录 A　水利通信工程项目划分示例
　　　附录 B　单元工程质量等级签证表

二、节

节是标准的分组单元。节是标准的第二层次。当标准的一章内容较少时，也可不划分节，由章直接到条。

1. 节的标题

节应设置标题并居中，节的编号与标题文字之间应空两个字符。

2. 节的编号

节号由章号和节的顺序号构成，两者之间加圆点"."隔开。在所属章内，节的顺序号应采用阿拉伯数字从1开始按顺序编写。节号在所属章内应连续。正文的每一节也应有标题。

【示例4.39】

5.1　质量评定依据
5.2　合格标准
5.3　质量评定工作的组织与管理
5.4　工程技术指标评定方法

三、条

条是标准的基本单元。条是标准的第三层次。标准的技术内容是通过条实现的，一条应只表达一个具体内容。条不应有标题。条内可分多个自然段，这仅仅是为了阅读方便而对同一具体内容分段表述。自然段并不是标准的层次，每个自然段不得叙述不同内容。当每个自然段得叙述不同内容时，应分条表示。

条的编号由章号、节的顺序号和条的顺序号一起构成，三者中间加圆点"."隔开。在所属的节内，条的顺序号应采用阿拉伯数字从1开始按顺序编写。条号在所属节内应连续。如果章内不设节，而是从章直接到条，则编号中节的顺序号为"0"，如"1.0.5"。

【示例4.40】

1　总则

1.0.1　为加强水利通信工程质量与验收管理，统一质量评定与验收标准，使工程质量评定与验收工作标准化、规范化、制定本标准。

1.0.2　本标准适用于新建、扩建、改建水利通信工程及水利工程建设中配套通信工程质量评定与验收。

……

【示例4.41】

3　工程划分
3.1　工程项目划分原则

3.1.1 工程项目划分应根据工程设计、施工部署及施工合同要求确定，划分结果应有利于保证工程质量及工程质量管理。

3.1.2 水利通信工程质量评定应将独立立项的通信工程项目划分为单位工程、分部工程、单元工程。项目划分应与施工合同相协调，每份合同工程应划分为完整的单位工程、分部工程或单元工程。

3.1.3 水利工程建设中配套通信工程的项目划分可结合水利工程建设项目划分，根据配套通信工程组成将其划分为单位工程或分部工程。

……

四、款

款是条的构成部分，是标准的第四层次。当条的内容较多需进一步细分，以便简练、准确地表达条的内容时，可将条细分为款，但不应有标题。在条、款之间应有"符合下列规定""遵循下列原则""执行下列要求""规定如下""包括下列内容""采用下列方法"等的连接用语，连接用语结束使用冒号"："。

在每一条内，款的编号应采用阿拉伯数字从 1 开始按顺序编写，如"1""2""3"……。款号在所属条内应连续。每一款的文字结束使用句号。

款的内容在编号后空两个字符书写，换行后首字顶格。

【示例 4.42】

4.1.6 工程中出现检验不合格的项目时，应符合下列规定：

1 通信设备部件、工程原材料一次抽样检验不合格时，应及时对同一取样批次设备部件、原材料另取两倍数量进行检验。如仍不合格，则该批次设备部件、原材料不合格，不得使用。

2 单元工程质量不合格时，应按合同要求进行处理或返工重做，并经重新检验且合格后方可进行后续工程施工。

3 工程完工后的质量抽检不合格，或其他项目检验不合格的工程，处理合格后方可进行验收。

五、项

项是款的构成部分，是标准的第五层次。当款的内容较多需进一步细分，以便简练、准确地表达款的内容时，可将款细分为项，项不应有标题。在款与项之间也可以不采用连接用语。

在每一款内，项的编号应采用阿拉伯数字从 1 开始按顺序编写，后加右圆括号，如"1）""2）""3）"……。项号在所属款内应连续。项的内容应在编号后接排，换行后首字应与上行首字对齐。

每一项的文字结束使用分号"；"，最末一项的文字结束使用句号"。"。

【示例 4.43】

×.×.× ××××××××××××××××××××××××××××××××××××××应符合下列规定：

1　××××××××××××××应符合×.×.×条的规定。

2　××××××××××××××应符合下列规定：

1）×××××××××应×××××××××××××；

2）×××可××××××××××××××××××××××××；

3）×××应×××××××；×××宜×××××××××××××××××××××。

六、并列要素

在标准内容表述中，对几个并列的要素采用并列项的形式。并列要素应罗列并列的短语，一般是并列的词组或者内容，是内容的罗列，不是句子，不应包含规定。而款和项列出的可以是要求。并列项可使用在条中，不受条文层次的影响。

并列要素应用破折号"——"并列排列，不应采用阿拉伯数字、带右半圆括号的阿拉伯数字以及带右半圆括号的小写拉丁字母作编号。并列文字应在破折号后接写，换行后首字应与破折号后首字对齐，各破折号也应对齐，破折号前应对应本层次左起空四个字符。

【示例 4.44】

×.×.× ××××××××××××××××××××应包括下列内容：

——××；

——××××。

七、注意事项

（1）条、款不宜采取标题的形式。

【示例 4.45】

错误示例：

4.1.1 观测时间和程序应符合下列要求：

 1 观测时间

  1）……；

  2）……。

 2 观测程序

  1）……；

  2）……。

错误分析：条、款采用标题形式。

正确示例：加典型用语，改为陈述语句（分条书写）。

4.1.1 观测时间应符合下列要求：

 1……

 2……

4.1.2 观测程序应符合下列要求：

 1……

 2……

【示例 4.46】

错误示例：

A.0.4 下列附表、附图应按基本资料的要求整理汇总成册，作为规划成果的组成部分，可根据规划范围、任务与要求适当取舍和调整后附入正文。

 附表

 1 气象特征表

 ……

 附图

 1 水土流失现状图

 ……

错误分析：条、款采用标题形式。

正确示例：加典型用语，改为陈述语句。

A.0.4 下列附表、附图应按基本资料的要求整理汇总成册，作为规划成果的组成部分，并可根据规划范围、任务与要求适当取舍和调整后附入正文。

 1 附表应包括下列内容：

1) 气象特征表。

......

2 附图应包括下列内容：

1) 水土流失现状图。

......

（2）款、项和并列项的引出语。

【示例 4.47】

错误示例：

3.3.1 开工前，施工单位应对料场进行现场复核。内容如下：

错误分析：款、项引出语不完整、不规范。

正确示例：

3.3.1 开工前，施工单位应对料场进行现场复核。复核应包括下列内容：

【示例 4.48】

错误示例：

6.4.5 地下厂房勘察应包括下列内容：

地下厂房勘察除应符合 6.4.1 条的有关规定外，尚应查明地下厂房和洞群布置地段的岩性组成、岩体结构特征及成洞条件。

错误分析：条的引出语不是引出款而是引出自然段。

正确示例：

6.4.5 地下厂房勘察除应符合 6.4.1 条的有关规定外，尚应查明地下厂房和洞群布置地段的岩性组成、岩体结构特征及成洞条件。

（3）条内，自然段与款不可共存。款、项内不得分段表述。如果款或项下的内容较多时，应重新考虑层次的划分或另立条编写。

【示例 4.49】

错误示例：

2.2.4 GPS 工程网应按 GB/T 18314 的规定给予精度衡量。

GPS 工程网的构成和布设应满足下列要求：

1 GPS 工程网应由一个或若干个独立观测基线边构成闭合图形或附和线路。

2 布设 GPS 工程网时，应与原有地面控制网点重合。

3 当布设网点数众多时，应对由基线向量联结的局域工程网进行整体平差。

错误分析：条内同时出现款与自然段。

正确示例：分条书写。

2.2.4 GPS工程网应按 GB/T 18314 的规定给予精度衡量。

2.2.5 GPS工程网的构成和布设应满足下列要求：

  1 GPS工程网应由一个或若干个独立观测基线边构成闭合图形或附和线路。

  2 布设GPS工程网时，应与原有地面控制网点重合。

  3 当布设网点数众多时，应对由基线向量连接的工程网进行整体平差。

正确示例：条内同时出现款与自然段。

2.2.4 GPS工程网应按 GB/T 18314 的规定给予精度衡量。GPS工程网的构成和布设应满足下列要求：

  1 GPS工程网应由一个或若干个独立观测基线边构成闭合图形或附和线路。

  2 布设GPS工程网时，应与原有地面控制网点重合。

  3 当布设网点数众多时，应对由基线向量连接的工程网进行整体平差。

【示例 4.50】

错误示例：款内出现自然段。

6.2.5 地下水位监测布置应符合下列要求：

  1 近坝区地下水位应根据坝址地质、地形条件和地下水分布状态进行监测。

  2 对大坝安全有较大影响的滑坡体或高边坡，应利用地质勘探钻孔作为地下水位观测孔。

  已查明滑动面的近坝岸坡，宜沿滑动面滑移方向或地下水渗流方向布置1～2个监测断面。

  无明显滑动面的近坝岸坡，应分析可能的滑动面，根据可能的滑移方向或地下水渗流方向布置监测断面。

  地下水逸出时，应布置浅孔监测。

  3 坝址外近坝区有对大坝坝基、坝肩的稳定性有重大影响的地质构造带，应进行地下水位监测。

  4 近坝区地下水位监测宜采用测压管。

错误分析：款内出现自然段。

正确示例：将多个自然段接为一个整段。

6.2.5 地下水位监测布置应符合下列要求：

  1 近坝区地下水位应根据坝址地质、地形条件和地下水分布状态进行监测。

  2 对大坝安全有较大影响的滑坡体或高边坡，应利用地质勘探钻孔作为地下水位观测孔。已查明滑动面的近坝岸坡，宜沿滑动面滑移方向或地下水渗流方向布置1～2个监测断面。无明显滑动面的近坝岸坡，应分析可能的滑动面，根据可能的滑移方向或地下水渗流方向布置监测断面。地下水逸出时，应布置浅孔监测。

  3 坝址外近坝区有对大坝坝基、坝肩的稳定性有重大影响的地质构造带，应进行地下水位监测。

  4 近坝区地下水位监测宜采用测压管。

正确示例：款下分项。

6.2.5 地下水位监测布置应符合下列要求：

  1 近坝区地下水位应根据坝址地质、地形条件和地下水分布状态进行监测。

  2 对大坝安全有较大影响的滑坡体或高边坡，应利用地质勘探钻孔作为地下水位观测孔。

  1）已查明滑动面的近坝岸坡，宜沿滑动面滑移方向或地下水渗流方向布置1～2个监测断面。

  2）无明显滑动面的近坝岸坡，应分析可能的滑动面，根据可能的滑移方向或地下水渗流方向布置监测断面。

  3）地下水逸出时，应布置浅孔监测。

  3 坝址外近坝区有对大坝坝基、坝肩的稳定性有重大影响的地质构造带，应进行地下水位监测。

  4 近坝区地下水位监测宜采用测压管。

（4）分项说明后不应增加总结性文字。

【示例 4.51】

错误示例：

2.3.7 土工试验应根据需要在下列项目中选定：

  1 天然密度。

  2 天然含水率。

  ……

  13 休止角。

对于淤泥类土，应做有机质含量试验。

错误分析：在分项说明后加一句总结性的文字。

正确示例：将总结性的规定文字移到主条中。

2.3.7 土工试验应根据需要在下列项目中选定。对于淤泥类土，应做有机质含量试验。

  1 天然密度。

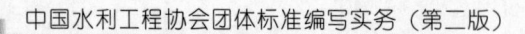

2 天然含水率。

……

13 休止角。

（5）同 GB/T 1.1 的要求，SL/T 1 编写规则也不允许章、节标题层级下出现悬置段。

第五章

标准各部分的编写（GB/T 1.1—2020）

本章按标准文本的前后顺序阐明标准的编写规则。

第一节 封 面

封面是一个资料性必备要素，每个标准都应该有封面，标明封面信息。在标准封面上需要标示以下12项内容：标准的层次、标准的标识、标准的编号、被代替标准的编号、国际标准文献分类号（ICS号）、中国标准文献分类号（CCS号）、备案号（不适用于国家标准）、标准名称、标准名称对应的英文译名、与国际标准的一致性程度标识、标准的发布和实施日期、标准的发布部门或单位。在标准征求意见稿和送审稿的封面显著位置应按给出征集标准是否涉及专利的信息。

一、封面标识信息

在封面上标示信息时，应符合以下规定。

（一）标准的层次

标准封面上部居中位置应标示标准的层次，中国水利工程协会标准为"团体标准"。

（二）标准的标识

标准封面的右上角应给出标准的标识。标准的标识通常为标准代号的固定字体：国家标准代号为"GB"；水利行业标准的代号为"SL"；地方标准的代号为"DB××"，其中××为各省、自治区、直辖市行政区划代码前两位数；企业标准的代号为"Q/××"。

按《团体标准管理规定（试行）》（国质检标联〔2017〕536号），团体标准不需要在封面右上角给出标准的标识。

（三）标准的编号

在标准封面标示标准层次位置的右下方应标示标准的编号。标准的编号由标准的批准或发布部门分配。标准的编号由标准代号、顺序号和年号 3 部分组成。

如果所起草的标准是以国际标准为基础编制的，并且等同采用国际标准，则在封面上标示的标准编号应为双编号。

其中，部分的编号规则如下：

——部分的编号应位于标准顺序号之后，使用阿拉伯数字从 1 开始编号。部分的编号与标准顺序号之间用下脚点相隔，例如：101.1、101.2 等。

——按照"部分"是一项标准的层次之一的观点，101.1 和 101.2 中的 101 为标准的顺序号，而"1""2"只是部分的编号，并不是标准顺序号的组成成分。部分的编号和章条编号相同，是一项标准的内部编号，只是将它放在了标准编号中。

——部分可以连续编号，也可以分组编号。以下给出了采取分组形式的部分编号示例：

T/CWEAE 501.1、T/CWEAE 501.2、T/CWEAE 501.3；

T/CWEAE 501.10、T/CWEAE 501.11、T/CWEAE 501.12；

T/CWEAE 501.20、T/CWEAE 501.21、T/CWEAE 501.22、T/CWEAE 501.23、T/CWEAE 501.24 等。

——部分不应再分成部分。例如，不应将 T/CWEAB 901.1 再分成 T/CWEAB 901.1.1、T/CWEAB 901.1.2 等。

（四）被代替标准的编号

如果所起草的标准代替了同层次的（如国家标准代替国家标准）某个或某几个标准，则应在封面中的标准编号之下另起一行标明被代替标准的信息，即被代替的标准编号（见示例 5.1）。如果被代替的标准较多时，也可仅列出主要被代替的标准，并在标准编号后加上"等"字，具体被代替的多项标准在前言中介绍。不同层次标准的替代情况不在封面上标识。必要时，可在标准的"前言"中介绍。

【示例 5.1】

代替 T/CWEAA—2017

（五）标准文献分类号

1. 国际标准文献分类号（ICS 号）

在封面的左上角，应标明 ICS 号及其分类编号。ICS 号是由 ISO（国际标准化组织）编制的。在中国标准封面上标明 ICS 号，便于中国标准与国际标准的交流与对比。

标准起草单位或标准化技术归口单位在上报标准报批稿时,应在标准封面左上角标明 ICS 号及其分类编号。具体分类编号可在《InternationalClassification-forStandards（ICS）》（国际标准分类,网址为 http：//www.×××.×××.×××/×××/×××/×××.pdf)中查找。

ICS 号的标注见示例 5.2。

【示例 5.2】

ICS 03.120.01

［选自 SL 2—2014《水利水电量和单位》］

2. 中国标准文献分类号（CCS 号）

在 ICS 号之下,应标明中国标准文献分类号,即一级类目和二级类目编号。CCS 号的选择应符合《中国标准文献分类法》的规定,标注见示例 5.3、示例 5.4。

【示例 5.3】

CCSA 00

［选自 SL 2—2014《水利水电量和单位》］

【示例 5.4】

CCS P 10

［选自 T/CWEA 7—2019《河湖淤泥处理处置技术导则》］

（六）标准名称及其对应的英文译名

1. 标准名称

每项标准封面的居中位置都应给出标准名称。标准名称在标准封面中位于十分重要的位置。

2. 标准名称对应的英文译名

为了便于国际贸易和对外技术交流,应在标准名称之下给出其对应的英文译名。英文译名的编写要求如下：

（1）英文译名的编写要以中文的标准名称为基础,在保证原意完整和准确的基础上,不必按照中文的标准名称逐字翻译。中国标准的标准名称各要素之间空一格汉字的间隔,英文译名的各要素间用一字线"—"相隔。各要素第一个单词的首字母应大写,其他单词的字母小写（需要大写的专有名词除外）。

（2）英文译名应尽量从相应国际、国外标准的英文版名称或同系列标准的英文译名中选取。在采用国际标准时,宜采用原标准的名称或英文译名。如果标准中规定的内容与相应的国际标准的标准化对象及其技术特征有差异（在与国际标准的一致性程度为非等效或修改时）,应研究是否可以使用原文的标准名称,如果确实不能使用，则需按照中国标准的标准名称做相应的调整。

（3）涉及试验方法的标准，英文译名的表述方式应为："Testmethod"或"Determination of"应避免以下类似的表述："Method of testing""Method for the determination of""Test code for the measurement of""Test on"。

（七）与国际标准的一致性程度标识

应按照 GB/T 1.2—2020 的规定，在封面中的英文译名之下标示与国际标准的一致性程度标识。其形式为：（国际标准编号、一致性程度）。一致性程度分为等同（IDT）、修改（MOD）和非等效（NEQ）3种。

（八）标准的发布日期和实施日期以及发布部门或单位

在封面的倒数第二行，应标示标准的发布日期和实施日期，例如"2017-07-16 发布""2017-12-01 实施"。标准的实施日期由标准的审批发布部门在发布标准时确定。

在封面的倒数第一行，应标示标准的发布部门或单位。目前国家标准的发布部门为"中华人民共和国国家质量监督检验检疫总局"和"中国国家标准化管理委员会"；工程建设类国家标准由"中华人民共和国住房和城乡建设部"和"中华人民共和国国家质量监督检验检疫总局"联合发布。水利行业标准的发布部门为：中华人民共和国水利部。地方标准的发布部门为：各省、自治区、直辖市标准化行政主管部门。团体标准的发布部门为：各社会团体。中国水利工程协会标准的发布部门为：中国水利工程协会。企业标准的发布单位为：各企业。

（九）专利信息的征集

在标准编制的各个阶段，封面显著位置应给出"在提交反馈意见时，请将您知道的相关专利连同支持性文件一并附上。"

二、常见错误

1. 封面漏写 ICS 号及 CCS 号

【示例 5.5】

错误示例：

ICS

P

团 体 标 准

正确示例：

ICS 27.140

CCS P 55

团 体 标 准

2. 标准英文名称，所有单词的首字母大写

【示例 5.6】

错误示例：

水利水电量和单位
Quantities and Units of Water Resources and Hydropower

正确示例：除第一个单词首字母大写外，以及英文专有名词、缩写词等，其余均应小写。

水利水电量和单位
Quantities and units of water resources and hydropower

第二节 标 准 名 称

标准名称是对标准所覆盖主题清晰、简明的表述，是标准的必备要素，应置于封面中和正文首页最上方，范围之前。标准名称应能准确反映标准化对象和标准的主题，并能与其他标准相区别。标准名称的表述应简明、确切、规范，并清楚反映标准文件的类型。

一、标准名称的构成

标准名称可分为几个尽可能短的元素，通常不应多于三种，依次为引导元素、主体元素和补充元素。

【示例 5.7】

SL 327.1～327.4—2012

    水质   砷、汞、硒、铅的测定 原子荧光光度法
    引导元素   主体元素   补充元素

1. 引导元素（可选）

引导元素是一个可选元素，引导元素表示标准所属的领域，例如：水质、水利水电工程、水资源等。

例如示例5.7中的主体元素"砷、汞、硒、铅的测定"反映不出标准化对象所属的专业领域，因此需要用引导元素"水质"来加以明确。

当标准分成几个部分时，如果名称中有引导元素，则引导元素应相同。

2. 主体元素（必备）

主体元素表示在上述领域内所要论述的主要对象，它是一个必备元素，即在标准名称中一定要有主体元素。如示例5.7中的主体元素"砷、汞、硒、铅的测定"。当标准分成几个部分时，如果名称中有引导元素，每个部分的主体元素也应保持相同。

3. 补充元素（可选）

补充元素表示上述主要对象的特定方面，或给出区分该标准（或部分）与其他标准（或其他部分）的细节。对于单独的标准，补充元素是可选元素，即它是可酌情取舍的。

应当注意的是，对于分成部分出版的各个部分，补充元素则是一个必备元素。

【示例5.8】

水位测量仪器　第1部分：　浮子式水位计

水位测量仪器　第2部分：　压力式水位计

补充元素"第1部分：浮子式水位计""第2部分：压力式水位计"是一个必备元素。

（1）用补充元素描述标准化对象的一两个方面。如果标准所规定的内容仅涉及了主体元素所表示的标准化对象的一两个方面，则需要用补充元素来进一步指出标准所具体涉及的那一两个方面。如示例5.7中的补充要素"原子荧光光度法"。

（2）在补充元素中用一般性的术语描述标准化对象的几个方面。补充元素一般由标注的标准化用途及特征名组成，如果标准所规定的内容涉及了主体元素所表示的标准化对象的几个（不是一两个，但也不是全部）方面，则需要用补充要素描述这些方面，但不必一一列举，而应由诸如"规范"或"技术条件"等一般性的术语来表达。

【示例5.9】

小型水轮机基本技术条件

（3）省略补充元素。当标准的标准化用途涉及标准化对象的所有方面，且是该标准化对象的唯一标准时，则可以省略补充元素。常见于产品标准。

【示例5.10】

正确示例：

水文绞车。

错误示例：

水文绞车结构形式、技术要求、试验方法、检验规则、标识及使用说明书、包装、运输、贮存。

二、标准特征名

标准特征名通常在标准补充要素中出现，GB/T 20000.1—2014、《标准化词典》（赵全仁、催玗主编，中国标准出版社，1990年）等对标准特征名有比较权威的定义。GB/T 20000.1—2014《标准化工作指南　第1部分：标准化和相关活动的通用术语》，从标准化的角度对特征名进行了定义。现将特征名的权威定义进行整合，见表5.1。

表5.1　　　　　　　　　　常用特征名及其定义

序号	特征名	定　义
1	规范 specification	1. 强制性标准项目名称统称为技术规范。〔住房城乡建设部关于印发关于深化工程建设标准化工作改革的意见的通知（建标〔2016〕166号）〕 2. 规定产品、过程或服务应满足的技术要求以及用于判定其要求是否得到满足的证实方法的文件。注1：适宜时，规范宜指明可以判定其要求是否得到满足的程序。注2：规范可以是标准、标准的一个部分或与标准无关的文件。（GB/T 20000.1—2014《标准化工作指南　第1部分：标准化和相关活动的通用术语》）
2	规程 code	1. 为产品、过程或服务全生命周期的有关阶段推荐良好惯例或程序的文件。注：规程可以是标准、标准的一个部分或与标准无关的文件。（GB/T 20000.1—2014《标准化工作指南　第1部分：标准化和相关活动的通用术语》） 2. 计量检定规程：为评定计量器具特性，由国务院计量行政部门组织制定并批准颁布，在全国范围内施行，作为确定计量器具法定地位的技术文件。（JJF 1002—2010《国家计量检定规程编写规则》）
3	导则 guideline	由国家行政管理职能部门发布，用于规范工程咨询与设计的手段和方法，具有一定的法律效力。此外，它也是对完成某项任务的方法、内容及形式等的要求。（百度百科）
4	规定 rule	1. （动词）对某一事物做出关于方式、方法或数量、质量的决定；（名词）所规定的内容。（《现代汉语词典》） 2. 指用于对特定范围的工作和事物制定具有约束力的行为规范。它是国家行政法规、地方性法规、部门规章、政府规章的主要形式，用于对某一方面的行政工作的规定。（党政公文解疑全书．北京：中国言实出版社，2007）

续表

序号	特征名	定　义
5	标准 standard	广义标准定义：为了在既定范围内获得最佳秩序，促进共同效益，按照规定的程序经协商一致制定，对现实问题或潜在问题确立共同使用的和重复使用的一种规范性文件。注1：标准宜以科学、技术和经验的综合成果为基础。注2：规定的程序指制定标准的机构颁布的标准制定程序。（GB/T 20000.1—2014《标准化工作指南　第1部分：标准化和相关活动的通用术语》）
6	方法 method	关于解决思想、说话、行动等问题的门路、程序等。（《现代汉语词典》）
7	条件 condition	影响事物发生、存在或发展的因素；为某事而提出的要求或定出的标准；状况。（《现代汉语词典》）
8	总则 general provisions	法律规章以及标准的序言，文字性材料的总体概括性部分。（百度百科）
9	指南 guide	以适当的背景知识给出某主题的一般性、原则性、方向性的信息、指导或建议，而不推荐具体做法的标准。（GB/T 20000.1—2014《标准化工作指南　第1部分：标准化和相关活动的通用术语》）
10	无特征名	完整的标准名称宜由标准的对象、用途和特征名三部分组成。但对于术语、代码、符号等基础标准或产品类标准，由于长期使用习惯，加上使用和理解上的无异议，标准名称中可以无"用途"或"特征名"部分

在水利行业中，上述特征名的使用一般遵循表5.2所示特征。

表5.2　　常用的水利技术标准特征名的区别特征

序号	特征名	区　别　特　征	典型范例
1	规范 specification	常用于水利水电工程勘察、设计、施工、验收等技术方面的统一要求；技术性强，以专用型标准为主	SL 564—2014《土坝灌浆技术规范》 T/CWEA 16—2021《水工建筑物环氧树脂涂料施工规范》
2	规程 code	常用于水利水电工程运行管理、计量检定、报告编制、工作质量、评价评定评估鉴定等具体过程、程序、方法的统一要求，以专用型标准为主	SL/T 466—2020《冰封期冰体采样与前处理规程》
3	导则 guideline	对实际迫切需要但技术尚不太成熟、难以准确定量或统一要求，或要求较为原则与宏观的标准	T/CWEA 17—2021《水利水电工程食品级润滑脂应用导则》

续表

序号	特征名	区别特征	典型范例
4	规定 rule	常用于规范程序性、规则性的一些管理性要求，类似于部门规章或行政文件，但内容要求更加详细。相对于"规程"而言，"规定"的规则性更强，概念的客体也更加抽象	GB/T 33113—2016《水资源管理信息对象代码编制规定》
5	方法 method	常用于水利方面的仪器、设备、装置等产品或材料的计量、检测、检验、校验、试验等；以专用型（层次分类法）、方法类（对象分类法）标准为主	SL 112—2017《击实仪校验方法》
6	技术条件 condition	常用于水利方面的仪器、设备、装置等产品或材料的技术参数（性能、功能、指标和误差），以专用型、产品类（对象分类法）标准为主	GB/T 21718—2021《小型水轮机基本技术条件》
7	总则 general provisions	对某一标准化对象作的总体概括性的、统一的要求	SL/T 701—2021《水利信息分类与编码总则》
8	指南 guide	以适当的背景知识给出某主题的一般性、原则性、方向性的信息、指导或建议，而不推荐具体做法的标准	SL 760—2018《城镇再生水利用规划编制指南》 SL 624—2013《水利应急通信系统建设指南》
9	无特征名	术语、代码、符号等基础标准或产品类标准	GB/T 3410.1—2008《大坝监测仪器 测缝计 第1部分：差动电阻式测缝计》

三、标准名称中易出现的问题及案例

标准名称虽然字数不多，但是常常会出现一些问题。因此，起草标准名称时应时刻注意以下方面。

（一）标准名称与内容不符

标准名称应能准确反映标准的范围，不应涉及任何不必要的细节，也不应省略必要的内容。

例如《水文绞车》，如添加补充要素为《水文绞车技术条件》，则会缩小标准的适用范围，因为标准本来规定了水文绞车的全部内容。再如《水利水电建设用门座起重机》，表明标准内容仅适用于水利水电建设，如果其内容也适用于工业、农业，那么，标准名称就要删除"水利水电"字样。

（二）不允许使用的特征名

在 GB/T 1.1 规则中，不应使用"……标准""……国家标准"或"……标准

化指导性技术文件"等表述形式。

(三) 协调各元素的内容

1. 名称各元素的用语在概念上不应重复

简洁是起草标准名称最基本的要求之一，为此由多段构成的标准名称各元素的词语不应重复，各元素中不同用语的概念也不应重复。然后在已经发布的现行标准中这种语义重复的现象经常发生。

【示例 5.11】

错误示例：

图形符号　表示规则标志用图形符号　第 1 部分：图形标志的形成

图形符号　表示规则标志用图形符号　第 2 部分：图形符号的视觉设计原则

图形符号　表示规则标志用图形符号　第 3 部分：图形符号的制定和测试程序

图形符号　表示规则标志用图形符号　第 4 部分：图形标志应用导则

错误分析："图形符号"一词在三个元素中重复两次，甚至三次；另外，"表示规则"与"原则""导则"在概念上也有一定的重复。

正确示例：

图形　标志　第 1 部分：形成

图形　标志　第 2 部分：标志用图形符号视觉设计原则

图形　标志　第 3 部分：标志用图形符号制定和测试程序

图形　标志　第 4 部分：应用导则

2. 名称各要素的位置不应颠倒

标准名称中的各要素的位置有其先后顺序，不应错位。示例 5.12 中不正确的标准名称的主体要素"坡耕地"和补充要素"技术规范"的位置编排错位。另外，名称中各要素的用语存在着相互重复的问题，"治理"和"技术"都分别在名称的两个要素中出现，需要删减。

【示例 5.12】

错误示例：

水土保持综合治理技术规范　坡耕地治理技术

正确示例：

水土保持综合治理　坡耕地综合治理技术规范

(四) 其他应注意的问题

除了上述内容外，标准名称的编写还应注意下列问题：

（1）标准化对象的名称过长时，在标准正文的叙述中允许使用简称，但应在第一次出现全称时用括号加以说明，如：《水利水电建设用混凝土搅拌机》（以下简称《搅拌机》）。

（2）标准化对象名与标准化用途和特征名部分连写不通畅时，可以在两者之间空一个位置，在封面上与首页中可以将两者写成两行，但不能使用破折号，如：《水利水电工程制图标准　勘测图》。

（3）标准名称过长时，可以分段，但是不能使用逗号。

（4）英文名称中由两个以上部分组成时，各部分之间应用破折号连接。

（5）采用国际标准和国外先进标准时，一般可以采用原标准的英文名称，不宜另行编译。

（6）英文名称仅第一个词的首字母大写。

第三节　前　　言

前言是资料性要素，同时又是一个必备要素，每项标准都应有前言。前言的主要作用是陈述与本文件相关的其他文件的信息，例如，编制标准依据的文件、与其他文件的关系、与先前版本的差异、与国际标准的关系、编制者的自身信息等标准自身内容之外的信息。在前言中不应包含要求和推荐性条款。前言也不应包含公式、图和表。前言不应给出章编号且不分条。

在第三节"标准的格式体例"一节中，已经论述了中国水利工程协会的协会标准编制的格式体例，其中管理类、服务类、产品类标准按照 GB/T 1.1 的规定编制，技术类、方法类、评价按照 SL/T 1 的规定编制。GB/T 1.1 和 SL/T 1 对标准的框架结构、编排格式的要求区别较大，为了便于中国水利工程协会标准化工作的管理，协会标准前言按照下列规定编制。

一、特定部分

特定部分包括下列内容：
——简述制定（修订）标准的任务来源；
——列出标准编制所依据的起草规则；
——分为部分的标准，每个部分应说明所属部分情况，并列出所有已发布的部分名称；
——简述标准的主要技术内容；
——对于修订后的标准，简述修订的主要内容；

——注明专利免责内容"请注意本标准的某些内容可能涉及专利,本标准的发布机构不承担识别专利的责任";

——修订的标准,在"特定部分"的最后列出所替代或废止的标准的历次版本信息,制定的标准,列出"本标准为首次发布"。

一般情况下,第一句应简要介绍标准制修订的任务来源,即主编单位是从哪里接受到的标准编制任务。典型用语"根据中国水利工程协会标准制修订计划安排"。

第二句列出标准编制所依据的起草规则,即"按照 GB/T 1.1—2020《标准化工作导则 第1部分:标准化文件的结构和起草规则》的要求"或者"按照 SL/T 1—2024《水利技术标准编写规程》的要求"。

如是修订标准,还需介绍原标准的名称和编号[典型用语:"对《标准名称》(标准编号)进行修订"]。如果修订后标准更改了标准名称,则要说明新的标准名称(典型用语:"标准名称更改为……")。

【示例 5.13】

前　　言

根据中国水利工程协会团体标准制修订计划安排,按照 SL/T 1—2024《水利技术标准编写规程》的要求,编制本标准。

本标准共 6 章和 2 个附录,主要技术内容包括:

——材料;

——施工;

——质量控制与检验;

——安全与环境保护。

本标准为首次发布。

二、基本部分

基本部分包括下列内容:

——批准部门;

——主编单位;

——参编单位;

——标准主要起草人;

——标准审查会议技术负责人；

——标准体例格式审查人；

——本标准内部编号。

批准部门为"中国水利工程协会"。

一般情况下，只应有一个主编单位，主编单位由中国水利工程协会确定。主编单位一般是标准制修订组组长的所在单位。主编单位一经确定，不能轻易更改，如有特殊情况，须向中国水利工程协会提出更改申请。

如果没有参编单位，则前言中不需列出此项。

标准的主要起草人为自始至终参加标准编制工作的人。

标准审查会议技术负责人为参加标准技术审查会议并签名的专家组长及副组长（如有）。

体例格式审查人为对标准进行体例格式审查的专家。

本标准内部编号由中国水利工程协会秘书处确定。

第四节 目　　次

目次是资料性概述要素，并且是一个可选要素。根据需要，如标准内容较长，结构较复杂，条文较多，为了便于使用，可以编写目次。

一、目次的内容

目次的内容包括前言、引言、章、带标题的条和附录等的编号，标题及标题所在页码等，目次所列的内容如下：①引言（如有）；②章；③带标题的条（需要时列出）；④附录，应在圆括号中标注其性质即"（规范性）"或"（资料性）"；⑤附录的章和带标题的条（需要时列出）；⑥参考文献（如有）；⑦索引（如有）；⑧图（需要时才列出，并且只能列出带有图题的图）；⑨（需要时才列出，并且只能列出带有表题的表）。具体编写目次时，在列出上述内容的同时，还应列出其所在的页码。

【示例5.14】

目　　次

引言 …………………………………………………………………………………… Ⅸ

1　范围 …………………………………………………………………………………… 1

2 规范性引用文件 ·· 1
3 术语与定义 ·· 2
4 总则 ·· 3
  4.1 目标 ·· 3
  4.2 统一性 ··· 3
  4.3 协调性 ··· 3
  4.4 适用性 ··· 4
  4.5 一致性 ··· 4
  4.6 规范性 ··· 4
5 结构 ·· 4
  5.1 按内容划分 ··· 4
    5.1.1 通则 ··· 4
    5.1.2 部分的划分 ·· 5
    5.1.3 单独标准的内容划分 ··· 5
  5.2 按层次划分 ··· 7

······

附录 D（规范性附录）标准名称的起草 ·· 39
  D.1 标准名称中要素的选择 ··· 39
    D.1.1 引导要素 ·· 39
    D.1.2 主体要素 ·· 39
    D.1.3 补充要素 ·· 39
  D.2 避免无意中限制范围 ·· 39
  D.3 措辞 ·· 40
  D.4 试验方法标准的英文译名的起草 ··· 40

······

参考文献 ·· 67
索引 ·· 68

图 1 标记体系的构成 ·· 42
图Ⅰ.1 国家标准封面格式 ·· 53
图Ⅰ.2 行业标准封面格式 ·· 54

······

图Ⅰ.12　封底格式 ·· 64

表1　标准中要素的典型编排 ··· 6
表2　层次及其编号示例 ··· 7
表F.1　要求 ·· 45
表F.2　推荐 ·· 45
表F.3　允许 ·· 45
表F.4　能力和可能性 ·· 46
表J.1　标准中的字号和字体 ··· 65

二、编写目次需要注意的问题

编写目次时，应注意以下问题：

(1) 在目次中应列出完整的标题。

(2) 目次中选择列出的条、附录的章、附录的条、图、表等都应是带有标题的，如果没有标题就不应被列出。

(3) "术语和定义"一章中的术语不应在目次中列出。

(4) 目次中所列出的内容，包括编号、标题、页码等均应与文中完全一致。

(5) 目次所在页应另行编码，不应与标准正文页码连续。

(6) 目次中列出的图、表，一旦决定列出，则应列全。

第五节　引　　言

引言是一个可选的资料性要素。不应包含要求型条款。分为部分的文件每个部分，或者文件的某些内容涉及了专利，均需要设置引言。引言不应给出章编号。当引言的内容需要分条时，应仅对条编号，编为0.1、0.2等。

如果需要设置引言，则应用"引言"做标题，并将其置于前言之后，标准正文之前。引言中不应包含要求。引言可包括以下内容：

(1) 编制标准的原因：阐明为什么要编制或修订某项标准，包括编制或修订标准的原因、目的、意义等。

(2) 标准技术内容的特殊信息或说明：对标准中涉及的总体技术内容进行说明、给出与技术内容有关的特殊信息，例如，说明使用标准的技术内容不能替代的其他工作，如宣传教育、预防措施等。

（3）专利的声明：如果已经识别出某项标准涉及专利，则在引言中应给出有关专利的声明。

（4）其他不宜放入标准其他部分的概述性内容。

如果无识别的专利，则关于专利的声明典型语可写入"前言"中。

第六节 范　　围

范围是标准的规范性要素，同时也是一个必备要素。

范围应位于每项标准正文的起始位置，是标准的"第1章"。

一、范围的内容与表述

范围这一要素用来界定文件的标准对象和所覆盖的各个方面，并指明文件的适用界限。范围的内容可分为两个方面：一是界定标准化对象和涉及的各个方面内容，在特别需要时可以补充陈述不涉及的标准化对象；二是给出标准中的规定的适用界限，在特别需要时可补充陈述不适用的界限。

典型的表述形式有：

"本标准规定了……的要求/特性/尺寸/指示。"

"本标准确立了……的程序/体系/系统/总体原则。"

"本标准描述了……的方法/路径。"

"本标准提供了……的指导/指南/建议。"

"本标准给出了……的信息/说明。"

"本标准界定了……的术语/符号/界限。"

在给出标准中的规定的适用界限时，要阐述标准本身有什么用，而不是描写标准所涉及的标准化对象有什么用。

标准适用性的陈述一般另起一段，应使用下述典型的表述形式：

"本标准适用于……"

"本标准适用于……，不适用于……"

对不适用的范围也可另起一段陈述。

编写见示例5.15。

【示例5.15】

本标准规定了水文仪器产品的基本分类、结构型式、主参数系列划分等型谱特征。

本标准适用于水利、水文、气象、海洋、环保、农林等行业使用的各类水文仪器产品的有关科学研究、设计、制造、试验测试等，也适用于指导水文仪器产品标准规划和产品技术条件的编制。

［选自 GB/T 13336—2019《水文仪器系列型谱》］

【示例5.16】

GB/T 11828 的本部分规定了浮子式水位计（以下简称"水位计"）的产品分类、组成、规格、结构与材料、信号与接口、显示与记录、技术要求、试验方法、检验规则以及包装、标志、运输、贮存和保修期限的要求。

本部分适用于江河、湖泊、明渠、水库等自然水体中所应用的水位计，也适用于地下水位监测的水位计。

［选自 GB/T 11828.1—2019《水位测量仪器 第1部分：浮子式水位计》］

注意：为了便于标准中的叙述，在"范围"一章中常常对标准名称中较长的、标准中需要重复使用的术语给出简称。这里的简称通常仅限于在该标准中使用，并不是相关领域中固定的简称。

二、范围的表述注意事项与常见错误分析

（一）范围中不应给出要求

范围是规范性要素，其内容应采取陈述的形式，任何针对标准化对象的技术要求，都应在标准的"核心技术要素"中予以规定，而不应规定在范围一章中。

示例5.16给出了在"范围"中包含要求的不正确的实例。

【示例5.17】

错误示例：

1　范围

本标准规定了水轮发电机组的报废条件。

本标准适用于单机大中型水轮发电机组，当机组有一项指标达到报废要求时应进行报废。

正确示例：

1　范围

本标准规定了水轮发电机组的报废条件。

本标准适用于单机大中型水轮发电机组。

上述示例中，"当机组有一项指标达到报废要求时应进行报废"，应写入标准条文中。

(二) 范围应能简洁完整地概括标准的内容

为了使得范围发挥出标准的内容提要这一作用，范围的编写应做到以下两点：

(1) 简洁。在完整的前提下，范围的编写应力求简洁，要高度提炼所要表达的内容，只有这样才能使范围真正起到"内容提要"的作用。

(2) 完整。范围一章所提供的信息要全面，要涵盖"标准化对象"及"标准的适用性"两方面的内容，不应缺项。必要时还可指出"标准不适用的界限"。

范围中不应包含介绍性、一般性内容，标准化对象、用途不应与正文矛盾。

【示例 5.18】

错误示例：

1 范围

本标准规定了水利水电工程施工现场管理人员应履行的职责，所需的专业知识和专业技能的基本要求。有关地区和企业可根据自身实际，对本地区及企业的相关专业人员提出更高的要求。

本标准适用于行业主管部门、水利水电施工企业、教育培训机构、行业组织进行水利水电施工现场管理人员的聘任、评价、使用、教育培训、人才规划等。

水利水电工程施工现场管理人员包括施工员、质检员、安全员、资料员和材料员，其岗位设置、工作职责确定、教育培训和职业能力评价，除应符合本标准外，尚应符合国家现行有关规定。

错误分析： 范围中包含了介绍性、一般性内容。范围中标准化对象、用途不全，与正文矛盾。正文中的评价方法未涵盖。

正确示例：

1 范围

本标准规定了水利水电工程施工现场管理人员应履行的职责，所需的专业知识和专业技能的基本要求，以及评价方法，有关地区和企业可根据自身实际，对本地区及企业的相关专业人员提出更高的要求。

本标准适用于行业主管部门、水利水电施工企业、教育培训机构、行业组织进行水利水电施工现场管理人员的聘任、评价、使用、教育培训、人才规划等。

(三) 范围不规定参照执行的内容

在标准实施过程中，"参照执行"的规定往往被使用者忽略，"参照执行"的内容并不能有效规范其约束的相关内容，对要求"参照执行"的标准化对象并无有效的约束作用。因此，不在范围中规定参照执行的内容。例如"本标准适用于……，其他……可参照使用"。

第七节 规范性引用文件

"规范性引用文件"是规范性要素，是一个必备要素。当标准对一些标准化文件进行了引用，则应设"规范性引用文件"这一章，对标准所引用的文件进行说明，为标准的第 2 章。

"规范性引用文件"一章由一段固定的引导语和所列出的所有规范性引用文件清单组成。

一、引导语

在列出所引用的文件之前应有一段固定的引导语，即：

"下列文件中的内容通过文件中的规范性引用而构成本文件必不可少的条款。其中，注日期的引用文件，仅该日期对应的版本适用于本文件；不注日期的引用文件，其最新版本（包括所有的修改单）适用于本文件。"

引导语表明：

（1）只有对本文件的应用是必不可少的文件（也就是规范性引用的文件）才列入以下文件清单中。必不可少是指如果缺少了这些文件，就不能顺利、无障碍地使用本文件。

（2）对于注日期引用的文件，只有指定的版本，也就是标注了日期的那个版本，才适用于本文件。

（3）对于不注日期的引用文件，其最新版本，包括所有的修改单，适用于本文件。如果其最新版本未包含所引用的内容，那么包含了所引用内容的最后版本使用。这一段引导语适用于所有文件，包括标准、标准化指导性技术文件、分部分出版的标准的某个部分。

如果不存在规范性引用文件，应在章标题下给出以下说明："本文件没有规范性引用文件。"

二、内容

在引导语之后，要列出标准中所有规范性引用的文件清单，这些文件构成了规范性引用文件清单。

1. 编排格式

（1）注日期的引用文件。对于标准中注日期的引用文件，应在规范性引用文件清单中给出文件的年号或版本号以及完整的名称。

【示例 5.19】

GB/T 19677—2005 水文仪器术语及符号

（2）不注日期的引用文件。对于标准中不注日期的引用文件，不应在规范性引用文件清单中给出文件的年号或版本号，但仍需给出完整的名称。

【示例 5.20】

GB/T 15834 标点符号用法

（3）标准的所有部分。在标准中如果引用了某个分为多个部分出版的标准的所有部分，也就是引用整个标准。如果是不注日期引用，那么在文件清单中列出时，需要在标准顺序号后增加"（所有部分）"并列出各部分所属标准的名称，无须给出部分的名称，即只需给出引导要素（如有）和主体要素，而不给出名称中的补充要素。

【示例 5.21】

GB/T 5095（所有部分）电子设备用机电元件基本试验规程及测量方法

如果是注日期引用，当所有部分为同一年发布时，需要在文件清单中给出"标准代号"、"顺序号及第 1 部分的编号"、"～"（连接号）、"顺序号及最后部分的编号"，然后给出年号以及各部分所属标准的名称，即只需给出名称中的引导要素（如有）和主体要素，而不给出名称中的补充要素。

【示例 5.22】

GB/T 20501.1～20501.5—2006 公共信息导向系统要素的设计原则与要求

在注日期引用的情况下，如果所有部分不是同一年发布的，则需要按照列出注日期引用文件的方式分别列出每个部分。

【示例 5.23】

GB/T 9711.1—1997 石油天然气工业输送钢管交货技术条件　第 1 部分：A 级钢管

GB/T 9711.2—1999 石油天然气工业输送钢管交货技术条件　第 2 部分：B 级钢管

GB/T 9711.3—2005 石油天然气工业输送钢管交货技术条件　第 3 部分：C 级钢管

（4）其他文件。在标准中如果直接引用了国际标准，那么在文件清单中列出这些国际标准时，在标准编号后应给出标准名称的中文译名，并在其后的圆括号中给出原文名称。标准中如果引用了非标准类文件，那么在文件清单中列出这类文件时应符合 GB/T 7714《信息与文献 参考文献著录规则》的规定。如果引用的文件可在线获得，宜在文件清单中提供详细的获取和访问路径。应给出被引用文件的完整网址（见 GB/T 7714）。为了保证溯源性，宜提供源网址。

【示例 5.24】

可从以下网址获得：http：//www.×××.×××/×××/×××.htm。

2. 排列顺序

在"规范性引用文件"一章的清单中，引用文件的排列顺序为：国家标准（含国家标准化指导性技术文件），行业标准、本协会团体标准，地方标准（仅适用于地方标准的编写），国内有关文件，国际标准（含 ISO 标准、ISO/IEC 标准、IEC 标准），ISO/IEC 有关文件，其他国际标准以及其他国际有关文件。

同类标准按标准顺序号大小依次排列。其他行业标准、其他国际标准按标准代号的拉丁字母顺序依次排列。

3. 与国际文件的一致性程度标识

中国标准如以国际标准为基础编写，并与国际标准保持着一致性程度，那么在这些中国标准的规范性引用文件一章的文件清单中，如列出的中国文件与国际文件存在一致性程度，则应在中国文件名称后面标示与国际文件的一致性程度标识。并应遵守 GB/T 1.2—2020《标准化工作导则 第 2 部分：以 ISO/IEC 标准化文件为基础的标准化文件起草规则》的规定。

三、注意事项

1. 不要列入标准起草过程中依据或参考的文件

在标准起草过程中，常常依据或参考大量标准或文件。如果这些文件在标准中并没有被引用或提及，则不应被列入"规范性引用文件"一章。

2. 不要列入标准中资料性引用的文件

有些文件虽然在标准中被引用了，但不是被规范性引用，而是被资料性引用。因此也不应将这类文件列入"规范性引用文件"一章。包括：

（1）并不是标准应用时必不可少的文件。

（2）标准条文中的注、脚注、图注、表注中提及的文件，标准中资料性附录提及的文件，标准中的示例所使用或提及的文件。

（3）"术语和定义"一章中，在定义后的方括号中标出的术语和定义所出自的文件。

（4）摘抄形式引用时，在方括号中标出的摘抄内容所出自的文件。

3. 不要列入不能公开得到的文件

由于非公开的文件（例如只属于某个企业所有而参与竞争的企业不易获得的文件）一般情况下是不易获得的，因此不应被规范性引用，从而也不应列入"规范性引用文件"一章。

4. 不要列入尚未发布的标准或尚未出版的文件

在引用其他文件时需注意，被引用的文件一定是已经发布或出版的文件。在起草标准的过程中，如果确知另一个需要的文件正在被制定，在确保该文件的发布或出版日期早于正在制定的标准的前提下，方可在标准中引用该文件。综上所述，并不是在标准中出现的文件都应列入规范性引用文件，而应将这些文件区分为"规范性引用文件"和"资料性引用文件"，前者列入"规范性引用文件"一章，后者列入"参考文献"。

四、常见错误分析

（一）引用标准清单，未按正确的顺序排列

引用标准文件的编排格式是编制者经常忽略的问题之一。

【示例 5.25】

错误示例：

SL 260—2014　堤防工程施工规范

GB 50286—2013　堤防工程设计规范

正确示例： 按照国家标准、水利行业标准、其他行业标准的顺序书写。

GB 50286—2013　堤防工程设计规范

SL 260—2014　堤防工程施工规范

【示例 5.26】

错误示例：

GB/T 18385　电动汽车动力性能试验方法

GB/T 18384.1　电动汽车安全要求　第1部分：车载储能装置

GB 12265.3　机械安全避免人体各部位挤压的最小间距

正确示例：

GB 12265.3　机械安全避免人体各部位挤压的最小间距

GB/T 18384.1　电动汽车安全要求　第1部分：车载储能装置

GB/T 18385　电动汽车动力性能试验方法

（二）列在规范性引用文件清单的引用文件并未在正文中被提及

在标准起草过程中，常常依据或参考大量标准或文件，这些文件在标准中并

没有被引用或提及，而被编制者列入了规范性引用文件。

第八节 术 语 和 定 义

术语和定义这一要素用来界定为理解文件中某些术语所必需的定义，在术语标准中是一个必备要素，非术语标准可根据实际需要选择。如果标准中需要界定术语，则应以"术语和定义"为标题单独设一章，其下对相应的术语进行定义，此时其为该标准的规范性技术要素。

"术语和定义"这一要素表达的形式和内容是相对固定的，形式是"引导语＋清单"，清单的内容只表达每条术语及其定义。

一、术语和定义的表述形式

非术语标准中编写"术语和定义"一章的术语和定义适用于标准自身，因此表述的内容只要满足本身的使用即可，不需要像专门的术语标准那样关照本专业的各个方面。

（一）引导语

标准中"术语和定义"一章的表达形式是：引导语＋术语条目（清单）。因此，在给出具体的术语和定义之前应有一段引导语。根据不同的情况，选择的引导语将不同。

（1）只有标准中界定的术语和定义适用时，应使用下述引导语：

"下列术语和定义适用于本文件。"

（2）其他文件界定的术语和定义也适用时，应使用下述引导语：

"……界定的以及下列术语和定义适用于本文件。"

"……界定的以及下列术语和定义适用于本文件。为了便于使用，以下重复列出了……中的一些术语和定义。"

（3）仅仅其他文件界定的术语和定义适用时，应使用下述引导语：

"……确立的术语和定义适用于本文件。"

"……确立的术语和定义适用于本文件。为了便于使用，以下重复列出了……中的一些术语和定义。"

【示例 5.27】

3 语和定义

GB/T 19677、GB/T 50095 界定的术语和定义适用于本文件。

[选自 GB/T 11828.1—2019《水位测量仪器 第 1 部分：浮子式水位计》]

如果没有需要界定的术语和定义，应在章标题下给出以下说明："本文件没有需要界定的术语和定义"。

（二）术语条目的内容

术语条目至少应包括 4 项必备内容：条目编号、术语、英文对应词、定义。根据需要可增加以下附加内容：符号、概念的其他表述方式（如公式、图等）、示例、注、来源等。

1. 条目编号

每个术语条目都应有一个编号，只有一个术语条目也应编号。条目编号由阿拉伯数字和下脚点组成。

条目编号的位置：置于条目起始顶格排，单独占一行。

条目编号的字体：一般采用黑体。

注意：章、条的编号中，只有当一个层次中有两个及以上的条时才可设条，否则应按段处理，例如在第 4 章内，如果没有 4.2 就不应有 4.1。而术语的条目编号是一种代号，其作用是为了提及和查找方便。所以，只有一个术语时，也应有条目编号。

2. 术语

标准中的"术语和定义"一章是专门为标准自身设置的，选择术语时应以适用为前提。

3. 英文对应词

除了专有名词外，英文对应词全部使用小写字母，名词为单数，动词为原形。

4. 定义

术语的定义应该按照 GB/T 10112《术语工作 原则与方法》规定确定，通常表述为陈述型条款。在对术语进行定义时，名词性术语要界定清楚是什么，动词性术语要解释清楚如何做。定义的表述能在上下文中代替其术语，采取内涵定义的形式，其优选结构为："定义＝用于区分所定义的概念同其他并列概念间的区别特征＋上位概念"。定义中如果包含了其所在文件的术语条目中已定义的术语，可在该术语之后的括号中给出对应的条目编号，以便提示参看相应的术语条目。

定义应使用陈述型条款，既不应包含要求型条款，也不应写成要求的形式。附加信息应以示例或注的表述形式给出。

5. 术语的符号、公式、图

如果术语有符号或图形，则符号或图应置于术语之后另起一行。量和单位符号应符合 GB 3100、GB 3101、GB 3102、SL 2 的规定，量的符号用斜体，单位符号用正体。当需要公式补充说明定义时，可在定义下附公式。

6. 注

如果术语条目有"注"，应置于示例之后，另起一行。定义的附加信息应以注的形式给出。不允许使用脚注。

二、术语的选列

"术语和定义"这一要素选列的术语，需要同时满足下列 4 个条件。

（1）所选列的术语应是本标准所特有的、尚无定义或需要改写已有定义的，且属于本标准适用范围所限定的领域内。当需要改写其他标准中已有定义的术语时，应在该术语之后的括号中给出对应的标准编号及条款号，并注明"有修改"，见示例 5.27。

【示例 5.28】

水位基值 water level reference value

用于水位监测的假定基面。

［来源：SL 651—2014，3.1.3，有修改］

（2）选列术语应避免重复和矛盾。术语标准和引用标准中已有定义一致的术语时，应优先引用，不宜选列。特殊情况下，可少量抄录对应标准的术语及其定义，在该术语之后的括号中给出对应的标准编号及条款号。

一般引用专门的术语标准、符号标准。如现行有效的有：

——GB/T 2900.45 电工术语　水电站水力机械设备

——GB/T 19677 水文仪器术语及符号

——GB/T 20465 水土保持术语

——GB/T 24106 岩土工程仪器术语及符号

——GB/T 30943 水资源术语

——GB/T 50095 水文基本术语和符号标准

——GB/T 50279 岩土工程基本术语标准

——SL 26 水利水电工程技术术语

——SL 56 农村水利技术术语

——SL/Z 376 水利信息化常用术语

——SL 570 水利水电工程管理技术术语

——SL 697 水利水电工程移民术语

【示例 5.29】

水利信息 water resources information

水利业务活动或水利管理过程产生的各类信息的总称。一般包括水文水资源管理、水环境治理、水利工程建设与管理、农村水利管理、水旱灾害防御、水土保持管理、水利政策与法规、水利国际合作、水利科技管理等。

[来源：SL/Z 376—2007，3.0.1]

（3）术语应选列专业的使用者在不同的使用情况下理解不一致的。

（4）应选用已有的术语表述或者国内外同行通用的表述方式，避免选列术语的同义词。

三、术语编写常见错误分析

编写定义时，常常存在的问题有：

（1）在定义中重复术语。

（2）定义用"它""该""这个"等代词开头。

（3）使用"指""是""是指""表示""称为"等词语。

（4）定义中包含了附加信息。由于附加信息并不属于定义的内容，如果将其放在定义中，会产生定义不能在文中代替术语的问题。需要时，附加信息应仅以注的形式给出。

（5）定义外延过宽或过窄，术语应反映本质特征，表述范围要适度、简明。

【示例 5.30】

错误示例：

3.5

制动距离 stopping distance

错误一：制动距离是指从驾驶员开始操作制动控制器时起到车辆停止时车辆所驶过的距离。

错误二：从驾驶员开始操作制动控制器时起到车辆停止时车辆所驶过的距离称为制动距离。

错误三：它是从驾驶员开始操作制动控制器时起到车辆停止时车辆所驶过的距离。

错误四：是指从驾驶员开始操作制动控制器时起到车辆停止时车辆所驶过的距离。

错误五：从驾驶员开始操作制动控制器时起到车辆停止时车辆所驶过的距离。

初速度50km/h的空载载客汽车的制动距离不得超过19m。

正确示例：

3.5

制动距离 stopping distance

驾驶员开始操作制动控制器时起到车辆停止时车辆所驶过的距离。

【示例5.31】

错误示例：

（外延过窄）机动车：以汽油为燃料、机械驱动的车辆。

（外延过宽）机动车：机械驱动的交通工具。

【示例5.32】

错误示例：

（冗余）船舶：水路交通工具，依靠人力或机械驱动。

（6）定义不得包括技术要求，连技术要求的形式也不得采用。

第九节　符号和缩略语

"符号和缩略语"这一要素用来给出为理解标准所必需的、标准中使用的符号和缩略语的说明或定义。在非符号、代号标准中是一个可选要素。如果标准编制中，需要对符号、代号和缩略语进行说明，则以"符号、代号和缩略语"或"符号""代号""缩略语"为标题单独设章，则它们为该标准的规范性技术要素。

如果需要设置符号或缩略语，可作为标准的第4章。如果为了反映技术准则，符号需要以特定次序列出，那么该要素可细分为条，每条应给出条标题。

一、表述形式

"符号和缩略语"标题下表达的形式和内容是相对固定的，形式是"引导语＋清单"；清单的内容只表达每个符号和缩略语及其说明或解释。

（一）引导语

根据列出的符号、缩略语的具体情况，符号和缩略语清单应分别由下列适当的引导语引出：常用的引导语有：

"下列符号适用于本标准。"

"下列缩略语适用于本标准。"

"下列符号和缩略语适用于本标准。"

(二) 内容

符号和缩略语的编排应满足以下原则。

(1) 标准中的"符号"或"缩略语"章中的符号或缩略语清单宜按照字母顺序编排，并宜遵循以下原则：

——大写拉丁字母位于小写拉丁字母之前（A、a、B、b 等）；

——无角标的字母位于有角标的字母之前，有字母角标的字母位于有数字角标的字母之前（B、b、C、C_m、C_2、c、d、d_{int}、d_1 等）；

——希腊字母位于拉丁字母之后（Z、z、A、a、B、β、…、L、λ 等）；

——其他特殊符号和文字（@、♯等）。

(2) 由于字母顺序是一个有序的编排，所以符号或缩略语与术语不同，无论是否分条，清单中的符号和缩略语之前均不给出序号。

只有在为了反映技术准则的需要时，才将符号或缩略语以特定的次序列出，例如：先按照学科的概念体系，或先按照产品的结构分成总成、部件等，再按字母顺序列出。

(3) 符号和缩略语的说明和定义使用陈述型条款，不应包含要求和推荐型条款。

(4) 每个"符号"或"缩略语"均另起一行空编排。之后，用破折号（——）相连，写出其相应的含义。当需要回行编排时，与上行含义的第一个字取齐。第一个符号编排时，前左起空四个字符。各个符号的各破折号也应对齐。

(5) 对于缩略语清单，应在缩略语后给出中文解释，也可同时给出全拼的外文。

(6) 符号含义的文字中如果不包括符号的数值，则符号的计量单位不需要列出。

(7) 符号、缩略语及其含义也可以做成表格形式。

(8) "符号和缩略语"一章列出的符号在公式中出现时，若不需列出计量单位，则不再在公式中重复注释。

二、与术语条目的区别

术语和符号或缩略语都有其相应的定义或解释，但其编排是有区别的，主要区别为：

(1) 符号或缩略语不编号，而每条术语都有条目编号。

（2）符号或缩略语的含义写在符号、代号或缩略语之后，而术语的定义写在术语的下一行。

（3）解释符号或缩略语含义的文字回行时与上行含义的第一个字取齐（因为符号或缩略语清单采用的是无线表形式），而术语的定义回行时顶格排（因为术语和定义清单，采用的是各项分列的形式）。

第十节 技 术 内 容

一、技术内容编写原则

技术内容是一个标准的核心内容。技术内容主要包括为技术准则、技术条件、技术要求或技术措施等。技术内容的编写应符合下列几项原则：

（1）标准中不应出现要求符合法律法规和政策性文件的条款，不应规定政府行为或行政措施，也不应出现合同等商务文件要求。

GB/T 20000.3—2014《标准化工作指南 第3部分：引用文件》中5.1.5规定，在标准中不宜引用法律、行政法规、规章和其他政策性文件，5.1.6规定"在标准中不宜出现要求符合法规和政策性文件的条款，例如不宜出现如下表述：'……要求应符合国家有关法律法规'。"GB/T 1.1—2020中5.5.3规定，"文件中不应规定诸如行政管理措施、法律责任、罚则等法律法规要求"。合同是民事主体之间设立、变更、终止民事法律关系的协议，标准内容不应包含合同要求。

（2）标准中的技术内容应与其他相关标准的内容相协调，并积极采用和推广经过实践检验、可靠的新技术、新工艺、新方法、新设备和新材料。

水利技术标准要对水利行业的技术发展提供规范与指导，能够为未来的技术发展提供框架，便于理解，易于运用，为了达到这一目标，标准的技术内容需要先进、实用，与其他相关标准的内容相协调，并积极采用和推广经过实践检验、成熟可靠的新技术、新工艺、新设备和新材料。

（3）标准中的技术内容应定性准确、定量可靠，并应有依据。标准的技术内容中如果要对性质进行定性规定（非指标要求），要求一定要准确，如"应坚固"这种要求意义不大，并且可操作性不强，尽量少写。定量（即指标）一定要严肃可靠，如"间隙不应少于0.3mm"，这里0.3mm一定是普遍适用的（南北方、冷热区、干温带等都要适用)。含糊的要求通常都是没有意义的。"充分的依据"就是要求进行广泛的调研等。

(4)能用文字阐述的,不宜用图作规定。根据《工程建设标准编写规定》,标准的技术内容的编制具有文字优先的原则。文字能够表达清楚的,用文字表述。只有确有必要,文字说明无法表述规定的内容的,采用图做规定。因此限定图的使用。

(5)标准技术内容不应叙述制定(修订)条文的目的或理由。

二、技术要素

技术内容主要由技术要素组成,见第三章第四节的核心技术要素和其他技术要素。在水利技术标准中,主要涉及的技术要素类型有:指标、参数,术语,符号、代号,公式,图,表,产品的功能、性能,方法,原理,工艺,程序,管理,要求,工法。

各个类型的技术要素的定义见表5.3。

表5.3 技术要素类型及定义

技术要素类型	英文翻译	定 义
指标、参数	指标:Metrics,Index,Factors;参数:Parameter	指标:预期中打算达到的指数、规格、标准。(《现代汉语词典》) 指标是反映社会现象在一定时间和条件下的规模、程度、比例、结构等的概念和数值。由指标名称和指标数值组成。以绝对数、相对数或平均数表示。(百度百科) 参数:表明任何现象、设备或其工作过程中某一种重要性质的量。(《现代汉语词典》) 参数也称参变量,是一个变量。在研究当前问题的时候,关心某几个变量的变化以及它们之间的相互关系,其中有一个或一些称为自变量,另一个或另一些称为因变量。如果引入一个或一些另外的变量来描述自变量与因变量的变化,引入的变量本来并不是当前问题必须研究的变量,把这样的变量称为参变量或参数。(百度百科)
术语	Terms	各门学科中用以表示严格规定的意义的专门用语。(《现代汉语词典》) 术语,又称专业语言、技术用语,是指特定领域对一些特定事物的统一的业内称谓。引证解释各门学科中用以表示严格规定的意义的专门用语。(百度百科)

续表

技术要素类型	英文翻译	定　义
符号、代号	符号：Symbol，Sign，Mark；代号：Codename	符号：印记；标号。（《现代汉语词典》） 符号是指一个社会全体成员共同约定的用来表示某种意义的记号或标记。符号可以包括以任何形式通过感觉来显示意义的全部现象。在这些现象中某种可以感觉的东西就是对象及其意义的体现者。它有两个方面的内涵：一方面它是意义的载体，是精神外化的呈现；另一方面它具有能被感知的客观形式。符号，一般指文字，语言，电码，数学符号，化学符号，交通标志等。（百度百科） 代号：代替正式名称的别名，编号或字母。（《现代汉语词典》） 代号指为简便或保密需要用以代替正式名称的别名、编号或字母。（百度百科）
公式	Formula	公式：用数学符号表示各个量之间的一定关系（如定律或定理）的式子。（《现代汉语词典》） 公式，即在数学、物理学、化学、生物学等自然科学中用数学符号表示几个量之间关系的式子。具有普遍性，适合于同类关系的所有问题。在数理逻辑中，公式是表达命题的形式语法对象，除了这个命题可能依赖于这个公式的自由变量的值之外。公式精确定义依赖于涉及的特定的形式逻辑。（百度百科）
图	Picture，Drawing，Chart，Figure	用线条、颜色等绘出的形象。（《现代汉语词典》） 用一定的色彩和线条等绘制出来的形象。（百度百科）
表	List，Form，Table	分门别类按格登记或记录的材料或文件。（《现代汉语词典》） 即表格，表示格子图，列出数据。（百度百科）
产品的功能、性能	功能：Function；性能：Performance，Function	功能：效能；功效。（《现代汉语词典》） 功能，指事物或方法所发挥的有利作用；效能。功能的定义是对象能够满足某种需求的一种属性。凡是满足使用者需求的任何一种属性都属于功能的范畴。满足使用者现实需求的属性是功能，而满足使用者潜在需求的属性也是功能。（百度百科） 性能指器物所具有的性质与效用。（《现代汉语词典》） 性能指机械、器材、物品等所具有的性质和功能；产品性能是指产品具有适合用户要求的物理、化学或技术性能，如强度、化学成分、纯度、功率、转速等。而通常所说的产品性能，实际上是指产品的功能和质量两个方面。功能是构成竞争力的首要要素。用户购买某个产品，首先是购买它的功能，也就是实现其所需要的某种行为的能力。质量是指产品能实现其功能的程度和在使用期内功能的保持性，质量可以定义为"实现功能的程度和持久性的度量"，使它在设计中便于参数化和赋值。（百度百科）

续表

技术要素类型	英文翻译	定义
方法、原理（检测、评价等）	方法：Method； 原理：Assess Maxim，Principle，Tenet； 检测：Test，Detection，Check； 评价：Evaluate	方法：关于解决思想、说话、行动等问题的门路、程序等。（现代汉语词典） 方法的含义较广泛，一般是指为获得某种东西或达到某种目的而采取的手段与行为方式。在人们有目的的行动中，通过一连串有特定逻辑关系的动作来完成特定的任务。这些有特定逻辑关系的动作所形成的集合整体就称之为人们做事的一种方法。（百度百科） 原理自然科学和社会科学中具有普遍意义的基本规律。是在大量观察、实践的基础上，经过归纳、概括而得出的。既能指导实践，又必须经受实践的检验。（《现代汉语词典》） 原理通常指某一领域、部门或科学中具有普遍意义的基本规律。科学的原理以大量的实践为基础，故其正确性为能被实验所检验与确定，从科学的原理出发，可以推衍出各种具体的定理、命题等，从而对进一步实践起指导作用。（百度百科） 检测：检验测定。（《现代汉语词典》） 检测：用指定的方法检验测试某种物体（气体、液体、固体）指定的技术性能指标。适用于各种行业范畴的质量评定，例如：土木建筑工程、水利、食品、化学、环境、机械、机器等等。（百度百科） 评价：衡量评定人或事物的价值。（《现代汉语词典》） 评价，通常是指对一件事或人物进行判断、分析后的结论（百度百科）
工艺	Technology，Craft	工艺是指将原材料或半成品加工成产品的工作、方法、技术等。（《现代汉语词典》） 工艺是指劳动者利用各类生产工具对各种原材料、半成品进行加工或处理，最终使之成为成品的方法与过程。制定工艺的原则是：技术上的先进和经济上的合理。工艺的种类包括基本工艺，形成产品主要功能，如铸造或锻造、装配等；改性工艺，改变材料性能，冷处理，如电镀等，或改变材料结构，热处理；后期处理，改进使用效果，服装的后处理，免烫，挺刮。（百度百科）
程序	Procedure	事情进行的先后次序。（《现代汉语词典》） 在国标《质量管理体系基础和术语》GB/T 19000—2008/ISO9000：2005 中第3.4.5条程序 procedure 中对于"程序"的定义进行了规定："为进行某项活动或过程所规定的途径。"程序指一个环节，内部嵌套着一系列复杂的逻辑缜密的一个组件，如若一个地方出问题则会影响到整个主体。（百度百科）

续表

技术要素类型	英文翻译	定义
管理、要求	管理：Management；要求：Request，Claim，Demand	管理：负责某项工作使顺利进行。（《现代汉语词典》） 管理，是指管理主体组织并利用其各个要素（人、财、物、信息和时空），借助管理手段，完成该组织目标的过程。（百度百科） 要求：提出具体事项或愿望，希望做到或实现；所提出的具体愿望或条件。（《现代汉语词典》） 要求：明示的、通常隐含的或必须履行的需求或期望。（百度百科）
工法	Method	现代汉语词典无释义。 工法一词来自日本，日本《国语大辞典》将工法释为工艺方法和工程方法。在中国，工法是指以工程为对象，工艺为核心，运用系统工程的原理，把先进的技术和科学管理结合起来，经过工程实践形成的综合配套的施工方法。它必须具有先进、适用和保证工程质量与安全、环保、提高施工效率、降低工程成本等特点。工法分为国家级（一级）、省部级（二级）和企业级（三级）三个等级。工法的编写要按照企业承建工程的特点，制定工法开发与编写的年度计划，由项目领导层组织实施。经过工程实践形成的工法，应指定专人编写。工法的内容一般应包括：前言、工法特点、适用范围、工艺原理、工艺流程及操作要点、材料与设备、质量控制、安全设施及成本保护、环保措施、效益分析、应用实例。（百度百科）

三、技术要素的确定原则

1. **标准化对象原则**

标准化对象原则是指编制标准时，需要考虑标准化对象或领域的相关内容，以便确认拟标准化的是产品/系统、过程或服务，还是某领域相关的内容；是完整的标准化对象，还是标准化对象的某个方面，从而确保规范性要素中的内容与标准化对象或领域紧密相关。

在第三章中，论述了标准编写要有目的性，首先要围绕所涉及的行业领域的需要确定标准化对象和所覆盖的范围。标准化对象就是标准编制的中心，标准的所有技术内容都应该围绕标准化对象编制。

标准对象决定着起草的标准的对象类别，它直接影响文件的规范性要素的构成及其技术内容的选取。如术语标准，就必须以术语条目作为核心技术要素；符号标准必须以符号/标志及其含义作为核心技术要素；技术类标准中，试验标准要以试验步骤和试验数据处理作为核心技术要素，另外可根据需要编制实验条件、仪器设备、取样等内容作为其他技术要素。

2. 使用者原则

使用者原则是指起草文件时需要考虑标准使用者，以便确认标准针对的是哪一个方面的使用者，他们关注的是结果还是过程，从而保证规范性要素中的内容是特定使用者所需要的。

标准使用者不同，会对标准类型的确定为产生影响，进而文件的规范性要素的构成及其内容的选取就会不同。例如，对于同一个产品标准，生产方会更加关注生产制造过程的技术指标、运输存贮条件等，编制产品标准；施工方会更加需要产品的施工技术要求，编制施工技术标准；而使用者和管理者会更加关注产品的使用性能，编制验收标准。

3. 目的导向原则

目的导向原则是指起草标准时需要考虑文件编制目的，并以确认的目的为导向，对标准化对象进行功能分析，识别出标准中拟标准化的内容或特性，从而确保规范性要素中的内容是为了实现编制目的而选取的。

标准编制目的决定着标准的目的类别。编制目的不同，规范性要素中需要标准化的内容或特性就不同；编制目的越多，选取的内容或特性就越多。如水利工程施工环境保护的相关技术内容，以绿色施工为目的，可以编制水利工程施工环境保护技术规范；以施工监管为目的，可以编制水利工程施工环境保护监理规范。

四、总体原则/总体要求

在标准技术内容的开始，可以设置一章"总体原则""总则""总体要求"或者"基本规定""一般规定"，来对标准技术内容做一个原则性的规定或者提出总体的要求。

"总体原则"或者"总则"，常常用来规定达到编制目的需要依据的方向性总体框架或者准则。标准中随后各个章节的技术内容需要符合这些原则，或者是对这些原则的落实，从而达到标准编制的目的。"总体原则""总则"一般使用在管理类、服务类、评价类标准。

"总体要求"常常用来规定涉及标准整体的或者随后多个技术要素都需要规定的要求。

【示例 5.33】

5 目标、原则和要求

5.1 目标和总体原则

编制文件的目标是通过规定清楚、准确和无歧义的条款，使得文件能够为未来技术发展提供框架，并被未参加文件编制的专业人员所理解且易于应用，从而促进贸易、交流以及技术合作。

为了达到上述目标，起草文件时宜遵守以下总体原则：充分考虑最新技术水平和当前市场情况，认真分析所涉及领域的标准化需求；在准确把握标准化对象、文件使用者和文件编制目的的基础上（见5.3），明确文件的类别和/或功能类型（见第4章），选择和确定文件的规范性要素，合理设置和编写文件的层次和要素，准确表达文件的技术内容。

第十一节　附　　录

附录是标准的层次之一，用来承接和安置不便在文件正文、前言和引言中表述的内容，是对正文、前言和引言的补充和附加。附录的设置可以使文件的结构更加平衡。附录的内容源自正文、前言和引言中的内容。当正文规范性要素中的某些内容过长或属于附加条款，可以将一些细节或附加条款移出，形成规范性附录。当文件中示例、信息说明或数据等过多，可以将其移出，形成资料性附录。

附录是标准的一个重要组成部分，具有与正文同等的效力，并为正文所引用。附录中章、条、图、表等的编号前，要有附录编号中表明顺序的大写字母。

一、附录的作用

在起草标准时，什么情况下会用到附录这一层次呢？这实际上涉及了在标准中附录发挥什么作用的问题。通常情况下附录的作用包括以下5个方面。

1. 合理安排标准的结构

起草标准时，如果某些内容与其他相关章条相比，篇幅较大（例如，几个试验方法中某个试验方法非常复杂，或与技术要求相比试验方法所占篇幅较多），影响了标准结构的整体平衡，这种情况下，为了合理地安排标准的整体结构，可考虑将这些内容编写在一个"附录"中。GB/T 1.1—2020的"附录B 标准化项目标记"即属于这类附录，标准8.12中规定"如果涉及有关标准化项目标记的内容，应符合附录B的规定"，从而将全部内容写进了附录。

为了合理安排标准的结构，还可将正文中涉及某项内容的部分规定写进附录，使附录起到对标准中某些条款进一步补充或细化的作用。GB/T 1.1—2020的"附录 C 条款类型的表述使用的能愿动词或句子类型"即属于这类附录。在 9.1 中，首先规定了总体要求，然后进一步规定"条款类型的表述应遵守附录 C 的规定，并使用附录 C 中各表左侧栏中规定的能愿动词或句子语气类型，只有在特殊情况下由于语言的原因不能使用左侧栏中给出的能愿动词时，才可使用对应的等效表述。"可见，这类附录起到了对标准中某些条款进一步补充或细化的作用。

2. 安排标准中的附加技术内容

在编写标准时，经常遇到有些内容不是正在起草的标准的主要技术内容，而是一些附加的但又是必须涉及的内容，也就是说，这些内容是规范性的要素，但它却是附加的。这种情况下，为了突出标准的主要技术内容，保持标准行文的流畅，可以考虑将这些内容安排在规范性附录中。

GB/T 1.1—2020 的"附录 D 专利"即属于这类附录。GB/T 1.1 主要规定如何编写标准，而专利问题并不是编写标准本身的问题，但如果标准涉及专利，它们之间的关系又是必须处理清楚的，而处理标准和专利关系的过程或结果，需要在标准的不同要素中有所体现。"附录 D 专利"中的内容就是规定在标准的封面、前言和引言中如何反映标准涉及专利的情况。这些内容和编写标准有关，但又不是标准的主要技术内容，因此，适合编入规范性附录。

3. 给出正确使用标准的示例

为了方便使用者对标准中部分技术内容的进一步理解，标准中常常给出简单的示例。如果给出的某些示例较为详细或复杂，则通常应编为资料性附录。例如 GB/T 1.1—2020 的"附录 A 层次编号示例"和"附录 E 文件格式"即属于这类情况。

4. 提供资料性的信息

为了方便使用者更好地实施标准，在标准中给出一些资料性的信息是十分有益的。这类资料性信息的提供也应编为资料性附录。

另外，在编写标准的某一条款时，如果认为有必要对该条款做一些解释或说明，一般需要采用"注"或"脚注"这一形式。假如需要解释或说明的内容很多，篇幅较大，使用"注"或"脚注"就显得不太合适。这时，使用资料性附录这一形式是较为恰当的。

5. 给出与国际标准的技术性差异或结构变化情况

如果编制的标准是以国际标准为基础起草的，并且与国际标准的一致性程度为修改采用，则需要在前言中列出与国际标准的技术性差异和文本结构变化的情况。如果技术性差异或文本结构变化较多时，宜编排资料性附录进行说明。因此，附录具有给出与采用的国际标准的详细技术性差异或文本结构变化情况这一功能。

二、附录的性质

附录和标准中的要素相同，按其性质划分可分为规范性附录和资料性附录。这两类附录都为可选要素，需要根据标准的具体条款来确定是否设置有关附录。规范性附录和资料性附录都是标准中的要素，但是这两类要素与其他要素（如前言、范围、要求等）不同。其他要素中的每一个要素都有其特定的内容，在形式上是不可分割的；而不管是规范性附录还是资料性附录都可能分成多个附录，每个附录各有其编号和标题。也就是说，规范性附录和资料性附录这两个要素分别是两类附录的总称。附录的规范性和资料性的作用应在目次中和附录编号之下标明，并且在将正文、前言和引言的内容移到附录之处还应通过使用适当的表述形式予以指明，同时提及该附录的编号。

（一）规范性附录

规范性附录中给出标准正文的附加或补充条款。请注意，规范性附录中给出的是"条款"。虽然这种条款是"附加或补充"的，但附录的内容是构成标准整体的不可分割的组成部分，也就是说，标准使用者在声明符合标准时，这些条款也应遵守。

这里需要解释的是"附加条款"和"补充条款"。附加条款是标准中要用到的，但不属于标准涉及的主要技术内容的条款，这些附加技术内容往往在特定情况下才会用到。补充条款是对标准正文中某些技术内容进一步补充或细化的条款。

在起草标准时，可以考虑将下述内容设成规范性附录：

(1) 标准中的某些技术内容的补充、细化，或标准中一些技术内容的全部（目的为合理安排标准的结构）。

(2) 标准中用到的附加技术内容。

因此，在起草标准时，如果从标准的结构考虑，或者从需要规范的内容本身考虑，认为某些内容放在正文不合适，但这些内容又是标准使用者声明符合标准所应遵守的条款，这种情况下，就应将这些内容编写在一个规范性附录中。

（二）资料性附录

资料性附录中给出有助于理解或使用标准的附加信息。资料性附录通常提供如下各方面的信息或情况：

(1) 正确使用标准的示例、说明等。

(2) 标准中某些条文的资料性信息。

(3) 给出与采用的国际标准的详细技术性差异或文本结构变化情况。

因为资料性附录提供的是附加信息，所以不应包含要求，但在某些情况下，资料性附录可以包含可选要求。由于这些要求是可选的，因此在声明符合标准时，并不需要符合这些要求。

例如，试验方法通常由祈使句写成，祈使句是没有能愿动词"应"的要求型条款，它表达的是行为动作方面的要求。换句话说，只要是试验方法就少不了由祈使句构成的要求型条款，也就包含了要求。假如，标准中包含了一个可选的试验方法，由于该试验方法是可选的，其中的要求在声明符合标准时也就无须遵守，只有在特定情况下选择使用该可选的试验方法时，才需要按照试验方法所规定的要求进行试验。因此，可以将该试验方法作为标准的资料性附录。由于试验方法本身含有要求，所以这时资料性附录中也就包含了要求，但是这些要求却是声明符合标准时无须遵守的可选要求。

三、附录的提及

标准的附录不是孤立存在的，是和正文紧密联系的，因此标准中的任何一个附录都应在正文或前言的相关条文中明确提及。通常标准的编写都是从正文开始的，在编写标准的过程中，如果认为将某些内容编为一个附录更合适，那么就应当在原来要编写这些内容的位置用一句话引出相关附录。另外，如果在前言中引出了包含"与采用的国际标准的详细技术性差异或文本结构变化"的资料性附录时，也应在前言中相应的位置用一句话指出对应的附录。引出规范性附录或资料性附录的提及方式应有所不同。

如果某个标准中存在着正文或前言没有提及的附录，则说明该标准的编写存在着问题：不是在正文或前言中该提及附录的位置忘记了提及，就是附录本身就没有存在的必要。这种情况下，应加以检查、修正，根据情况，或者在正文或前言的适当位置提及，或者删去无关的附录。总之，凡是标准正文或前言中没有提及的附录就没有存在的理由。

四、附录性质的明确

附录分为规范性附录和资料性附录，而规范性附录是声明符合标准必须要遵守的，因此，编写标准时应明确附录的性质，以便使标准使用者能够迅速区分出哪个附录或哪几个附录是在使用标准时应遵守的。在具体标准中通过如下 3 种做法明确附录的性质。

（一）文中提及的措辞方式

在前面已经介绍过"标准中的任何一个附录都应在正文或前言中明确提及"。无论是标准的正文还是前言，在提及附录时，都应同时对附录的性质表明其态度，即通过提及附录时使用的措辞方式，表明附录是应遵守的，还是供参考的。

这里需要说明的是，附录的性质并不是由附录本身决定的，而是由正文决定的。如前文所述，编写标准都是从正文开始的，在编写某些内容时，如果认为将这些内容编为一个附录更合适，才需要设置附录，所以附录的性质应与它原本在正文中的性质密切相关。也就是说，原本在正文中是规范性的内容，放在附录中就应编写成规范性附录；原本在正文中是资料性的内容，放在附录中就只能编写成资料性附录。因此，在正文中涉及附录的位置提及附录的时候，就应通过提及时的措辞方式明确附录的性质，可以说，附录的性质在标准条文第一次提及时就已经确定下来。

在编写标准时可以使用以下一些措辞方式：提及规范性附录可写成"按附录A中规定的试验方法进行试验""遵照附录C的规定""附录D给出了起草标准名称的详细规则"或"……的编写细则见附录B"等；提及资料性的附录可写成"参见附录C""层次编号示例参见附录B"等。

在正文或前言中提及附录时，根据具体提及的内容不同，有2种方式：

（1）提及整个附录，例如"层次的详细编号示例参见附录B"；

（2）提及附录及附录中的具体内容，如果第一次提及某个附录时就需要直接提及附录中的具体内容，则需要指明附录的编号和其中具体章条的编号，例如"标准征求意见稿和送审稿的封面显著位置应按附录C中C.1的规定"。需要注意的是，当某个附录在正文中被部分引出或者逐项提及时，该附录的每一部分都应被提及。

（二）在附录编号下标明

附录的性质应在每个附录的附录编号下的圆括号中标明，如示例5.34所示。

【示例5.34】

附录B
（规范性）
负载杂散损耗的测定

（三）在目次中标示

在目次中列出附录时，附录的性质应在附录编号后的圆括号中标明（见第四章的第五节），如示例5.35所示。

【示例5.35】

目　次

……

附录A（规范性）电动机效率和功率因数的测定 ················ 6

附录B（规范性）负载杂散损耗的测定 ······················ 9

附录C（资料性）负载杂散损耗计算格式 ···················· 10

……

五、附录的编写

（一）附录的标识

每一个附录的前三行是附录的标识，它为我们提供了识别附录的信息，见示例5.34。

1. 附录的编号

每个附录都应有一个编号。附录的第一行为附录的编号。附录编号由文字"附录"及随后表明附录顺序的大写拉丁字母组成，字母由"A"开始，例如："附录A""附录B""附录C"等。

附录的顺序应按在条文（从前言算起）中提及的先后次序编排。也就是说两类附录（规范性、资料性）有可能混在一起编排，因为附录的前后顺序只取决于在标准中被提及的先后顺序。当只有一个附录时仍应编为"附录A"。

请注意，修订标准的前言中，在说明与前一版本相比的主要技术变化时，有可能涉及标准的附录。这种情况下提及的附录，不作为编排附录顺序的依据。

2. 附录的性质

附录的第二行，也就是附录编号的下一行，应标明附录的性质，即"（规范性）"或"（资料性）"。

3. 附录的标题

附录的第三行为附录标题。每个附录都要设标题，以标明附录规定或陈述的具体内容。

附录的标题应与标准条文中所要表述或提及的内容相一致。例如，标准条文中提及"坡式防护工程计算参见附录B"，但如果附录B的标题设置为"墙式防护工程计算"就不恰当,应将附录标题改为"坡式防护工程计算"。

附录的标题应与附录的具体内容相一致。例如:附录标题为"坡式防护工程计算",但如果附录的内容不但包括了坡式防护工程计算,还列出了有关墙式防护工程计算等,就是犯了"文不对题"的错误。

(二) 附录的章、条、图、表和数学公式的编号

每个附录中章、图、表和数学公式的编号均应重新从1开始,编号前应加上附录编号中表明顺序的大写字母,字母后跟下脚点,例如:

——附录A中的章用"A.1""A.2""A.3"……表示;

——附录B中第一个出现的图的编号为"图B.1",以后依次为"图B.2""图B.3"……;

——附录C中第一个出现的表的编号为"表C.1",以后依次为"表C.2""表C.3"……;

——附录D中第一个出现的公式,如需编号,则编为"(D.1)",以后依次为"(D.2)""(D.3)"……。

当附录只有一幅图或一个表也应对其编号,例如对于附录B,这时编号应为"图B.1""表B.1";当附录中只有一个公式时,如果需要编号,则这时应编为"(B.1)"。

第十二节 参 考 文 献

参考文献是资料性补充要素,并且是一个可选要素。用来列出文件中资料性引用的文件清单,以及其他信息资料清单,例如起草文件时参考过的文件,以供参阅。当标准资料性引用一些文件并需要将它们明确列出时,应列入"参考文献",而不应被列入"规范性引用文件"一章。"参考文献",则应设置在最后一个附录之后。不应将参考文献编成一个资料性附录,因为它是与附录不同的独立的资料性要素。

一、参考文献范围

如需要可将以下文件列入参考文献:

(1) 标准中资料性引用的文件,包括:

——标准条文中提及的文件;

——标准条文中的注、图注、表注中提及的文件;

——标准中资料性附录提及的文件；

——标准中的示例所使用或提及的文件；

——"术语和定义"一章中在定义后的方括号中标出的术语和定义所出自的文件；

——摘抄形式引用时，在方括号中标出的摘抄内容所出自的文件。

（2）标准起草过程中依据或参考的文件：除了在标准中资料性引用的文件外，在标准编制过程中参考过的文件也可列入参考文献。

二、参考文献表达方式

该要素不应分条，列出的清单可通过描述性的标题进行分组，标题不应编号。

在文献清单中的每个参考文献前应在方括号中给出序号。文献清单中所列的文献（含在线文献）以及文献的排列顺序等均与对规范性引用文件清单的规定相一致。

参考文献中如果列出国际标准、国外标准或其他国际、国外文献，则应直接给出原文，无须将原文翻译后给出中文译名。

当正在起草的国家标准与国际标准存在着一致性程度时，如果将国际标准中的参考文献用中国文件代替，则在中国文件的名称之后的圆括号中标示这些中国文件与对应的国际文件之间的一致性程度时，可采取较灵活的做法：

（1）不标示一致性程度标识。

（2）仅给出相应的国际文件的代号和顺序号。

（3）标示一致性程度标识。

示例 5.36 给出了一个参考文献的实例。

【示例 5.36】

参考文献

[1] GB/T 4026—1992 电器设备接线端子和特定导线线端的识别及应用字母数字系统的通则

[2] GB/T 13000.1—1593 信息技术通用多八位编码字符集（UCS） 第 1 部分：体系结构与基本多文种平面

……

[12] ISO 10303212 Industrial automation systems and integration—Product data representation and exchange—Part 212：Electrotechnical design and Installation (actually ISO/TC 184/SC 4/JWG 9/N 2396)

[13] IEC 61346—2 Industrial systems，installations and equipment，and industrial products—Structuring principles and reference dsignations—Part2 * Classification of objects and codes for classes（at presentas 3B/195/CD）

[14] IEC 61666：1997 Industrial systems，installations and equipment and industrial products—Identification of terminal swith in a system

[15] IEC/TR61734：1997 Application of IEC61712 and IEC61713

[16] ISO/IEC106461：1993 Information technology—Universal Multiple—Octet Coded Character Set（UCS）—Part1：Architecture and Basic Multilingual Plane

[17] Information modeling—Getting started with EXPRESSG（http：//www.×××.×××/×××）

[18] Globa lElectronics Guidelines for Bar Code/2D Marking of Products ＆ Packages inconjunction with EDI（actuallyACET/157/INF）

……

三、参考文献应注意的问题

注意1：

[1]　霍斯尼.谷物科学与工艺学原理［M］.李庆龙，译.2版.北京：中国食品出版社，1989.

说明： 参考文献的版本信息"译.2版"是单独一项，非第一版，应在书名后单独列出版本项。

注意2：

[2]　白书农.植物开花研究［M］//李承森.植物科学进展.北京：高等教育出版社，1998：146163.

说明： 参考文献含有双斜线"//李承森"，双斜线左侧为论文集中的所引用的单篇文献的相关项，右为论文集的相关项。有双斜线，则一定有页码项"146163"。

注意3：

[3]　张旭，张通和，易钟珍，等.采用磁过滤MEVVA源制类金刚石膜的研究［J］.北京师范大学学报：自然科学版，2002，38（4）：478481.

说明： 不论何种文献类别，著作者最多收录三个人名，其余用"等"字（英文文献用 et al，字符中间不加点）。

注意 4：

［4］　萧钰．出版业信息化迈入快车道［EB/OL］．（20011219）［20020415］．http：//www.×××.×××/×××/×××.htm.

说明："（20011219）"为文献在网络更新的日期；"［20020415］"为引用日期；"http：//www.×××.×××/×××/×××.htm."为链接地址，链接地址一定要完整，应直达引用文献页面，而不能仅是网站的 URL。

注意 5：

［5］　SL 314—2005 混凝土重力坝设计规范［S］．北京：中国水利水电出版社，2005．

［6］　DL/T 5007—1997 水工建筑物荷载设计规范［S］．北京：中国电力出版社，1997．

说明：参考文献为技术标准时，因为技术标准（国家标准、行业标准）为公开资料，封面上只有发布机构（即管理机构而非著作者），故可不写著作者项。也可以省略出版地、出版者、出版时间。

第十三节　索　　引

索引为资料性要素，并且是一个可选要素，用来给出通过关键词检索文件内容的途径。如果为了方便文件使用者而需要设置索引，则应用"索引"做标题，将其设为标准最后一个要素。也就是说，如果标准中有"参考文献"，则索引位于参考文献之后；如果标准中没有"参考文献"，则索引位于最后一个附录之后。不应将索引编成一个资料性附录，因为它是与附录不同的一个独立的资料性补充要素。

一、索引的表述

索引一般以标准中的"关键词"作为索引对象，以关键词的汉语拼音顺序作为索引顺序，同时给出文件的规范性要素中对应的章、条、附录和/或图、表的编号。如需要索引的关键词较多，为了便于检索，可在汉语拼音首字母相同的关键词之前，标出汉语拼音的首字母。为了便于检索可在关键词的汉语拼音首字母相同的索引项之上标出相应的字母。可根据索引中关键词的长短将索引编排成单栏或双栏。电子文本的索引宜自动生成。

在编写标准的索引时，要注意索引的顺序不应和条文中章、条次序或编号次序相一致，那样就没有起到索引的作用。

【示例5.37】

B

必备要素 …………………………… 3.6，5.1.3，6.1.1，6.1.3，6.2.1，6.2.2
必须 ……………………………………………………………………… 表F.1
编号 …………………………… 4.2，6.1.1，7.4.6，8.8.3，9.6，附录B
标题 …………………………… 5.2.3，5.2.4，6.1.2，9.6，9.9.1，表J.1
表 ………………………………… 5.2.7，6.1.3，7.4，7.5.3.3，9.3，表1，表J.1
部分 …………………………… 4.6，5.1.2，5.2.2，7.5.4，D.1.3，E.6.2.4，表2

C

参考文献 ………… 4.3，6.4.2，7.5.3.1，9.3，A.7，图I.8，表J.1，表1
陈述 …………………………………………………………………… 3.8.3

D

段 ……………………………… 5.2.5，7.3.8，7.4.6，7.5.3.2，9.9.1，表2

F

范围 …………………………… 3.4.1，4.1，5.2.3，6.2.1，6.3.2，表1
分图 …………………………………………………………………… 7.3.10
封面 …………………………………… 6.1.1，9.2，C.1，表1，表J.1
符号、代号和缩略语 …………………… 4.3，6.3.3，8.8.1.1，A.6，表1
附录 …………………………… 5.2.7，6.4.1，7.5.3.3，9.3，表2，表J.1

G

格式 ………………………………………………………………… 9，附录I
规程 ……………………………………………………… 3.2，6.2.1，7.1.3

二、术语标准或符号标准的索引

术语标准和图形符号标准中都应编写索引。术语标准的索引通常用"术语"作为索引对象，并引出术语对应的条目编号，索引中的术语和条目中的术语应具有相同的字体形式；符号标准的索引通常用"符号的含义或名称"作为索引对象，

113

并引出符号对应的编号或序号。

术语标准和符号标准的索引除了包含中文索引以外，通常还包含相应中文的外文对应词索引。当索引中包含了其他语言文字的索引时，应在每种语言文字的索引之间空行，但不应分页。在每种索引之前宜增加该语种的索引标题，例如用"汉语拼音索引""英文对应词索引"或"法文对应词索引"等字样加以区分，但各语种索引应具有一个共同的标题"索引"。英文索引应以拉丁字母顺序作为索引顺序。

示例 5.38 为术语标准的索引示例。

【示例 5.38】

索　引

汉语拼音索引

B

笔画	6.17
笔数	6.19
笔顺	6.18
编辑	12.3
标号	7.16
标识符	7.15
部首	6.21

C

参照词形	3.13
查询语言	8.2
抽取	8.9
串	6.12
重复条目检查	10.2
词段	3.18
词干搜索	8.6

词片 3.18
词索引 5.12
词性 3.11
词形变化范型 3.12
词形还原 3.19
词形索引 5.12
词语索引 5.4
词组型术语 3.14

D

倒排索引 5.11
递降分析 B.6
定界符 3.10

英文对应词索引

A

alphabet 6.6
alphabetic character 6.5
alphabetical index 5.7
alphabetical or dexring 4.3
alphanumerical character 6.4

B

baseform 3.13
batch processing 11.1

[选自 GB/T 17532—2005《术语工作计算机应用词汇》]

115

第六章

标准各部分的编写（SL/T 1—2024）

中国水利工程协会团体标准评价类、方法类、技术类按照 SL/T 1—2024《水利技术标准编写规程》规则编写。SL/T 1—2024 与 GB/T 1.1—2020 的格式体例存在些差异，SL/T 1—2024 的标准结构主要有：封面、标准名称、前言、目次、总则、术语和符号、技术内容、附录、标准用词说明、标准历次版本编写信息、条文说明。与 GB/T 1.1—2020 的格式的区别主要有：SL/T 1—2024 的标准结构少了引言、范围，而多了标准用词说明、标准历次版本编写者信息、条文说明。SL/T 1—2024 不要求罗列参考文献，标准中的某一项规定具体参考了什么文献，建议于相应条文说明中相应点出即可。

第一节 封　　面

封面即是资料性必备要素，每一项标准都应有封面。SL/T 1—2024 封面的编写规则与 GB/T 1.1—2020 的编写规则一致。在此不再重复叙述。

第二节 标　准　名　称

SL/T 1—2024 标准名称的编写规则与 GB/T 1.1—2020 的编写规则一致。其他不再重复叙述。

第三节 前　　言

前言是资料性必备要素，同时又是一个必备要素。为了便于管理，中国水利工程协会协会标准不论格式体例如何，所采用的前言格式都按照本章本书"第五章第三节前言"的编制规则。在此不再重复叙述。

第四节 目　　次

标准目次包括下列内容：
——章、节的编号、标题及其起始页码；
——附录的编号、标题及其起始页码；
——"标准用词说明"及其页码；
——"标准历次版本编写者信息"及其页码；
——"条文说明"及其隔页页码。

标准的页码起始于第1章，终止于标准的条文说明。

标准第1章之前的公告、前言及目次另编页码。

各级标题与页码之间均用点号"……"连接，页码用阿拉伯数字表示。

在目次中，各章只列出章、节的编号和标题。

附录如无特别必要，则在目次中只列出附录的编号和标题，不需要列出节的编号和标题。

【示例6.1】

目　　次

前言 ·· 42
1　总则 ·· 44
2　术语和符号 ·· 45
　2.1　术语 ··· 45
　2.2　符号 ··· 46
3　监测 ·· 48
　3.1　一般规定 ··· 48
　3.2　监测点布设原则 ·· 48
……
附录A　现状调查 ··· 53
附录B　起沙风况统计 ·· 54

标准用词说明	58
标准历次版本编写者信息	58
条文说明	58

第五节 总　　则

标准的总则包括下列内容：
——制定（修订）标准的目的及其界定的标准化对象和所规定的内容；
——标准的适用范围；
——标准的共性要求；
——引用标准清单；
——执行相关标准的要求。

（一）制定（修订）标准的目的

制定（修订）标准的目的应概括地阐明其理由和依据。主要说明为什么要编制标准，其原则是什么，遵循什么样的方针政策以及达到什么样的目的。以高度概括的语言进行描述，一般情况下，围绕安全适用、经济合理、确保质量和技术先进等要求进行描述。

标准目的只能在总则第1条中出现一次，在标准的其他章节中均不得出现有关制定（修订）标准的目的的内容。

【示例6.2】

1.0.1 为加强水利通信工程质量与验收管理，统一质量评定与验收标准，使工程质量评定与验收工作标准化、规范化，制定本标准。

［摘自 SL/T 694—2021《水利通信工程质量评定与验收规程》］

（二）适用范围

标准的适用范围包括两方面的内容：标准的"对象名称"和"用途"。

标准的对象名称是指明标准的对象，即明确对什么事物或概念制定标准。

标准的用途是指明标准所涉及的各个方面，即明确整个标准或其特定部分的适用界限，也就是标准的适用性或标准的适用领域。规定标准的用途时，是指标准文件本身的用途，即标准"干什么用"，而不是指标准对象的用途，即不是指标准对象"干什么用"。标准适用范围的编写需要注意下列事项：

（1）标准的适用范围应与标准名称及其规定的技术内容相一致。标准名称中有的内容，在标准的适用范围中一定要有。因为标准名称比较简练，在标准名称中写不完全的内容，在标准的适用范围中一定要补全。

（2）在标准的适用范围中不得包含有关技术要求。技术要求应在后面的技术内容章节中做规定。

（3）如有不适用范围，应予明确规定。标准的适用范围宜采用"本标准适用于……"的典型用语，不适用范围宜采用"本标准不适用于……"的典型用语。

（4）有的标准，其适用范围包括了若干部分，在这种情况下，可以在具体的章节中进一步明确该章节的适用范围。

（5）在标准实施过程中，"参照执行"的规定往往被使用者忽略，"参照执行"的内容并不能有效规范其约束的相关内容，对要求"参照执行"的标准化对象并无有效的约束作用，因此，在适用范围中不宜规定"参照执行"的范围。

【示例 6.3】

1.0.2 本标准适用于水工混凝土建筑物环氧树脂涂料防护工程。

【示例 6.4】

1.0.2 本标准适用于堤防工程隐患探测，不适用于土石坝隐患探测。

（三）共性要求

标准的共性要求应为涉及整个标准的基本原则，或与标准大部分章、节有关的基本要求。当共性要求较多时，可独立成章（避免总则过于庞大），章名宜采用"基本规定"。示例 6.4 中，共性要求在总则中进行规定。示例 6.5 中共性要求作为第 3 章"基本规定"独立成章。

当标准的某一章中共性要求较多时，亦可在该章单独设立一节。节题可命名为"一般规定"。见示例 6.6。

【示例 6.5】

1 总　则

1.0.1 为规范水利水电工程混凝土的试验方法和检测方法，保证试验结果的准确性、可靠性、可比性和复验性，制定本标准。

1.0.2 本标准适用于水工混凝土骨料、拌和物、混凝土、全级配混凝土、碾压混凝土、水工砂浆和混凝土用水等的室内试验，以及现场混凝土质量检测。

1.0.3 除特别规定外，试验室室内温度宜为（20±5）℃。试验物料、仪器设备等的温度宜与试验室温度一致，并应避免阳光照射。

1.0.4 本标准涉及的主要仪器设备，应定期进行检定或校准，并在有效期限内使用。

1.0.5 应按照需称量的物料质量、规定的分度值选择合适的天平或秤，分析天平的准确度等级不应低于Ⅰ级，天平的准确度等级不应低于Ⅱ级，秤的准确度等级不应低于Ⅲ级。

1.0.6 除特别规定外，本标准涉及的标准溶液、试剂的配制及标定方法应符合GB/T 601、GB/T 602、GB/T 603 的规定。

1.0.7 除特别规定外，本标准的测量值、计算结果的数值修约应符合GB/T 8170的规定。中间计算结果的修约间隔应比最终结果的修约位数至少多保留一位。进行结果评定时应采用修约值比较法。

1.0.8 试验记录表至少应包含：本标准编号、名称；试样编号、名称、规格、状态描述；试验设备名称、编号；试验日期、环境条件；人工记录或自动记录的试验数据及计算结果；试验人、记录人、计算人、校核人的签字等内容，以及与标准方法的偏离说明。

1.0.9 本标准主要引用下列标准：

……

[SL/T 352—2020《水工混凝土试验规程》]

【示例6.6】

3 基 本 规 定

3.1 探测对象、方法及要求

3.1.1 堤防隐患探测对象可包括堤身与堤基的洞穴、裂缝、松散体、薄弱层、渗漏以及故河道、护坡脱空区、水下结构缺陷等。

……

3.2 外 业 工 作

3.2.1 外业工作应调查收集被探测堤段设计、施工资料，历次洪水期间堤防运行和出险情况，以及工程养护和除险加固资料等。

……

【示例6.7】

……

3 监 测

3.1 一 般 规 定

3.1.1 应充分收集监测区域土地利用类型、植被、地表组成等基本资料：

1 监测区域流动沙地（丘）、半固定沙地（丘）和固定沙地（丘）的面积。

2 流动沙地（丘）高度（H）、宽度、走向。

3　半固定沙地（丘）、固定沙地（丘）的植被类型、盖度、高度。

……

（四）引用标准清单

SL/T 1—2024 中的引用标准并不单独列章，是第 1 章总则中的单独一条。

SL/T 1—2024 中的引用标准相当于 GB/T 1.1—2020 中的"规范性引用文件"，因此，引用标准的编排格式、排列顺序和注意事项与 GB/T 1.1—2020 规定的一致，详细可参考第四章第七节。两者的主要区别是：

——SL/T 1—2024 中的引用标准只局限于技术标准；

——SL/T 1—2024 中的引用标准是第 1 章总则中的单独一条；

——SL/T 1—2024 中的引用标准典型用语是"本标准主要引用下列标准"。

【示例 6.8】

1.0.×　本标准主要引用下列标准：

GB 50487　水利水电工程地质勘察规范

SL 223—2008　水利水电建设工程验收规程

SL/T 1—2024 的 3.2.3 条规定"标准正文和附录中未提及的标准不应列入引用标准清单"，强调引用标准应是在标准的条文中或附录中明确提到的标准，而非在标准编制过程中参考过的所有标准。SL/T 1—2024 不要求罗列参考文献，标准的某一项规定具体的参考文献，编写在相应条文说明中。

在编写条文说明时涉及的标准，也不应列入标准正文中的引用标准清单。条文说明与标准文本是两个部分，只是装订在一起。

一般情况下，第 1 章总则中的引用标准清单，即为引用标准在该标准中的首次出现。如在标准的共性要求（其出现在引用标准清单之前）中引用了其他标准，则需要在共性要求条文中写明标准编号和标准名称，其格式应为"标准编号《标准名称》"；在引用标准清单中再重复写明标准编号和标准名称。

注意：有些标准的附录中的一些表格是实际中使用的表格，其表内或表注内有时会写着要遵照某项标准等，这是表格本身的内容，并不是标准的规定内容，故这样的标准不应列为引用标准，同时为了使用需要（因为每张表格都会单独使用），则不论其出现多少次，均要写清标准编号和标准名称。

（五）执行相关标准的要求

在总则中阐述执行相关标准的要求是确保标准执行过程中标准之间的相互协调一致。

执行相关标准的要求应采用"……除应符合本标准规定外，尚应符合国家现行有关标准的规定"的典型用语。本典型用语是一句高度概括的语句，其包含了本标准所涉及的所有国家标准和行业标准（不仅仅指引用标准清单），见示例6.6中1.0.4条。

有些标准编写者怕有所遗漏，将一些对本标准来说非常重要的某项标准也写在本句中，这是不必要的。如果一定要强调，在条文说明相应条款中进行强调即可。

第六节　术语和符号

按照SL/T 1的编制要求进行编写的标准，"术语和符号"一般紧跟在"1 总则"之后，作为标准的第二章。当标准中同时存在术语和符号时，应该分解编写，即"2.1 术语""2.2 符号"。

一、术语及其定义的表述形式

术语及其定义，也是由"引导语＋术语及其定义清单"构成。引导语和术语清单的编排格式，除了条目编号的位置以及是否能使用公式、符号、图的规定之外，其他均与GB/T 1.1的要求一致。

术语和定义的引导语的编写要求为SL/T 1—2024修订时新增的编制要求，引导语同GB/T 1.1的要求，分为以下三类：

——如果仅所列术语及其定义适用，采用"下列术语及其定义适用于本标准"；

——如果仅同级或上级标准界定的术语及其定义适用，采用"……（标准编号）界定的术语及其定义适用于本标准"的引导语；

——如果除了同级或上级标准界定的术语及其定义，还有所列的术语及其定义适用，采用"……（标准编号）界定的以及下列术语及其定义适用于本标准"的引导语。

这里需要注意的是，"术语和符号"章的体例略有特殊，术语和定义的引导用语不作为悬置段。

按照GB/T 1.1的要求编制的标准中，条目编号单独占一行，而按照SL/T 1编制的术语条目编号处于术语名称和英文译名的同一行。

GB/T 1.1中允许术语的定义使用公式、图做辅助说明，但按照SL/T 1编制的术语中不应出现公式、图、表，不应做技术规定。

【示例 6.9】

2 术语、符号、代号
2.1 术　　语

下列术语及其定义适用于本标准。

2.1.1 堤防隐患　dike hidden trouble

影响或潜在影响堤防工程安全的堤身、堤基内部质量缺陷、薄弱部位及其他不利因素。

2.1.2 电测深法　electric sounding method

在测点上逐次扩大供电电极距，测量视电阻率的变化，根据电测深曲线判断目标体位置和性质的一种探测方法。

同 GB/T 1.1 的编写要求，按照 SL/T 1—2024 编写的术语需要改写其他标准已有的术语或摘录其他标准已有的术语时，需要在术语定义之后的括号中注明来源。

修改引用要给出对应的标准编号及条款号，并注明"有修改"。摘录直接给出对应的标准编号及条款号。

【示例 6.10】

2.0.1 水位基值　water level reference value

用于水位监测的假定基面。

［来源：SL 651—2014，3.1.3，有修改］

2.0.2 地理空间数据　geo‐spatial data

用来表示地理实体的位置、形状、大小和分布特征诸方面信息的数据，适用于描述所有呈二维、三维和多维分布的关于区域的现象。

［来源：GB/T 14911—2008，2.62］

二、符号及其释义的表述形式

与 GB/T 1.1 的要求不同，此处符号及其释义不需要编制引导语，在节标题下直接列写符号清单。符号的排列顺序与 GB/T 1.1 的要求一致。

如有需要，可以将性质相同的符号，在同一条内列出。

【示例 6.11】

2.2 符　　号

×.×.1 作用及作用效应

　　M——弯矩

　　N——轴向力

V——剪力

×.×.2 几何参数

B——结构宽度

H——结构高度

S——构件截面面积

第七节 技术内容

按照 SL/T 1 编写的标准技术内容，同样主要由技术要素构成。技术内容的编写原则、技术要素的选择以及技术要素确定原则，同第五章第十节的内容。区别在于以下内容。

（1）按照 SL/T 1 编写的标准技术内容，涉及标准整体的或者随后多个技术要素都需要规定的要求一般采用"基本规定"作为章标题，极少采用"总则""总体要求"。在某些章节的开始也可以用"一般规定"，对这一章的内容进行总体的要求。

（2）SL/T 1 并未像 GB/T 1.1—2020 将技术要素分为核心技术要素和其他技术要素。

【示例 6.12】

3 模袋混凝土设计

3.1 一般规定

3.1.1 工程设计应收集工程区域的气象、水文、工程地质、水文地质和水上交通等相关资料。

3.1.2 模袋混凝土的使用年限、耐久性设计等应符合 SL 654 的规定。

3.1.3 对基面的坑洞、沟槽以及水下冲坑、淤泥质地基等不良地质状况应提出处理方案。

3.1.4 深泓线逼近河岸、冲刷严重的边坡，模袋混凝土护脚宜伸入河槽，护脚位置应根据冲刷情况确定。

3.1.5 模袋混凝土水下施工时，水深不宜大于 8m，流速不宜大于 1.5m/s。

第八节 附录

SL/T 1—2024 编写规则中的附录是标准的一个重要组成部分，具有与正文同等的效力，并应被正文所引用。而 GB/T 1.1—2020 的规定中，附录是对正文、前言和引言的补充和附加：对规范性要素的补充和附加形成规范性附录，对资料性要素和前言、引言的补充（如示例、信息说明、数据等）形成资料性附录。SL/T 1—2024编写规则中的附录没有资料性附录与规范性附录之分。

一、附录的作用

SL/T 1—2024的规定，当某条文涉及的内容较多且相对独立，如置于正文中将影响正文的连续性，这时可将此部分内容单独列成一个附录，从而起到合理安排标准的结构的作用。即附录是正文的一部分，是对某一技术内容的单独规定，或者是对某些技术要素的补充或者细化。那么，按照SL/T 1—2024编写的附录，与标准条文具有同等的效力。

类比GB/T 1.1—2020对附录编写的规定，按照SL/T 1—2024编写的附录对应于GB/T 1.1—2020的规定中的规范性附录。其他的资料性的补充内容（如示例、信息说明、数据等），按照SL/T 1—2024编写时，放在条文说明中，具体内容见本章第十一小节"条文说明"。

二、附录的提及

在标准正文中对附录的提及常采用下列表述形式：
——"……应符合附录×的规定"；
——"……应执行附录×的规定"；
——"……应按附录×的规定执行"；
——"……应符合附录×中×.×.×条的规定"；
——"……见附录×"。

附录的各个部分在标准的条文中都应被提及。某个附录要么被整体提及，要么其各个部分均被分别提及。如在正文中提及了附录A.2，那么在其之前，附录A.1也应被提及。如果附录A.1没有被提及，附录A.1的内容就没有必要列入本标准。

三、附录的编排

按照SL/T 1—2024编写的附录，由附录编号和附录标题标识，见示例6.12。

【示例6.13】

附录A 常用物性参数

附录的层次划分应与正文保持一致。附录的编号采用拉丁字母"A""B""C"……不采用"I""O""X"三个字母。只有一个附录时，其编号应书写为"附录A"。附录的节号、条号编排方式同正文的编号方式。附录应按其在正文中出现的先后顺序依次编排。

【示例 6.14】

附录 A　鱼类游泳能力
A.1　鱼类游泳能力测试

A.1.1　测验样本宜为工程河段主要过鱼季节采集的健康鱼类个体。

A.1.2　游泳能力测验应优先选择递增流速法在封闭式水槽中进行。具备条件时，可采用固定流速法在明渠或原型原位观测的方式对封闭式环形水槽的测验成果进行验证。

当一个附录中仅有一个图（表）或多个图（表）而没有任何其他内容时，图号只需采用附录的编号。如附录 C 中仅有一个图，其图号为"图 C"。如附录 C 中有两个表，其表号为"表 C-1""表 C-2"。当一个附录的节中仅有图表而没有任何其他内容时，图表号只需采用节的编号。

【示例 6.15】

附录 A　常用物性参数
表 A-1　常见岩土介质及水的电阻率参考值
……
表 A-2　常见气体介质及电阻率参考值
……

【示例 6.16】

附录 A　常用物性参数
A.1　常见介质电阻率
表 A.1-1　常见岩土介质及水的电阻率参考值
……
表 A.1-2　常见气体介质及电阻率参考值
……

注意，这里按照 GB/T 1.1 编写标准附录时，当附录只有一幅图或一个表时，例如对于附录 B，这时编号应为"图 B.1""表 B.1"；当附录中只有一个公式时，如果需要编号，则这时应编为"（B.1）"。

第九节　标准用词说明

紧跟附录之后，应该编写标准用词说明。以"标准用词说明"为标题，正文如下表 6.1。

表 6.1　　　　　　　　　标准用词说明

标准用词	严格程度
必须 严禁	很严格，非这样做不可
应 不应	严格，在正常情况下均应这样做
宜 不宜	允许稍有选择，在条件许可时首先应这样做
可	有选择，在一定条件下可以这样做

第十节　标准历次版本编写者信息

标准历次版本编写者信息包括所有历次版本，内容主要有：
——每个版本的标准编号；
——每个版本的编写单位（包括主编单位和参编单位）；
——每个版本的主要起草人。

【示例 6.17】

标准历次版本编写者信息

SL 01—92

本标准主编单位：水利部科技教育司

本标准参编单位：水利水电规划设计总院

本标准主要起草人：黄林泉　张余祥

SL 01—97

本标准主编单位：水利部科学技术司

本标准主要起草人：程光明　张余祥　窦以松　马济元

SL/T 1—2002

本标准主编单位：水利部国际合作与科技司

本标准参编单位：中国水利水电科学研究院

　　　　　　　　水利部发展研究中心

　　　　　　　　北京工业大学

　　　　　　　　中国水利学会

　　　　　　　　中国水利水电出版社水利水电技术标准咨询服务中心

127

本标准主要起草人：程光明　周怀东　刘咏峰　窦以松
　　　　　　　　　　曹　阳　赵　晖

SL/T 1—2014

本标准主编单位：中国水利学会
　　　　　　　　中国水利水电出版社
本标准参编单位：水利部人才资源开发中心
本标准主要起草人：曹　阳　陈　昊　吴　剑　王德鸿
　　　　　　　　　李建国　陈　颖　田庆奇　王永军
　　　　　　　　　汝　楠　汪　露　谢艳芳

第十一节　条　文　说　明

按照 SL/T 1 的要求的编制的标准条文，在编制条文时应同步编写条文说明。条文说明的主要作用是解释标准条文，说明条文制定的目的、主要依据、执行强度、预期效果和执行条文的注意事项，必要时可增加工程实例。编制的重点应在于标准中的一些上下限的取值依据、相关标准的信息及所选用标准用词的涵义等。按照 SL/T 1 的要求的编制的标准条文不推荐使用注和示例，解释说明性的内容都放入条文说明中。

条文说明是独立的部分，包括隔页、制定（修订）说明、目次和需要说明的具体内容。条文说明不具备与正文同等的效力。

为便于标准的保存和使用，条文说明应在编制标准正文的同时一并编写，并与标准合订成册，同时送审，同时出版。

一、条文说明的内容

在标准编制过程中，需要对以下内容进行说明时，建议编制条文说明：
——解释制定条文的目的、相关依据、执行强度、预期效果；
——强调执行条文的某些注意事项；
——说明条文中的技术指标、参数、图表、公式、性能要求、试验方法、检验规则等的重要技术内容的出处；
——阐述标准依托的关键技术；对关键技术的阐述，以结论为主，不需要进行探讨和详细推论；
——对于修订的标准，在条文说明中对前后两版的标准条文进行对比说明，包括标准名称变更、标准制修订变化等重大事项，条文修改的必要性及修改的依据；未修改的标准正文，如原条文说明中的内容仍具有参考价值，则建议保留；

——对引用国际标准的条文进行说明，一般情况下，为了避免版权纠纷，非确有必要的情况，水利技术标准一般不引用国际标准。若国际标准有对应等同采用的国家标准，则引用相应的国家标准，若无则摘录国际标准的内容作为标准的正式条文列出，此时在相应的条文说明中要说明所摘录国际标准的来源和出处。

——标准编写过程中的参考文献，参考文献包括标准编写过程中参考的书籍、论文、法律法规、政策文件、相关标准等。按 GB/T 1.1 编制的标准，参考文献在标准的最后单独列出。按 SL/T 1 编制的标准，参考文献则在相应的条文说明中写出。

二、条文说明的编排格式

完整的条文说明包括隔页、制定（修订）说明、目次和需要说明的具体内容。

条文说明隔页应包括下列内容：

——"团体标准"；

——标准名称；

——标准编号；

——"条文说明"。

制定（修订）说明简述标准编制遵循的主要原则、编制工作概况、重要问题说明及需深入研究的有关问题。制定说明一般侧重于说明需要规定的技术内容、来源依据、实践经验、调查研究等。修订说明一般侧重于说明标准的实施效果、存在的问题、需要解决的内容等。见示例 6.16。

【示例 6.18】

修 订 说 明

SL/T 1—2024《水利技术标准编写规程》，经水利部 2024 年 05 月 24 日以第 9 号公告批准发布。

本标准在修订过程中，编制组根据新阶段水利高质量发展对水利技术标准的要求，总结了我国水利技术标准编制过程中存在的问题和实践经验，融合了水利标准发展新理念、新需求，同时参考了住房和城乡建设部、国家标准化管理委员会的标准编写要求。

为便于广大设计、施工、科研、管理等单位有关人员在使用本标准时能正确理解和执行条文规定,《水利技术标准编写规程》编制组按照章、节、条、款、项的顺序编制了本标准的条文说明,对条文规定的目的、依据以及执行中需要注意的有关事项进行了说明。本条文说明不具备与标准正文同等的法律效力,仅供使用者作为理解和把握标准规定的参考。

条文说明的目次,一般情况下,仅列出章和附录即可。如有必要,才单独列出节。如果某一章或附录,没有做条文说明,则目次上不必列出。条文说明的目次,仅与条文说明本身的标题对应一致。条文说明的目次与标准目次相比,其序号并不一定是连续的、完整的。

条文说明按标准正文的顺序分章编写,每一章均需另起一页。条文说明的每一条都要对应标准正文的相应条文。一章内,条文说明可按标准节号分节,也可不分节。当标准条文内容简单明了无需说明时,则可不作说明。示例 6.17 给出了不按条文顺序编排条文说明的错误示例。

【示例 6.19】错误示例

条　文　说　明

　　……

6.2.2　本条主要规定了工程控制运用的资料整编时间和内容要求。

1.0.1　本条说明了本标准的性质和目的。

1.0.5　本条文理已明。

1.0.9　本条阐明了本标准与现行的国家标准及有关行业的关系

条文说明各章（附录）、节的编号和标题应与标准正文中相应各章（附录）、节的编号和标题一致。条文说明的条、款、项号应与标准相应条文的条、款、项号一致,并且格式相同。如只针对款、项进行说明,条号、款号后可不加文字。当相邻条文内容相近时,可合并编写条文说明。连续两条合并用"、"号分隔;连续多条合并用"～"连接。

如果条文说明需要进一步分层次叙述时,其层次编号必须与正文的层次编号不同。因此,条文说明的编号不能采用"1"或"1)"的形式,而只能采用其他形式,如"（1）、①、A"等形式。条文说明中的图、表和公式应按其在条文说明中出现的顺序分别采用阿拉伯数字进行编号。如"图1、图2、…""表1、表2、…""（1）、（2）、…"。

条文说明中不应出现注和脚注。标准中"注"和"脚注"的作用主要是给出理解或使用标准的附加信息，以帮助标准使用者正确理解有关条文规定，这一作用与条文说明的解释作用基本相同，因此，在条文说明中就不应再出现注和脚注了。

由于国内各行业对某一国际标准的翻译有可能有差异，为防止翻译偏差或理解错误，要求列在相应的条文说明中列出国际标准的原文，并要求译成中文。

三、编写条文说明注意事项

在标准编写过程中，对条文说明主要错误进行梳理，总结出编写条文说明主要需要注意的几点注意事项：

（1）条文中的重要数据、图表、公式，都应说明其出处。对关键技术的阐述，以结论为主，不需要进行探讨和详细推论。不应将条文说明写成技术论文、专题报告或标准简介。

（2）条文说明不应对条文内容进行重复。如需要解释标准正文的某一词或某一句，而不得不重复叙述标准正文时，应加引号。

（3）条文说明并不具备与标准正文同等的效力，因此条文说明不应对条文内容作补充性规定或加以延伸。不应在条文说明中使用标准用词。由于"应、可"同时是中文的常用字，故在不得不使用"应"时，可改为"要、需、需要、要求"等同义词，同理，建议某种情况时，可用"一般情况下、一般、建议、推荐"等字，而不使用"宜"字。

当因某种原因编制条文说明时不小心对标准正文进行了补充性规定，事后又发现这种补充性规定十分必要，则可根据具体情况采用不同的修改方法：将条文说明内容在标准正文中单独设条进行表述；如果条文说明的内容实际上是对其他标准的具体引用，则在标准正文中加入引用标准即可（典型用语"按照……的规定执行"）；如果条文说明的表述内容确实与标准正文内容紧密相关，而且如在正文中表述时又影响条文的逻辑性与连贯性，那么可将此部分内容作为附录，以保证标准执行时的效力。

（4）为了保证标准的公平公正，在条文说明中，不能出现厂家介绍、产品推介等内容。当标准的技术内容中采用了成熟可靠的新技术、新工艺、新设备、新材料时，在进行条文说明时，有时不得不介绍新设备、新材料的型号，则需慎重。

（5）标准中的涉及专利，按《中华人民共和国标准化法》、GB/T 20003.1—2014《标准制定的特殊程序　第1部分：涉及专利的标准》以及国家标准委的相关文件处理。

【示例 6.20】

错误示例：条文说明重复条文内容。

3.0.7 开工之前应完成墙体材料施工配合比的试验和设计工作。当施工准备时间较短时，先施工的部分槽孔可用经验配合比施工，也可在留有一定安全裕度的情况下用 7d 或 14d 龄期的强度确定临时配合比，但 28d 龄期的试验应继续进行。

【条文说明】

……

3.0.7 开工前，应完成墙体材料施工配合比的试验和设计工作。但事实上，多数工程开工前设计仅提供了墙体材料性能指标要求，缺少施工配合比设计。在此情况下，先施工的部分槽孔可用经验配合比施工，也可在留有安全裕度的情况下，采用 7d 或 14d 龄期强度确定经验配合比，但 28d 龄期试验应尽早完成。

正确示例：删除重复的条文内容。

3.0.7 开工之前应完成墙体材料施工配合比的试验和设计工作。当施工准备时间较短时，先施工的部分槽孔可用经验配合比施工，也可在留有一定安全裕度的情况下用 7d 或 14d 龄期的强度确定临时配合比，但 28d 龄期的试验应继续进行。

【条文说明】

……

3.0.7 事实上，多数工程开工前设计仅提供了墙体材料性能指标要求，缺少施工配合比设计，故作此规定。

【示例 6.21】

错误示例：条文说明对条文进行补充规定。

3.1.3 灌浆设计前，应收集下列资料：

  1 已建工程的地质、设计和施工资料。

  2 安全监测资料。

  3 工程施工和运行期间出现的问题。

  4 隐患勘探资料。

  5 灌浆试验资料。

…【条文说明】……

3.1.3 灌浆设计前，应收集施工和运行期间出现问题的资料，如：塌坑、裂缝、洞穴、坝后坡渗透变形、湿润范围及滑坡等。

正确示例：删除条文说明中的标准用词，改为对收集资料的陈述。

3.1.3 灌浆设计前，应收集下列资料：

1 已建工程的地质、设计和施工资料。

2 安全监测资料。

3 工程施工和运行期间出现的问题。

4 隐患勘探资料。

5 灌浆试验资料。

…【条文说明】……

3.1.3

3 收集施工和运行期间的塌坑、裂缝、洞穴、坝后坡渗透变形、湿润范围及滑坡等资料。

第七章

技术条款编写细则

标准中的技术内容应为技术准则、技术要求或技术措施。虽然不同标准有各自的技术准则、技术要求或技术措施，但它们都是由各种技术要素构成的。标准中的要素是由各种条款构成的，根据不同的情况在表述条款的内容时，可采取不同的形式。具体采取的形式包括条文、注、脚注、示例、图、表等。另外，在编写标准的条款时，还会遇到其他表述问题，如全称、简称、商品名、量和单位、数和数值、数学公式等。

标准中的要素是由各种技术条款构成的，在表述条款的内容时，根据不同的情况可采取不同的形式。

（1）条文：条文是条款的文字表述形式，也是表述条款内容时最常使用的形式。标准中的文字应使用规范汉字。标准条文中使用的标点符号，应符合 GB/T 15834《标点符号用法》的规定。

（2）注和脚注：注和脚注是条款的辅助表述形式，通过较广泛的解释性或说明性文字，对条款的理解和使用提供帮助。注和脚注通常使用文字形式表述。条文中的注和脚注的内容是资料性的。

（3）示例：示例是条款的另一种辅助表述形式，通过现实或模拟的具体例子，帮助文件使用者尽快地掌握条款的内容。多数情况下示例用文字形式表述，但给出图、表示例也不少见。示例的内容是资料性的。

（4）图：图是条款的一种特殊表述形式，可以说它是条款内容的一种"变形"。当用图表述所要表达的内容比文字表达得更清晰易懂时，图这种特殊的表述形式成为了一个理想的选择，这时，我们将文字的内容"变形"为图。在对事物进行空间描述时，使用图往往会收到事半功倍的效果。

（5）表：表也是条款的一种特殊表述形式，也可以说是条款内容的另一种"变形"。同样，当用表表述所要表达的内容比文字表达得更简洁明了时，表这种特殊的表述方式也将是一个理想的选择，这时，我们将文字的内容"变形"为表。在需要对大量数据或事件进行对比、对照时，表的优势显而易见。

按照 GB/T 1.1—2020 和 SL/T 1—2024 编制技术内容的要求大同小异，本章将对两者共同介绍，仅对两者编制的不同点进行说明。未特别说明的内容即为两者皆适用的内容。

特别说明的是，按照 SL/T 1—2024 编制的公式、数值、单位和符号、注，除了编号以外，其他的编排要求与 GB/T 1.1—2020 的要求一致。编号均按条号。

第一节　条　　款

条款是技术内容的最常用表述方式，可分为：要求、指示、推荐、允许和陈述 5 种表述形式。

条款可包含在规范性要素的条文，图表脚注、图与图题之间的段或表内的段中。

一、条款的类型

标准化条款分为如下 5 种类型：要求、指示、推荐、允许和陈述。

（一）要求

要求型条款是表达如果声明符合标准需要满足的准则，并且不准许存在偏差的条款。可以利用能愿动词"应"和"不应"来表述。例如："水轮发电机的损耗和效率应采用量热法测定""回差应小于该水位计允许误差限""测试中途不应对被测水位计进行调整试验结果在数据处理时允许合理的线性平移"利用能愿动词"应"和"不应"来表述要求条款。

特别注意，要求条款不使用"必须"作为"应"的替代词，不使用"不可""不得""禁止"作为"不应"的替代词。

当使用的标准用词严格程度为"应"级及以上，并有前提条件时，前提条件应是清楚、明确的。可使用"当……时，应……""……情况下，应……""只有/仅在……时，才应……""根据……情况，应……""除非……特殊情况，不应……"等典型用语。"必要时""有需要时"不应与"应""不应"一起使用。

（二）指示

在规程或试验方法中表示直接的指示，例如需要履行的行动、采取的步骤等，通过汉语的祈使句表达。如"设置仪器工作参数。""开启记录仪。""在……之前不启动该机械装置。"

（三）推荐

推荐型是表达建议或指导的条款，利用能愿动词"宜"或"不宜"表述，通常表示：①在几种可能性中推荐特别适合的一种，不提及也不排除其他可能性；②某个行动步骤是首选的但未必是所需求的；③不赞成但也不禁止某些可能性或行动步骤（使用否定形式）。例如"地下水资源勘察宜划分为普查、初勘、详勘、开采四个阶段""坝轴线宜与坝址处河段上游主流流向垂直"用能愿动词"宜"表示在几种可能性中推荐特别适合的一种，不提及也不排除其他可能性。"测定该溶液的pH值宜采用滴定法"，用能愿动词"宜"表示测定该溶液的pH值时滴定法是首选的但未必是所需求的。"单跨坝袋长度不宜超过100m"，用能愿动词"不宜"表示赞成但也不禁止单跨坝袋长度超过100m。

（四）允许

表示允许的条款使用能愿动词"可""不必"，表示在标准的界限内所允许的行动步骤。"环境现状调查方法可采取收集资料现场调查与监测遥感等方法进行""性能参数试验的部分内容可与4.3、4.4同时进行"使用能愿动词"可"表达"允许"。

值得注意的是，这里的"可"不能采用"能""可能"代替，因为条款中"可"表达的是允许，而"能"表达的是主、客观原因导致的能力，"可能"表达的是主、客观原因导致的可能性。

（五）陈述

陈述条款是表述信息的条款。通过汉语的陈述句或利用能愿动词（"能"或"不能"、"可能"或"不可能"）来表述。陈述性条款通常分为对"能力"的陈述和对"可能性"的陈述。当表达对"能力"的陈述时，一般使用"能"和"不能"，陈述由材料的、生理的或某种原因导致的能力；在表达"可能性"时，一般使用"可能"和"不可能"，陈述由材料的、生理的或某种原因导致的可能性。例如，"SI导出单位是用SI基本单位以代数形式表示的单位"就是使用陈述句解释"SI导出单位"。"在空载的情况下，机车的速度能达到200km/h"使用能愿动词"能"表达能力。

二、条款的表达

（一）条款与能愿动词/标准用词

1. 按照GB/T 1.1—2020编制的能愿动词

按照GB/T 1.1—2020编制的标准条款包括本章第一节"条款类型"提及的要

求、指示、推荐、允许和陈述型条款。条款通过能愿动词实现。表7.1列出了各类条款使用的能愿动词及其等效表述。

表7.1　　　各类条款使用的能愿动词及其等效表述

条款	助动词	在特殊情况下使用的等效表述	功　　能
要求	应	应该 只准许	表达要求型条款，表示声明符合标准需要满足的要求
	不应	不得 不准许	
指示	表示直接的指示时（例如涉及试验方法所采取的步骤），使用祈使句		
推荐	宜	推荐 建议	表达推荐型条款，表示在几种可能性中推荐特别适合的一种，不提及也不排除其他可能性，或表示某个行动步骤是首选的但未必是所要求的，或（以否定形式）表示不赞成但也不禁止某种可能性或行动步骤
	不宜	不推荐 不建议	
允许	可	可以 允许	表达陈述型条款，表示在标准的界限内所允许的行动步骤
	不必	可以不 无须	
陈述—能力	能	能够	表达陈述型条款，陈述由材料的、生理的或某种原因导致的能力
	不能	不能够	
陈述—可能性	可能	有可能	表达陈述型条款，陈述由材料的、生理的或某种原因导致的可能性
	不可能	没有可能	
陈述—一般性陈述	是、为、由、给出等		

标准中表达不同的条款内容时，通常应使用相关的助动词，例如"应""不应""宜""不宜""可""不必""能""不能""可能""不可能"等；只有在特殊的情况下，才可使用能愿动词的等效表述形式，例如，用于表述规范性内容的条款所处的语境（语言环境，上、下文的衔接）决定了不能使用首选助动词时，可使用它们的等效表述形式。

2. 按照SL/T 1—2024编写的标准用词

按照SL/T 1—2024编写的协会标准，属于协会标准中的评价类和技术类，一般不包括陈述能力条款和一般陈述性条款，不使用"能""不能"表示能力，不使用一般陈述句。

按照 SL/T 1—2024 编写的标准，标准用词参照《工程建设标准编写规定》（建标〔2008〕182 号）的规定进行编制，见表 7.2。

表 7.2　　　　　　　　　　标准用词及其说明

标准用词	严格程度
必须	很严格，非这样做不可
严禁	
应	严格，在正常情况下均应这样做
不应	
宜	允许稍有选择，在条件许可时首先应这样做
不宜	
可	有选择，在一定条件下可以这样做

标准条、款、项之间的标准用词应符合向上从严的原则，具体应执行表 7.3 的规定。条、款的标准用词为"应"级时，款、项的标准用词应为"应""宜""可"级；条、款的标准用词为"宜"级时，款、项的标准用词不应为"应"级，可为"宜""可"级；条、款的标准用词为"可"级时，款、项的标准用词不应为"应""宜"级，可为"可"级。

表 7.3　　　　条、款、项之间的标准用词使用原则

条	款	项
应	应	应、宜、可
	宜	宜、可
	可	可
宜	宜	宜、可
	可	可
可	可	可

3. 标准编写规则中用词比较

GB/T 1.1—2024 在标准用词方面等同采用了 ISO/IEC 导则 3 的做法，基本上不采用"必须""严禁"这一级用词。

为了便于标准使用者的使用方便，现将本标准与《工程建设标准编写规定》、GB/T 1.1 和 ISO/IEC 导则 3 的用词比较列入表 7.4。

表 7.4　　　　　　　　　　标 准 用 词 比 较

标准类别和用词				要求严格程度	应 用 范 围
ISO/IEC 导则 3	GB/T 1.1	《工程建设标准编写规定》	SL/T 1		
—	—	必须	必须	强制	执行标准时，很严格，非这样做不可
—	—	严禁	严禁		
shall	应	应	应	要求	执行标准时，严格，在正常情况下均应这样做
shall not	不应	不应、不得	不应		
should	宜	宜	宜	推荐	执行标准时，允许稍有选择，在条件许可时首先应这样做
should not	不宜	不宜	不宜		
may	可	可	可	允许	执行标准时，有选择，在一定条件下可以这样做
need not	不必	—	—		
can	能、可能	—	—	可能和能够	执行标准时，由于受材料的、生理的或某种原因的限制才这样做
can not	不能、不可能	—	—		

4. 能愿动词（标准用词）的表达效果比较

由上述分析可见，条款中使用不同的能愿动词将产生不同的表达效果，表 7.5 将以"目次应/宜/可/能/可能自动生成"来比较能愿动词不同的表达效果。

表 7.5　　　　　　　　　　助 动 词 的 表 达 效 果

能愿动词	产 生 的 结 果
目次**应**自动生成	表示一种要求，只有自动生成目录，才认为符合标准
目次**宜**自动生成	表示一种建议，目次最好自动生成
目次**可**自动生成	表示一种允许，标准许可目次自动生成
目次**能**自动生成	陈述一种事实，一种客观的能力，目次能够自动生成
目次**可能**自动生成	表达一种可能性，目次有可能被自动生成

（二）模糊用词

标准的语言应准确、简明、易懂，不应采用"一般""大约""尽量""原则上""尽可能""力求""左右""基本达到""较多""较大""较长""大量""适量""充分"等模糊词语。

【示例7.1】

错误示例：　　　正确示例：

"一般应"　　　　"宜"或"应"

"原则上应"　　　"应"

三、标准各部分的标准用词

由于标准中某些要素的性质及内容决定了在这些要素中只能包含或不可能包括某些条款。

（1）前言：前言的资料性概述要素的性质以及前言所陈述的内容，决定了在前言中不应该包含要求和推荐的条款。所以，前言中不应含有"应""不应""宜"和"不宜"以及它们的等效表述。

（2）引言：由于引言是资料性概述要素，在引言中不应包含要求型条款，所以，引言中不应含有"应"和"不应"及其等效表述。（仅按照GB/T 1.1—2020编写的标准具有引言）

（3）范围：由于范围所包含的内容决定了不应有要求型条款，所以，范围中不应包含"应"和"不应"及其等效表述。

（4）总则：总则中的共性要求涉及整个标准的基本原则，所以，共性要求中可以包含"应"和"不应"及其等效表述。（仅按照SL/T 1—2024编写的标准具有总则）

（5）术语和定义：由于定义不应采取要求的形式，也不应包含要求，所以，术语和定义一章中不应使用"应"和"不应"及其等效表述。

（6）要求型条款："包含能愿动词"应""不应"或其等效表示形式。如果没有相应的能愿动词或等效表述形式，就会混淆要求型条款与陈述型条款。例如，如果在要求型条款中出现"预应力钢绞线的捻距为钢绞线公称尺寸直径的12~16倍"就是犯了这类错误。由于在该条款中找不到能愿动词"应"，所以只能认定为陈述型条款，但是，该条款是"要求"要素中的条款，本意要表达一种要求，因此应在上述句子中加入"应"这一能愿动词，以便使其成为要求型条款。

（7）注、脚注、图注、表注、示例：由于条文中的注、脚注、图注、表注、示例等的性质都是资料性的，所以，其中不应有要求型条款，也就是不应使用"应""不应"及其等效表述。

四、条款表述的案例分析

【示例 7.2】

错误示例：

3.1 ……应详细分析施工中可能存在（或产生）的不利于施工安全的因素，制定相应的文明施工措施，<u>并遵守《建设工程安全生产管理条例》（国务院令第393号）的规定</u>。

错误分析：条文超出标准的管辖范围，规定了法律、法规等上位规则。

正确示例：

3.1 ……应详细分析施工中可能存在（或产生）的不利于施工安全的因素，制定相应的文明施工措施。

【示例 7.3】

错误示例：

3.3 永久性测量标志应绘制点之记，并建立档案。<u>测量标志应按《中华人民共和国测量标志保护条例》进行保护</u>。

错误分析：条文超出标准的管辖范围，规定了法律、法规等上位规则。

正确示例：

3.3 永久性测量标志应绘制点之记，并建立档案。

【示例 7.4】

错误示例：

3.1.1 ……应符合国家有关工程建设和环境保护的<u>法律、法规</u>及相关标准的要求。

错误分析：条文超出标准的管辖范围，规定了<u>法律、法规</u>等上位规则。

正确示例：

3.1.1 ……应符合国家有关工程建设和环境保护相关标准的要求。

【示例 7.5】

错误示例：

6.8.1 采样器的安装应符合下列规定：

　　a）采样器的材质和结构应符合国家标准、<u>行业标准及北京市标准</u>采样分析方法要求中的规定。

错误分析：以低位规则（如企业标准、地方标准）作为要求。

正确示例：

6.8.1 采样器的安装应符合下列规定：

a) 采样器的材质和结构应符合国家现行有关标准采样分析方法要求中的规定。

【示例7.6】

错误示例：

6.2.5 对安装配接绞车的记录装置，要求以钢尺实测全程，检测其计数的分辨力、准确度。

错误分析：未使用规范的标准用词。

正确示例：

6.2.5 对安装配接绞车的记录装置，应以钢尺实测全程，检测其计数的分辨力、准确度。

【示例7.7】

错误示例：

3.1.1 水利水电工程施工现场管理人员应具有中等职业教育及以上学历，工程或工程经济类相关专业，并具有一定实际工作经验，身心健康。

错误分析：未使用规范的标准用词（使用模糊词）。

正确示例：

3.1.1 水利水电工程施工现场管理人员应具有中等职业教育及以上学历，工程或工程经济类相关专业，并具有实际工作经验，身心健康。

【示例7.8】

错误示例：

4.1.4 工程出险时，应按预案组织抢修。如有可能，应组织专家会商论证抢修方案。

错误分析：未使用规范的标准用词（使用模糊词）。

正确示例：

4.1.4 工程出险时，应按预案组织抢修，并组织专家会商论证抢修方案。

【示例7.9】

错误示例：

6.2.6 千斤顶的布置，应力求受力均匀，不应妨碍混凝土卸料入仓。

错误分析：未使用规范的标准用词（使用模糊词）。

正确示例：

6.2.6 千斤顶的布置，不应妨碍混凝土卸料入仓，且应使千斤顶受力均匀。

【示例7.10】

错误示例：

A.4.14 高空作业人员在杆塔上作业时，应尽可能不解开保险带，不得搀扶尚未紧固的构件。

错误分析：涉及人身安全的条文没有采用最严格的标准用词。

正确示例：

A.4.14 高空作业人员在杆塔上作业时，严禁解开保险带，不应搀扶尚未紧固的构件。

【示例7.11】

错误示例：

3.2.3 堤防基线的永久标石、标架埋设<u>必须</u>牢固，施工中<u>须</u>严加保护，并及时检查维护，定时核查、校正。

错误分析：非强制性或不涉及人身安全、环境保护、资源能源节约等，不宜使用"必须、严禁"。

正确示例：

3.2.3 堤防基线的永久标石、标架埋设应牢固，施工中应严加保护，并及时检查维护，定时核查、校正。

【示例7.12】

错误示例：

B.2.1 受堤防工程或河床淤积、圈圩等影响的洪水还原计算，可采用以下方法：
  a) 计算地点附近有水文站时，应分析……。
  b) 计算地点附近无水文站时，可进行……。

错误分析：条、款的标准用词不匹配（"向上从严"）。

正确示例：

B.2.1 受堤防工程或河床淤积、圈圩等影响的洪水还原计算，应采用以下方法：
  a) 计算地点附近有水文站时，应分析……。
  b) 计算地点附近无水文站时，可进行……。

【示例7.13】

错误示例：

6.2.4
……水面信号宜采用碳棒、金属导体、磁铁、干簧管或水银开关等，河底信号开关可采用托板、磁铁、干簧管或水银开关。

错误分析："宜、可"不分

正确示例：

6.2.4
……水面信号可采用碳棒、金属导体、磁铁、干簧管或水银开关等，河底信号开关可采用托板、磁铁、干簧管或水银开关。

【示例 7.14】

错误示例：

A.5.1　上下渡船……<u>不许争先恐后</u>。

错误分析：未规范使用标准用词（行文口语化）

正确示例：

A.5.1　上下渡船……应遵守秩序。

【示例 7.15】

错误示例：

3.0.4　修筑施工平台和导墙之前，宜根据地质情况进行必要的地基处理。例如对已知的浅层孤石进行钻孔预爆或挖除，对软弱地基进行加固处理等。

错误分析：标准中的技术内容条款应为技术准则、技术要求或技术措施。

正确示例：

3.0.4　修筑施工平台和导墙之前，宜根据地质情况进行必要的地基处理。

……【条文说明】……………………………………

3.0.4　……例如对已知的浅层孤石进行钻孔预爆或挖除，对软弱地基进行加固处理等。

【示例 7.16】

错误示例：

带摩擦材料的零件及电子元器件不能使用含水或腐蚀性成分的清洗介质。

错误分析：标准用词（能愿动词）使用不规范。

正确示例：

带摩擦材料的零件及电子元器件不应使用含水或腐蚀性成分的清洗介质。

【示例 7.17】

错误示例：

包装膜的贮存期不超过一年。

错误分析：要求型条款中不加标准用词（能愿动词）。由于错误示例中未加能愿动词，所以不清楚严格程度，因此可改为"应"也可改为"宜"。

正确示例 1：

包装膜的贮存期不应超过一年。

正确示例 2：

包装膜的贮存期不宜超过一年。

第二节 引用和提示

为了保证标准之间的一致性、协调性，在编制标准时，如果有些内容已经包含在现行有效的其他标准文件中并且使用于本标准，或者包含在本标准的其他条款中，那么应通过引用、提示，而不是抄录所需内容。

一、引用的目的

在编制标准文本时，当出现下列情况时，宜采用引用、提示的方式。

1. 涉及了其他专业领域

在编制标准时，标准中会涉及一些规则、规定或方法等，但这些内容又不属于该标准的起草范围，标准起草工作组也承担不了相关内容的起草，这些内容的起草也不应由这一工作组承担。相关内容必须采取引用其他专业领域已经标准化的成果这一方式。采取引用这一形式更加容易溯源，使标准的使用者和今后标准的修订者能够知道有关规定的出处，从而能够更好地考虑最新技术水平。

2. 避免标准间不协调

假如在引用具体内容时，将要引用的内容抄录下来，而不采取引用的方法，就会产生被引用的标准相关内容修订之后，与引用该内容的标准不相协调，引用该内容的标准也无法使用被引用标准最新版本中的内容。

3. 避免标准篇幅过大

如果采取抄录的方式，有可能造成标准的篇幅过大。由于一些需引用的内容，如某些试验方法，需要大量的篇幅才能阐述清楚，如果将这些内容全部抄录下来，则会造成正在制定的标准篇幅过大。

4. 避免抄录错误

采取抄录的方式还有可能造成抄录错误，会造成同一个规定在两个标准中或者同一个标准的不同部分不一致的现象。为了避免这类现象的发生，不主张采取抄录的方式。

二、引用其他文件的方法

1. 引用文件的要求

在引用其他文件时，原则上被引用的文件应是国家标准化文件、行业标准化文件团体标准化文件、其他机构或组织的标准化文件。在特定情况下，ISO、ISO/

IEC 或 IEC 标准化文件以及由 ISO/IEC 发布的国际文件，包括技术规范（TS）、可公开获得的规范（PAS）、技术报告（TR）、指南（Guide）等也可作为规范性文件加以引用。

除了上述文件，在标准中需要引用正式发布或出版的其他类型的文件时，如果引用的内容较少，宜采取将其他类型的文件中的有关内容直接写进标准中的方法（可在参考文献中列出相关文件）；如果由于引用的内容较多而不宜纳入标准，则可将其他类型的文件作为规范性引用文件加以引用，但这种引用是有前提的，即被引用的文件应经过相关标准（即需引用这些文件的标准）的归口标准化技术委员会或相关标准的审查会议确认符合下列条件：

——具有广泛可接受性和权威性，并且能够公开获得；

——发布者、出版者（知道时）或作者已经同意该文件被引用，并且，当索函时，能从作者或出版者那里得到这些文件；

——发布者、出版者（知道时）或作者已经同意，将他们修订该文件的打算以及修订所涉及的要点及时通知相关文件的归口标准化技术委员会；

——该文件在公平、合理和无歧视的商业条款下可获得；

——改文件中所涉及的专利能够按照 GB/T 20003.1 的要求获得许可声明。

在标准条文中，当需要引用这些文件时，对于有标识编号的文件，引用时应提及标识编号；对于没有标识编号的文件，引用时应提及名称。如是注日期引用还需提及版本号或年号。

在标准中不宜引用下列各类文件：

——法律、行政法规、规章和其他政策性文件；

——宜在合同中引用的管理、制造和过程类文件；

——含有专利或限制竞争的专用设计方案或只属于某个企业所有而其他参与竞争的企业不宜获得的文件；

——地方标准、企业标准。

例如，下述表述是不正确的：

——……的要求应符合国家有关法律、法规；

——……的要求应符合《……管理办法》。

然而，为了向标准使用者提供附加信息，帮助其正确理解标准，可以资料性引用法律、法规等强制性文件。例如，可表述成"符合本标准是符合……（法规）的方法之一"。

2. 规范性引用和资料性引用

（1）规范性引用。"规范性引用"，指标准中引用了某文件或文件的条款后，这些文件或其中的条款即构成了标准整体不可分割的组成部分，也就是说，所引用的文件或条款与标准文本中规范性要素具有同等的效力。在使用标准时，要想符合标准，除了要遵守标准本身的规范性内容外，还要遵守标准中规范性引用的其他文件或文件中的条款。按照 GB/T 1.1—2020 编制的标准，规范性引用的文件应在"规范性引用文件"一章中列出。也就是说，只要标准的规范性技术要素中有规范性引用的文件，就应设"规范性引用文件"一章，并将标准中所有规范性引用的文件列入。按照 SL/T 1—2024 编制的标准，规范性引用文件应在"引用标准清单"中列出。

在标准条文中，规范性引用应表述为：

——"……应符合……的规定"；

——"……应按照……的要求"。

（2）资料性引用。"资料性引用"，指标准中引用了某文件后，这些文件中的内容并不构成引用它的标准中的规范性内容，使用标准时，并不需要遵守所引文件中被提及的内容。提及这些文件的目的只是提供一些供参考的信息或资料。按照 GB/T 1.1—2020 编制的标准，所有资料性引用的文件需要列入参考文献中（见第五章第十一节）。按照 SL/T 1 编制的标准，资料性引用的文件在条文说明中说明。

3. 注日期引用和不注日期引用

在标准中无论是规范性引用还是资料性引用其他文件，都可以使用注日期或不注日期两种方式。注日期引用和不注日期引用代表着不同的含义。

（1）注日期引用。注日期引用就是在引用时指明了所引文件的年号或版本号。凡是使用注日期引用的方式，意味着仅仅引用了所引文件的指定版本，即只是所注日期的版本的内容适用于引用它的标准，该版本以后被修订的新版本，甚至修改单（不包括勘误的内容）中的内容均不适用。

具体表述时应提及文件编号，包括"文件代号、顺序号及发布年份号"，当引用同一日历年发布不止一个版本的文件时，应指明年份和月份；当引用了文件具体内容时应提及内容的编号。

在标准中引用其他文件时，一般情况下首选注日期引用的方式。对于下列情况引用文件则应注日期：提及了标准内容的具体编号、不能确定是否能够接受所引文件将来的所有变化。

（2）不注日期引用。不注日期引用就是在引用时不提及所引文件的年号或版本号。凡是使用不注日期引用的方式，应视为引用文件的最新版本。这意味着所引的文件无论如何更新，均是其最新版本（包括所有的修改单）适用于引用它的标准。

在标准中引用其他文件时，一般情况下不使用不注日期引用的方式，只有以下两种情况引用文件才可不注日期：可接受所引文件将来的所有变化，尤其对于规范性引用；不提及被引用文件中的具体章或条、附录、图或表的编号。

4. 引用文件数量

在标准中，引用其他文件时，引用文件的数量不应过多。有些标准引用标准过多，标准使用时需要翻阅大量的其他标准化文件，极大地阻碍标准的使用、推广。甚至有些标准通篇都是对其他的标准化文件的引用。这种情况就需要从标准体系上论证该标准是否有存在的价值和必要。

为了保证标准的编制质量和良好的适用性，标准的引用文件数量不宜过多。通过对现行有效标准的统计分析和实施情况评估，适用良好的水利技术标准中引用了相关标准化文件的条文数量在条文总数中占比不超过 40%。

三、提示标准自身及具体内容

1. 提示自身

在文件中需要称呼文件自身时，应使用的表述形式为："本标准……"（包含标准、标准的某个部分）。如果分为部分的文件中的某个部分需要称呼其所在文件的所有部分时，那么表述形式相应为"T/CWEA××××"。

2. 规范性提示

需要提示使用者遵守、履行或符合文件自身的具体条款时，应使用适当的能源动词或句子语气类型提及文件内容的编号。这类属于规范性提示。

3. 资料性提示

需要提示使用者参看，阅读文件自身的具体内容时，应使用"见"提及文件内容的编号，而不应使用诸如"见上文""见下文"等形式。这类属于资料性提示。

四、引用及提示的表述

在标准文本中遇到引用和提示时，应使用以下介绍的表述形式。

1. 规范性引用

规范性引用应表述为：

——"……应符合……的规定"；

——"……应按照……的要求"。

2. 资料性引用

资料性引用应表述为：

——"……参见……的内容"；

——"……中给出了进一步的说明"。

3. 注日期引用引用其他文件

在标准中注日期引用其他文件的具体方法为指明所引文件的年号或版本号：给出标准代号、标准顺序号和标准发布的年号，不给出标准名称。例如，使用下列表述方式：

——"……GB/T 2423.1—2001 给出了相应的试验方法，……"（注日期引用其他标准的特定部分）；

——"……遵守 GB/T 16900—1997 第 5 章……"（注日期引用其他标准中具体的章）；

——"……应符合 GB/T 10001.1—2006 表 1 中规定的……"（注日期引用其他标准的特定部分中具体的表）。

——"……按 GB/T ×××××—2005，3.1 中第二段的规定。"

——"……按 GB/T ×××××—2007，6.6.8 的最后一段。"

——"……按 GB/T ×××××—2003，4.2 中列项的第二项规定。"

——"……按 GB/T ×××××.1—2006，5.2 中第二个列项的第三项规定。"

——"……按照 T/CWEA××××—2020 规定的……"；

——"……符合 T/CWEA××××—2020 第 5 章规定的……"；

——"……遵守 T/CWEA××××—2020 中 3.4 规定的……"。

4. 不注日期引用其他文件

不注日期引用的具体表述形式为：仅给出标准代号和标准顺序号，同样不给出标准名称，当引用一个文件的所有部分时，应在文件顺序号之后标明"（所有部分）"。例如使用下列表述方式：

——"……按 GB/T ××××和 T/CWEA××××规定的……"；

——"……符合 GB/T ××××（所有部分）规定的……"

——"……参见 GB/T 16273……"。

5. 引用标准的所有部分

在标准中，如果需要引用另一个分成多个部分的标准的所有部分，也就是引用整个标准时，下述三种情况各有不同的表述，不过无论注日期还是不注日期都不给出标准名称。

(1) 不注日期引用，给出标准代号、顺序号，无需给出部分编号，例如"……按照 GB/T 10001 中规定的……"。

(2) 注日期引用，如果被引标准的所有部分为同一年发布，则给出"标准代号"、"顺序号及第 1 部分的编号"、"～"（连接号）、"顺序号及最后部分的编号"和"年号"，例如"……按照 GB/T 20501.1～20501.5—2006 中规定的……"。

(3) 注日期引用，但被引用的所有部分不是同一年发布，则在标准中需要将各个部分分别列出，例如"……按照 GB/T 10001.1～GB/T 10001.2—2006、GB/T 10001.3—2004，GB/T 10001.4—2007、GB/T 10001.5～GB/T 10001.6—2006 中规定的……"。

6. 摘抄形式的引用

在特殊情况下，如果认为确有必要重复抄录其他文件中的少量内容（包括文字、图、表、符号等），则应在所抄录的内容之后加上方括号，并在其中准确地标明出处（如果是标准，包括"标准编号，章条编号"）。

【示例 7.18】

［来源：GB/T××××—2018，4.3.5］

需要注意的是，准确地标明出处是保证标准间协调性的一种有效方法。标明出处意味着重复抄录只是为了提供信息，一旦抄录的内容与原文件不一致时，能分辨出哪一个文件中的规定是原始规定，从而以其出处的原文为准。

如果需要，被抄录的原文件可列入参考文献，但不应将其列入规范性引用文件。这是由于具体原文已经被抄录在目前的文件中，因此原文件不是使用目前文件所必需的文件。

7. 部分之间的引用

标准内部不同部分之间的引用，同样应注意一个部分引用另一个部分的准确性。为了保证这种准确性，一般情况下，应遵守引用其他文件的规定。

8. 提及标准本身

在一项标准的条文中，常常需要将标准本身作为一个整体提及。这时，应使用"本标准……"的表述形式。

如果标准分为多个单独的部分发布，在每个部分中，当提及自身的部分时，应使用下述表述：

——"T/CWEA××××的本部分……"；

——"本部分……"。

在标准分为多个部分的某一部分中，如果要提及整个标准，应使用"T/

CWEA××××……"。这里需要注意,只要标准分成了多个部分,在每个部分中,不论是提及自身的部分,还是提及该部分所在的标准,都不使用"本标准……"这种表述。

标准各个部分,如"前言""规范性引用文件"和"术语和定义"章的引导语、有关专利内容的说明中,凡提及自身时均统一使用"本标准"。

9. 提示标准本身的具体内容

规范性提及标准中的具体内容,应使用下列表述方式:

——"按第 3 章的要求";
——"符合 3.1.1 给出的细节";
——"按 3.1b)的规定";
——"遵循 4.1c)2)的原则";
——"按 B.2 给出的要求";
——"符合附录 C 的规定";
——"见公式(3)";
——"符合表 2 的尺寸系列"。

资料性提及标准中的具体内容,以及提及标准中资料性附录、条文中的注、脚注、示例、图注、表注等资料性内容时,应使用下列资料性的提及方式:

——"参见 4.2.1";
——"相关信息参见附录 B";
——"见表 2 的注";
——"见 6.6.3 的示例 2";
——"(参见表 B.2)";
——"(参见图 3)"。

五、常见错误分析

引用是起草标准过程中经常遇到的问题。由于引用的具体内容在标准中并不出现,所以引用又是最容易被标准起草者忽视的问题。常见错误如下。

1. 引用了指导性技术文件、地方标准等规则

不能引用指导性技术文件、地方标准、技术导则等文件。

【示例 7.19】

错误示例:

GB 3838   地表水环境质量标准

SL 525   水利水电建设项目水资源论证导则

SL/Z 712　河湖生态环境需水计算规范

正确示例：

GB 3838　地表水环境质量标准

SL 525　水利水电建设项目水资源论证导则

2. 引用法律、法规等上位规则

法律、法规、政府规章，都是公民、法人等必须遵守的，不能在下位规则中规定如何执行上位规则。

【示例 7.20】

错误示例：

4.1.1　……应符合国家相关的政策法规和技术标准的要求。

正确示例：

4.1.1　……应符合国家相关标准的要求。

【示例 7.21】

错误示例：

6.1.2　永久性测量标志应绘制点之记，并建立档案。测量标志应按《中华人民共和国测量标志保护条例》进行保护。

正确示例：

6.1.2　永久性测量标志应绘制点之记，并建立档案。

【示例 7.22】

错误示例：（行政许可、审批等，不是标准范畴，不应写入标准）

5.4.1　容器的设计、制造、检验容器的设计、制造、检验应符合 GB 5099 的规定。钢质无缝容器应由获得国家相关部门颁发的制造许可证及批准的相应类别和范围的单位制造。

正确示例：

5.4.1　容器的设计、制造、检验容器的设计、制造、检验应符合 GB 5099 的规定。

3. 引用标准涉及具体条款，未写清引用标准年号

对注日期引用和不注日期引用的编写方式，很多编制者容易混淆。

【示例 7.23】

错误示例：

6.6.1　工程验收提供的资料应满足 SL 223 附录 A 的要求。

正确示例：

6.6.1　工程验收提供的资料应满足 SL 223—2008 附录 A 的要求。

6.6.1 程验收提供的资料应满足 SL 223 的相关要求。

4. 引用合同内容

【示例 7.24】

错误示例：

……应符合设计要求及合同保证值。

正确示例：

……应符合设计要求。

第三节　图

图是除文字之外表达标准技术内容的另一重要形式，能够简明、直观、清晰地表达标准的技术内容。在标准中，通常用图来反映标准中需要规定的结构型式、形状、工艺流程、工作程序或组织结构等。

图一般由图和编号构成，需要的情况下图还包含：图题、图注、图的脚注、图和编号之间的段、说明、关于单位的陈述等。当一幅图存在分图时，需要有分图编号，必要的时候需要有分图题。

一、图的一般规定

标准中不应存在没有提及的图，标准中的每幅图在条文中均应明确提及。如果标准中有某幅图没有被标准内容提及，说明这幅图在这本标准中没有存在的必要性。标准中提及图，采用的典型用语一般为"……见图×""……与图×相符合"。

为了便于提及，需要对图进行编号，并给出图题。

（一）图的编号和图题

每幅图均应有编号。按照 GB/T 1.1—2020 规则编排的图，图的编号由"图"和从 1 开始的阿拉伯数字组成，例如"图 1""图 2"等。只有一幅图时，仍应标为"图 1"。图的编号从引言开始一直连续到附录之前，与章、条和表的编号无关。按照 SL/T 1—2024 规则编制的图，图的编号由"图"和"条号"组成，一个条内有多个图时，加"-1、-2、-3、…"。

附录中图的编号方法应与正文相同，但图号中章的编号应改用附录的编号。当附录×为两个或多个图时，按照 GB/T 1.1 规定的标准中，图号分别为"图×.1""图×.2"等，按照 SL/T 1 的规定编制的标准中图号分别为"图×-1""图×-2"等；当附录×仅为一个图时，其图号应为"图×"。附录中无条文只有图时，图号按章号或节号。

图题即图的名称。每幅图宜给出图题。标准中的图有无图题应统一。

图的编号和图题见示例7.25。

【示例7.25】

①GB/T 1.1规定的图编号和图题：

$$图\times\quad 图题$$

②SL/T 1规定的图编号和图题：

$$图\times.\times.\times\quad 图题$$

（二）图的接排

如果某幅图需要转页接排，在随后接排该图的各页上应重复图的编号、图题（可选）和"（续）"或"（第♯页/共＊页）"，其中♯为该图当前的页面序数、＊为该图所占页面总数。见示例7.26。

【示例7.26】

①GB/T 1.1规定的图编号和图题：

$$图\times\quad 图题（续）$$

$$图\times\quad（续）$$

$$图\times\quad 图题（第2页/共3页）$$

$$图\times\quad（第2页/共3页）$$

②SL/T 1规定的图编号和图题：

$$图\times.\times.\times\quad 图题（续）$$

$$图\times.\times.\times\quad（续）$$

$$图\times.\times.\times\quad 图题（第2页/共3页）$$

$$图\times.\times.\times\quad（第2页/共3页）$$

如果在图的右上方有关于单位的陈述，则续图均应重复该陈述。

二、图中的字母符号、标引序号和字体

一般情况下，图中用于表示角度量或线性量的字母符号应符合GB 3102.1《空间和时间的量和单位》的规定，必要时，使用下标以区分特定符号的不同用途。

图中表示各种长度时使用符号系列 l_1、l_2、l_3 等，而不使用诸如A、B、C或a、b、c等符号。

图中的字体应符合GB/T 14691《技术制图字体》的规定。斜体字应该用于：

——代表量的符号；

——代表量的下标符号；

——代表数的符号。

正体字应该用于所有其他情况。

如果所有量的单位均相同，宜在图的右上方用一句适当的陈述（例如"单位为毫米"）表示。

三、序号和图中的段

在图中，应使用相应的零、部件序号（可参见 GB/T 4458.2《机械制图 装配图中零、部件序号及其编制方法》）或脚注代替文字描述，文字描述的内容在说明中的序号含义或脚注中给出。图中的说明应置于图题之上、图中的段之前。

当需要针对图提出要求、说明情况时，可以在图中以段的形式安排。图中的段应置于图题之上，图注之前。在示例 7.27 中，"钉芯的设计应保证：安装时，钉体变形、胀粗，之后钉芯抽断。"即为对图提出的要求。

【示例 7.27】

①按照 GB/T 1.1 的规定，编写的抽芯铆钉图。

单位为毫米

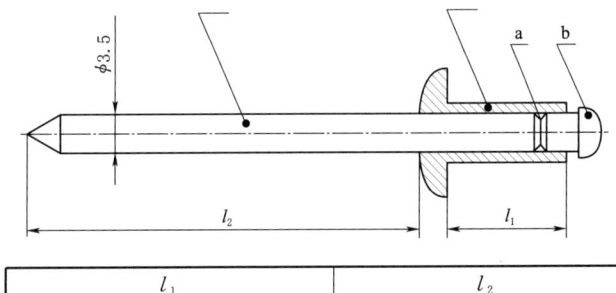

l_1	l_2
6	
12	27
20	
30	

标引序号说明：

1——钉芯；

2——钉体。

注1：此图所示为开口型平圆头抽芯铆钉。

注2：……

a 断裂槽应滚压成型。

b 钉芯头的形状与尺寸由制造者确定。

图× 抽芯铆钉

②按照 SL/T 1 的规定，编写的抽芯铆钉图。

单位：mm

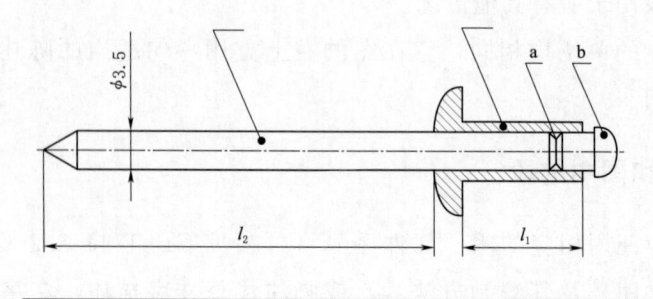

l_1	l_2
6	
12	27
20	
30	

标引序号说明：

1——钉芯；

2——钉体。

注1：此图所示为开口型平圆头抽芯铆钉。

注2：……

[a] 断裂槽应滚压成型。

[b] 钉芯头的形状与尺寸由制造者确定。

图×.×.× 抽芯铆钉

四、技术制图、简图和图形符号

技术制图应按照 GB/T 17451《技术制图图样画法视图》、SL 73《水利水电工程制图标准》等有关标准绘制。电气简图，诸如电路图和接线图（例如：试验电路）等，应按照 GB/T 6988《电气技术用文件的编制》绘制。

设备用图形符号应符合 GB/T 5465.2《电气设备用图形符号 第2部分：图形符号》、GB/T 16273《设备用图形符号》和 ISO 7000《设备用图形符号索引和一览表》的规定。电气简图和机械简图用图形符号应符合 GB/T 4728《电气简图用图形符号》、GB/T 20063《简图用图形符号》等标准的规定。参照代号和信号代号应分别符合 GB/T 5094《工业系统、装置与设备以及工业产品结构原则与参照代号》和 GB/T 16679《信号与连接线的代号》的规定。

【示例7.28】

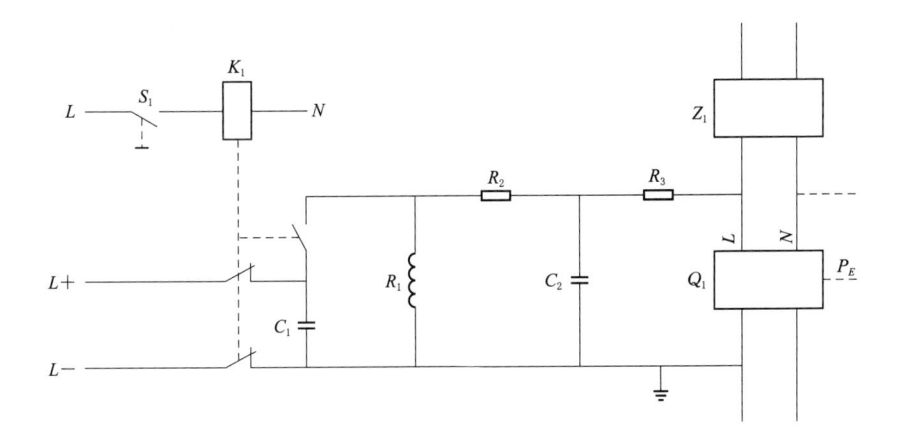

元件：C_1—电容器 $C=0.5\mu F$；C_2—电容器 $C=0.5nF$；K_1—继电器；Q_1—测试的 RCCB（具有终端 L，N 和 P_E）；R_1—电感器 $L=0.5\mu H$；R_2—电阻器 $R=2.5W$；R_3—电阻器 $R=25W$；S_1—手控开关；Z_1—滤波器。

引线和电源：L，N—无极电源电压；$L+$，$L-$——测试电路的直流电源。

a 如果被测试的对象具有 PE 端子，则需引线。

图× 校验无断路电阻的测试电路示例

五、图中的注

可以对图中的内容单独编写注释。图的注有两种形式，即图注和图的脚注。

（一）图注

图注应区别于条文的注。为了在文中能够将图注从条文的注中明确区分出来，对图注的位置进行了严格规定。图注应置于图题之上，图的脚注之前，见示例7.29。

图中只有一个注时，应在注的第一行文字前标明"注"；图中有多个注时，应用阿拉伯数字标明，即"注1:""注2:""注3:"等。

每幅图的图注应单独编号。图注不应包含要求或对于标准的应用必不可少的任何信息。与图的内容有关的要求应在条文、图的脚注或图和图题之间的段中给出。

【示例7.29】

①按照 GB/T 1.1 的规定编写的图：

单位：××

[图]

图的符号和文字说明
注1：图注内容。
注2：图注内容。
a：图脚注内容。
b：图脚注内容。

图× 图名

②按照 SL/T 1 的规定编写的图：

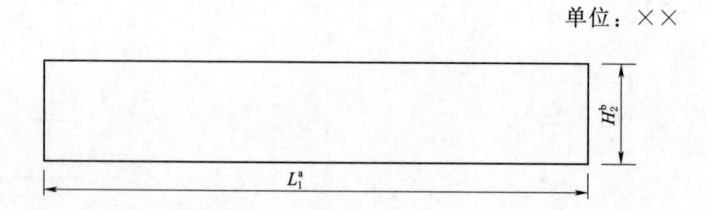

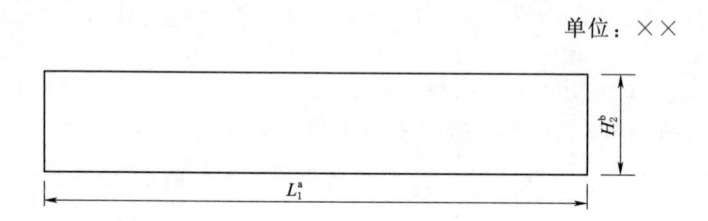

单位：××

[图]

图的符号和文字说明
注1：图注内容。
注2：图注内容。
a：图脚注内容。
b：图脚注内容。

图×.×.× 图名

（二）图的脚注

图的脚注应区别于条文的脚注。为了能够将图的脚注与条文的脚注明确区分，对图的脚注的位置进行了严格规定，即图的脚注应紧跟图注。应使用上标形式的小写拉丁字母从"a"开始对图的脚注进行编号，即 a、b、c 等。在图中需注释的位置应以相同上标形式的小写拉丁字母标明图的脚注。每幅图的脚注应单独编号。

图的脚注可包含要求。因此，为了明确区分不同类型的条款，起草图的脚注的内容时，应使用适当的能愿动词。

六、分图

一般不推荐使用分图，只有当图对理解标准的内容必不可少时，才可使用分图。零、部件不同方向的视图、剖面图、断面图和局部放大图不应作为分图。分图应使用字母编号（后带半圆括号的小写拉丁字母），例如：图1的分图编号为"a)、b)、c)"等；不应使用其他形式的编号，例如："1.1、1.2、…，11、12、…"等。

只准许对图做一个层次的细分。

当分图在正文中被引出时，该图的每一个分图都应被逐项引出。如示例7.30，若正文引出了"见图× a)"，那么后文必须同样地明确引出"见图× b)"。若是只引出图a)，而不引出图b)，那么可以判定分图b)并无在标准中存在的必要。

【示例7.30】

(1) 按照GB/T 1.1编写规定编制的分图：

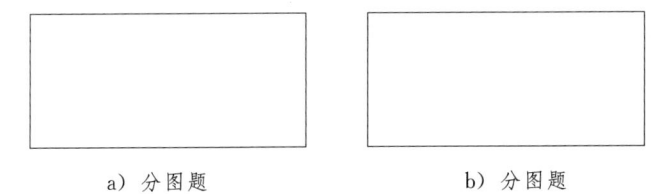

　　　　a) 分图题　　　　　　　b) 分图题

说明：

1——说明的内容

2——说明的内容

段（可包含要求）

注：图注的内容

[a] 图的脚注的内容

图×　图题（GB/T 1.1）

(2) 按照SL/T 1编写规定编制的分图：

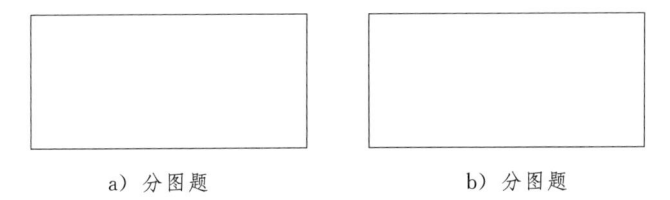

　　　　a) 分图题　　　　　　　b) 分图题

说明：

1——说明的内容

2——说明的内容

段（可包含要求）

注：图注的内容

[a] 图的脚注的内容

图×.×.×　图题（SL/T 1）

如果每个分图中包含了各自的说明、图注或图的脚注，则不应作为分图处理，而应作为单独编号的图。

第四节　表

表是除文字之外表达标准技术内容的另一重要形式。在用文字说明问题较困难或者使用表能够更加简明、直观地表达标准的技术内容，有利于标准技术内容的对比时，最好使用表，以便增加对标准的理解。

标准中表的构成至少包括：表（含表头）和编号，除此之外还可能包含：表题、表注、表的脚注、表内的段、关于单位的陈述等。

表的表述形式越简单越好，创建几个简约的表格，而不是将太多的内容整合到一个表格中。

一、表的一般规定

标准中的每张表在条文中均应明确提及，也就是说标准中不应存在：没有提及的表。如果标准中有某张表没有被提及，则其存在的必要性将受到质疑。在将文件内容表格化之处应通过使用适当的能愿动词或句子语气类型指明该表所表示的条款类型，并同时提及该图的编号。

为了便于提及，需要对表进行编号，并给出表题。

【示例 7.31】

……的技术特性应符合表×给出的特征值。

……相关信息见表×。

（一）表的编号和表题

每个表均应有编号。按照 GB/T 1.1—2020 规则编制的表，表的编号由"表"和从 1 开始的阿拉伯数字组成，例如"表 1""表 2"等。只有一个表时，仍应标为"表 1"。表的编号从引言开始一直连续到附录之前，与章、条和图的编号无关。按照 SL/T 1—2024 规则编制的表，表的编号按条号，一个条内有多个表时，加"-1、-2、-3、…"。

附录中表的编号方法与正文相同，但表号中章的编号改用附录的编号。当附录×为两个或多个表时，按照 GB/T 1.1—2020 规则编制的表，其表号应分别为"表×.1""表×.2"等；按照 SL/T 1—2024 规则编制的表，其表号应分别为"表×-1""表×-2"等。附录×仅为一个表，其表号应为"表×"。附录中无条文只有表时，表号按章号或节号。

表题即表的名称。每个表宜给出表题，标准中的表有无表题应统一。

表的编号和表题见示例7.32。

【示例7.32】

表× 表题

××××	××××	××××	××××

（二）表头

每个表应有表头。表头通常位于表的上方，特殊情况下，出于表述的需要，也可位于表的左侧栏。表栏中使用的单位，采用与量的比值形式。置于相应栏的表头中量的名称之下，或紧跟着量的名称之后。组合单位需要加括号，见示例7.33、示例7.34。

【示例7.33】

类型	线密度/(kg/m)	内圆直径/mm	外圆直径/mm

类型	线密度/(kg/m)	内圆直径/mm	外圆直径/mm

【示例7.34】

类型	ρ_l/(kg/m)	d/mm	D/mm

如果表中所有单位均相同时，一般在表的右上方用一句适当的陈述（例如"单位：mm"）代替各栏中的单位，见示例7.35。

【示例7.35】

表× 表题　　　　　　　　　　　　　　　单位：mm

类型	长度	内圆直径	外圆直径

表头中不准许使用斜线，见示例7.36。

【示例7.36】

错误示例：

林草盖度/% \ 地面坡度/(°)	5～8	…	…	…	>35

正确示例：

林草盖度/%	地面坡度/(°)				
	5～8	…	…	…	>35

（三）表的接排

如果某个表需要转页接排，按照 GB/T 1.1 的规定，随后接排该表的各页上应重复表的"编号"、"表题（可选）"和"（续）"或"（第♯页/共＊页）"，其中♯为该图当前的页面序数、＊为该图所占页面总数。

如果某个表需要转页接排，按照 SL/T 1 的规定，随后接排该表的各页上应采用"续表"后接重复表的"编号""表题（可选）"。

续表均应重复表头的陈述及单位，见示例7.37。

【示例7.37】

① 按照 GB/T 1.1 的规定编写的续表：

表×（续）（第♯页/共＊页）　　　　　　　单位：mm

类型	长度	内圆直径	外圆直径

或者：

表×（第2页/共2页）　　　　　　　单位：mm

类型	长度	内圆直径	外圆直径

② 按照 SL/T 1 的规定编写的续表：

续表× 单位：mm

类型	长度	内圆直径	外圆直径

（四）不允许分表

表中不准许再有分表，也不准许将表再分为次级表。这一规定与分图的规定不同，标准中允许分图的存在。

（五）表的内容

表中同一列（或同一行）的数值，应保持相同的有效位数。

表中相邻栏的参数或文字内容相同时，不允许采用"同上"或类似用语（如"下同""同左""同右"等），应通栏表示。如不能通栏，则应将相同的内容重复书写。

在表内，当某一单元格未进行测量取值时，应填写一字线"—"。在表内，当某一单元格没有意义时（但由于表格的设计原因而出现了这个单元格），此单元格空白不填。

二、表中的注

可以对表中的内容单独编写注释。表中的注有两种形式，即表注和表的脚注。

（一）表注

表注应区别于条文的注。为了能够将表注与条文的注明确区分，对表注的位置进行了严格规定，即表注应置于表中，并位于表的脚注之前。表中只有一个注时，应在注的第一行文字前标明"注："；表中有多个注时，应标明"注1：""注2：""注3："等。每个表的表注应单独编号。

【示例 7.38】

单位：mm

类型	长度	内圆直径	外圆直径
	l_1^a	d_1	R_1
	l_2	$d_2^{b,c}$	R_2

段（可包含要求）
注1：表注的内容
注2：表注的内容

[a] 表的脚注的内容
[b] 表的脚注的内容
[c] 表的脚注的内容

【示例 7.39】

表×.×.× SI 基本单位

量的名称	单位名称	单位符号
长度	米	m
质量[a]	千克（公斤）[b]	kg
时间	秒	s
电流	安［培］	A
热力学温度	开［尔文］	K
物质的量	摩［尔］	mol
发光强度	坎［德拉］	cd

注1：本标准所称的符号，除特殊指明外，均指我国法定计量单位中所规定的符号以及国际符号。
注2：无方括号的量的名称与单位名称均为全称。方括号中的字，在不致引起混淆、误解的情况下，可以省略。去掉方括号中的字即为其名称的简称。

[a] 人民生活和贸易中，质量习惯称为重量。
[b] 圆括号中的名称，是它前面的名称的同义词。

表注不应包含要求或对于标准的应用必不可少的任何信息。与表的内容有关的要求应在条文、表的脚注或表内的段中给出。

（二）表的脚注

表的脚注应区别于条文的脚注。为了能够将表的脚注与条文的脚注明确区分，对表的脚注的位置进行了严格规定，即表的脚注应置于表中，并紧跟表注。应用小写拉丁字母从"a"开始对表的脚注进行编号。在表中需注释的位置应以相同的上标形式的小写拉丁字母标明表的脚注。每个表的脚注应单独编号。在 GB/T 1.1—2020 规则中，表的脚注可包含要求；在 SL/T 1—2024 规则中，表的脚注不得包含要求。

【示例 7.40】

钢的抗拉强度/MPa	热 处 理	
^	温度/℃	时间/h
≤1050	无要求	—
>1050～1450	190～220	≥1

续表

钢的抗拉强度/MPa	热　处　理	
	温度/℃	时间/h
>1450~1800	190~220[a]	≥18[a]
>1800	190~220	≥24
[a] 或在较高温度下进行较短时间的热处理。		

三、表中的段

当需要针对表提出要求、说明情况时，可以在表中以段的形式安排。表中的段应置于表中，并位于表注之前。见示例7.38。

四、示例及常见错误分析

【示例7.41】

错误示例：表头单元格为空。

	河床式厂房	坝后式、岸边式厂房
水平向 （顺河流向）		
注：H 为厂房总高度；H_1 为厂房下部结构高度；H_2 为厂房上部结构高度。		

正确示例：

厂　房	河床式厂房	坝后式、岸边式厂房
水平向 （顺河流向）		
注：H 为厂房总高度；H_1 为厂房下部结构高度；H_2 为厂房上部结构高度。		

【示例7.42】

错误示例：表格设置不正确。

序号	项目	单位	指标	胶舷材质
1	拉伸强度	kgf/5cm	≥55	PVC
2	拉伸强度	kgf/5cm	≥90	HYP

正确示例：

项目	单位	胶舷材质	
		PVC	HYP
拉伸强度	kgf/5cm	≥55	≥90

第五节　注、脚注和示例

在标准内容的表述形式中，除了一般规定的条款的表达形式外，还有注、脚注和示例的表达形式。条文的注、脚注和示例无论位于标准的任何要素中，都是资料性的。

注是为了帮助读者正确理解、使用标准而设立的，注的内容为给出说明、解释或提供补充信息。注的使用是有限制的，不可用得过多，以免冲淡一般规定条款的效力。

示例则是以典型例子说明一般规定的条款，它为理解和使用标准提供了直接的、可参照的操作途径，标准使用者可以"依葫芦画瓢"对标准进行理解或操作。标准编写者在运用示例说明某一问题时，应注意列举有关该问题的较普遍和典型的示例，这样才能帮助说明问题。总之，注和示例是标准条文的辅助表述形式，用得适度和恰当，会为理解和使用标准提供较大的帮助。

此处特别需要注意的是，在 SL/T 1 的规定中，标准正文中一般不编写条文注和示例，所有的条文注和示例作为解释说明性内容放入条文说明中。

一、注

标准中的注有如下几种形式，即术语的注和脚注、条文中的注和脚注、图中的注和脚注、表中的注和脚注（图中的注和脚注、表中的注和脚注已分别在前面"图"和"表"两节中介绍）。

（一）术语和条文的注

术语和条文的注应只给出有助于理解或使用标准的附加信息，不应包含技术规定和要求。当在条文中规定了相应的内容后，如果还需要对条文中的内容进行解释、说明，或提供一些附加信息，则可以在涉及的条文后使用"注"这一形式。"注"应少用。

例如，"作为选择，在一个……的负荷下进行试验"不应作为"注"，因为这种表述形式是表示的要求,而不是提供附加信息,在注中不应出现上述句子。

【示例 7.43】

错误示例：

8.4 试验机能力范围

试样吸收能量 K 不应超过实际初始势能 K_p 的 80%，如果试样吸收能超过此值，在试验报告中应报告为近似值并注明超过试验机能力的 80%。建议试样吸收能量 K 的下限不低于试验机最小分辨力的 25 倍。

注：理想的冲击试验应在恒定的冲击速度下进行。在摆锤式冲击试验中，冲击速度随断裂进程降低，对于冲击吸收能量接近摆锤打击能力的试样，打击期间摆锤速度已下降至不再能准确获得冲击能量。

正确示例：

8.4 试验机能力范围

试样吸收能量 K 不应超过实际初始势能 K_p 的 80%，如果试样吸收能超过此值，在试验报告中应报告为近似值并注明超过试验机能力的 80%。建议试样吸收能量 K 的下限不低于试验机最小分辨力的 25 倍。

注：恒定的冲击速度是获得冲击试验理想结果的保证。在摆锤式冲击试验中，冲击速度随断裂进程降低，对于冲击吸收能量接近摆锤打击能力的试样，打击期间摆锤速度已下降至不再能准确获得冲击能量。

术语和条文中只有一个注时，应在注的第一行文字前标明"注："。同一章或条中有几个注时，应标明"注1："注2："注3："等。

条文中的注一般是对标准中某一章、某一条、某一段做注释。由于注提供的是附加信息，在文中无须提及。因此，注最好置于涉及的章、条或段的下方。

【示例 7.44】

×.×.× ××××××××××××××××××××××××。

注1：××××××××××××××××××××××××××
××××××××××。

注2：××××××××××××××××××××××××××。

（二）条文的脚注

条文的脚注的性质是资料性的，用于提供附加信息，不应包含要求或对于标准的应用来说必不可少的任何信息。脚注的使用应尽可能少。

条文的脚注与注不同，它一般是对条文中某个词、符号的注释。条文的脚注应置于相关页面的下边。脚注和条文之间用一条细实线分开。细实线长度为版面宽度的四分之一，置于页面左侧。

通常应使用阿拉伯数字（后带半圆括号）从1开始对条文的脚注进行编号，编号从"前言"开始全文连续，即"1)、2)、3)"等。在条文中需注释的词或句子之后应使用与脚注编号相同的上标数字"1)、2)、3)"等标明脚注。

【示例7.45】

A.12.2 采样步骤

原则上，为制备实验室样品的采样与化学分析方法无关，通常引用有关国家标准3)的有关条款进行采样即可。如果没有这方面的标准可引用，本章可包括一个采样方案和采样步骤，对如何避免产品的变质给予指导，并提供国家标准中适用的统计方法。

------

3) 有关制备实验室样品的采样的国家标准参见附录D。

在某些情况下，例如为了避免和上标数字混淆，可用一个或多个星号，即 *、* *、* * *等代替数字及半圆括号。

【示例7.46】

……这个单位太小，使用不便，使用的是它的倍数单位 mol/dm^3 或 mol/L^*。$1mol/L=1000mol/m^3$。例如，每升含有1mol氢氧化钠（NaOH）的标准溶液，其浓度为1mol/L，可表示为 C(NaOH)=1mol/L。

……

------

* 1964年国际计量大会决定升（符号为L或l）可用作立方分米（dm^3）的专门名称。

二、示例

一般按照GB/T 1.1的规则起草的标准才存在示例。按照SL/T 1起草的标准，其示例应该放在条文说明编制，条文中不允许存在示例。

条文的示例的性质是资料性的，示例应只给出对理解或使用标准起辅助作用的附加信息，不应包含要求或对于标准的应用必不可少的任何信息。也就是说，只有为了方便应用或出于对标准的某些条文进行解释的目的，需要给出具体的例子时，才使用"示例"这一形式。凡是标准编写者需要在标准中规定的内容，不应规定在示例中，或不应以"示例"的形式出现。例如，"不准许使用示例3的表头，而应使用示例4的表头"就是典型的只有通过示例才能了解所规定的内容，这样使得示例成为"必不可少",将这一规定修改为"表头中不得使用斜线",然后再给出相应的示例,则避免了上述错误。

【示例 7.47】

错误示例:

如果适用某标准的产品目前只有一种,则在该标准的条文中可以给出该产品的商品名,但应附上示例2所示的脚注。

示例2:

"1) ……[产品的商品名]……是由……[供应商]……提供的产品的商品名。给出这一信息是为了方便本标准的使用者,并不表示对该产品的认可。如果其他等效产品具有相同的效果,则可使用这些等效产品。"

正确示例:

如果适用某标准的产品目前只有一种,则在该标准的条文中可以给出该产品的商品名,但应附上具有如下内容的脚注。

"a) ……[产品的商品名]……是由……[供应商]……提供的产品的商品名。给出这一信息是为了方便本标准的使用者,并不表示对该产品的认可。如果其他等效产品具有相同的效果,则可使用这些等效产品。"

章或条中只有一个示例时,应在示例的第一行文字前标明"示例:"。同一章或条中有几个示例时,应标明"示例1:""示例2:""示例3:"等。由于示例给出的是辅助理解条文的例子,一般情况下在文中无须提及。因此,示例最好置于涉及的章、条或段的下方,这样可以清楚地表明示例和条文的关系。

【示例 7.48】

8.6.2 为了清晰起见,数和(或)数值相乘应使用乘号"×",而不使用圆点。

示例:写作 1.8×10^{-3} (不写作 $1.8 \cdot 10^{-3}$)。

【示例 7.49】

5.1.2.3 一项标准分成若干个单独的部分时,可使用下列两种方式:

a) 将标准化对象分为若干个特定方面,各个部分分别涉及其中的一个方面,并且能够单独使用。

示例1:

第1部分:词汇

第2部分:要求

第3部分:试验方法

第4部分:……

示例2：

第1部分：词汇

第2部分：谐波

第3部分：静电放电

第4部分：……

b）将标准化对象分为通用和特殊两个方面，通用方面作为标准的第1部分，特殊方面（可修改或补充通用方面，不能单独使用）作为标准的其他各部分。

示例3：

第1部分：一般要求

第2部分：热学要求

第3部分：空气纯净度要求

第4部分：声学要求

示例不宜单独设章或者条，如果示例的篇幅过大影响了标准结构的连续性，尤其是作为示例的多个图或者表，则以"……示例"为标题形成资料性附录。这种情况下，应尽可能地将示例编制为一个附录，不宜将每个示例、表、图作为单独的附录编制。

如果给出的示例的编排格式容易与条文混淆，则可将示例置于框线之中。

示例：

不正确写法：

4.6.1 回填土料应选用非膨胀土、弱膨胀土（水量宜为塑限含水量的1.1倍～1.2倍）及掺有水泥的膨胀土。

正确写法：

4.6.1 回填土料应选用非膨胀土、弱膨胀土及掺有水泥的膨胀土。选用弱膨胀土时，含水量宜为塑限含水量的1.1倍～1.2倍。

第六节　计量单位及量的符号

根据《中华人民共和国计量法》的规定，中国标准中的量、单位及其符号应执行国家的法定计量单位：国际单位制（SI）单位和可与国际单位制单位并行使用的中国法定计量单位。标准中的物理量应使用强制性国家标准GB 3101和GB 3102规定的物理量及其符号。

一、国际单位制（SI）的单位及其应用

（一）SI 的单位

SI 的单位包括 SI 单位和 SI 单位的倍数单位。SI 单位包括 SI 基本单位和 SI 导出单位。SI 的单位构成如图 7.1 所示。

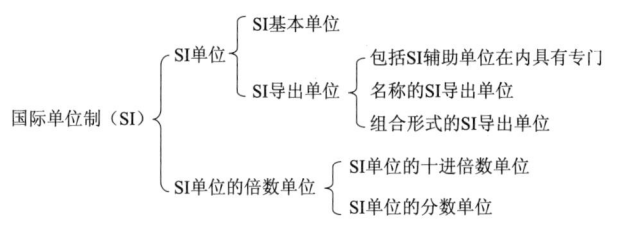

图 7.1　SI 的单位构成

1. SI 基本单位和 SI 导出单位

SI 基本单位有 7 个（见表 7.6），它们是国际单位制（SI）单位的基础。

表 7.6　　　　　　　　　　SI 基 本 单 位

量的名称	单位名称	单位符号
长度	米	m
质量	千克（公斤）	kg
时间	秒	s
电流	安［培］	A
热力学温度	开［尔文］	K
物质的量	摩［尔］	mol
发光强度	坎［德拉］	cd

注 1：圆括号中的名称，是它前面的名称的同义词。
注 2：无方括号的量的名称与单位名称均为全称。方括号中的字，在不致引起混淆、误解的情况下，可以省略。

SI 导出单位是用基本单位以代数形式表示的单位。例如速度的 SI 导出单位为米每秒（m/s）。某些 SI 导出单位具有专门名称和符号[1]，例如，热和能量的单位通常用焦耳（J）代替牛顿米（N·m），电阻率的单位通常用欧姆米（Ω·m）代替伏特米每安培（V·m/A）。

由 SI 基本单位和具有专门名称的 SI 导出单位或（和）SI 辅助单位以代数形式表示的单位称为组合形式的 SI 导出单位。

2. SI 单位的倍数单位

SI 单位的倍数单位包括 SI 单位的十进倍数和分数单位。SI 单位的倍数或分数用词头表示，称 SI 词头。SI 词头的中、英文名称及符号见表 7.7。SI 单位的倍数单位是指 SI 词头与 SI 基本单位或 SI 导出单位作为一个整体所表示的整体单位。例如，$4\mu s$ 表示的是 $4\times 10^{-6}s$ 或是 $4s/10^6$。

表 7.7　　　　　　　　　　　SI 词 头

因 数	词头名称 英文	词头名称 中文	符 号
10^{24}	yotta	尧［它］	Y
10^{21}	zella	泽［它］	Z
10^{18}	exa	艾［可萨］	E
10^{15}	peta	拍［它］	P
10^{12}	tera	太［拉］	T
10^{9}	giga	吉［咖］	G
10^{6}	mega	兆	M
10^{3}	kilo	千	k
10^{2}	hecto	百	h
10^{1}	deca	十	da
10^{-1}	deci	分	d
10^{-2}	centi	厘	c
10^{-3}	milli	毫	m
10^{-6}	micro	微	μ
10^{-9}	nano	纳［诺］	n
10^{-12}	pico	皮［可］	p
10^{-15}	femto	飞［母托］	f
10^{-18}	atto	阿［托］	a
10^{-21}	zepto	仄［普托］	z
10^{-24}	yocto	幺［科托］	y

（二）SI 单位及其倍数单位的应用

1. 倍数单位的选取

根据使用方便的原则，选取 SI 单位及其倍数单位，可以使物理量的数值处于实用的范围内。倍数单位的选取，一般应使物理量的数值处于 0.1～1000。例如：

$1.2×10^4$ N 可以写成 12kN

0.00394m 可以写成 3.94mm

1401Pa 可以写成 1.401kPa

$3.1×10^{-8}$ s 可以写成 31ns

在某些特殊情况下，习惯使用的单位可以不受上述限制，例如下述情况：

——大部分机械制图中使用的单位为毫米；

——导线的截面积使用的单位为平方毫米；

——房屋的面积使用的单位为平方米。

此外，在同一物理量的数值表中，或叙述同一物理量的文件中，为了对照方便，使用相同的单位时，物理量的数值范围可以不在 0.1～1000。

2. 组合单位的倍数单位词头的选取

组合单位的倍数单位一般只用一个词头，并尽量用于组合单位中的第一个单位。

通过相乘构成的组合单位的词头通常加在第一个单位之前。例如：力矩的单位 kN·m，不得写成 N·km。

通过相除构成的组合单位，或通过相乘和相除构成的组合单位，其词头一般应加在分子的第一个单位之前，分母中一般不用词头。例如：摩尔内能的单位 kJ/mol 不得写成 J/mmol。

质量单位 kg 可以出现在分母中，因为质量单位 kg 在 SI 单位中是基本单位，不属于倍数单位。例如：质量能［量］的单位可以是 kJ/kg。

当组合单位的分母为长度、面积和体积单位时，分母中可以选用某些词头来构成倍数单位。例如：体积质量的位可以选用 g/cm^3。

一般不在组合单位的分子和分母中同时采用词头。

3. 其他情况下倍数单位词头的使用

有些国际单位制以外的单位，也可以按照习惯用 SI 词头构成倍数单位，如 MeV、mL 等，但是它们不属于国际单位制。

摄氏温度的单位摄氏度，角度的单位度、分、秒与时间的单位日、时、分等不得与 SI 词头构成倍数单位。

二、计量单位的名称和符号

在英文中，计量单位名称是全拼形式（如 metre），而计量单位符号是缩略形式（如 m）。引入中国后，将计量单位名称翻译成中文的单位名称（如 metre 译成"米"），而计量单位的符号仍然保持原样，用缩略形式的字母表示（如 m）。

根据中国的实际情况，在上述表示方法的基础上，增加了一种计量单位的中文符号（简称"中文符号"），用中文的单位名称的简称表示。中文符号只有必要时才可在小学、初中的教科书和普通报刊文章中使用，不应用于技术标准等科技文献。

例如：物理量速度的单位名称为"千米每小时"，单位符号为"km/h"，中文符号为"千米/时"。其中，速度的单位名称"千米每小时"可用于标准中的文字叙述；单位符号"km/h"与阿拉伯数字表示的数值结合后可表示物理量速度的量值；而中文符号"千米/时"不应在标准中使用。

（一）单位名称

（1）组合单位的名称与其符号表示的顺序应一致。符号中的乘号不在名称中反映，符号中的除号在名称中称为"每"，无论分母中有几个单位，"每"字只应出现一次。

例如：质量热容的单位符号为 J/(kg·K)，其单位名称为"焦耳每千克开尔文"，而不是"每千克开尔文焦耳"，也不是"焦耳每千克每开尔文"。

（2）乘方形式的单位名称，其顺序应是指数名称在前，单位名称在后，指数名称由相应的数字加"次方"二字构成。

例如：截面二次矩的单位符号为，其单位名称为"四次方米"。

（3）只有长度的二次和三次幂分别表示面积和体积时，相应的指数名称才使用"平方"和"立方"，其他情况均使用"二次方"和"三次方"。

例如：体积的单位符号为 m^3，其单位名称为"立方米"；截面系数的单位符号虽同样是 m^3，但其单位名称为"三次方米"。

（4）书写组合单位名称时，不加乘、除符号或其他符号。例如：电阻率的单位符号为 Ω·m，其单位名称为"欧姆米"，而不是"欧姆·米""欧姆米""［欧姆］［米］"等。

（二）单位符号

单位的名称用于叙述性文字之中，而单位的符号应与阿拉伯数字表示的数值单位的名称用于叙述性文字之中，而单位的符号应与阿拉伯数字表示的数值结合使用，不应单独使用。在标准中使用单位符号时应注意以下问题。

（1）不应将单位符号和单位名称混合使用。例如，写作"km/h"或"千米每小时"，而不写作"每小时 km"、"千米/h"或"千米/小时"。

（2）不应将单位符号和其他信息混合使用。例如：应写作"含水量 20mL/

kg",不应写作"20mLH$_2$O/kg",或"20mL 水/kg"。

(3) 不应使用非标准化的缩略语表示单位符号。例如:"s"(秒)不得用"sec"代替;"min"(分)不得用"mins"代替;"h"(小时)不得用"hrs"代替;"cm^3"(立方厘米)不得用"cc"代替;"L"(升)不得用"lit"代替;"A"(安培)不得用"amps"代替等。

(4) 不应通过附加下标或其他信息修改法定计量单位的符号。例如:应写作$U_{max}=500V$,不应写作$U=500V_{max}$;又如:应写作"质量分数为5%"或"体积分数为5%",不得写作5%(m/m)或5%(V/V)。

(5) 不应使用"ppm","pphm"和"ppb"之类的缩略语。上述缩略语中的"m"和"b"分别表示"million"和"billion"。而在大数的命名上各国之间存在着差异,例如"billion"在美国、法国表示10^9,在英国、德国表示10^{12}。由于这种差异造成了上述缩略语在不同国家有不同的含义,可能会引起混淆。由于这些缩略语只代表纯数字,所以直接用数字表示将更加清楚。

例如:写作"质量分数为4.2μg/g",或写作"质量分数为4.2×10^{-6}";而不写作"质量分数为4.2ppm"。又如:写作"相对不确定度为6.7×10^{-12}",而不写作"相对不确定度为6.7ppb"。

(6) 不应在分母中包含"单位"字样。有些物理量是由物理量相除得到的,这样的量不应在分母中包含"单位"。因为,"单位"一词是不确定的概念(如分别以 km、m、cm、mm 等为"单位"的长度是不相同的)。

例如:"线质量"的定义是"质量除以长度",而不是"质量每单位长度"或"每单位长度质量"。因此,线质量的单位名称是"千克每米",而不是"千克每单位长度"。

(7) 当组合单位是由两个或两个以上的单位相乘而构成时,其组合单位的写法可采用如下两种形式之一:

例如:N·m;Nm。

需要注意的是,当单位符号同时又是词头符号时,应尽量将单位符号置于右侧,以免引起混淆。上述组合单位 Nm 表示"牛顿米",而 mN 则表示"毫牛顿"而不表示"米牛顿"。

(8) 单位符号应写在全部数值之后,并与数值之间留适当的空隙。唯一例外的是,平面角的单位"度""分"和"秒"的单位符号和数值之间不留空隙。

例如:应写成20°5′7″,不得写成20°5′7″。

(9) 单位符号和单位名称都应作为一个整体使用,不得拆开。

例如：摄氏度的单位符号为"℃"。摄氏温度计的示值为 20 时，只能写成"20℃"，不得写成"20℃"或"20 度"；也不应读成"二十度"，或"摄氏二十度"，只能读成二十摄氏度。

(三) 字体

量和单位的符号以及数字的字体使用规则为：

(1) 无论条文的其他字体如何，物理量的符号都应使用斜体，符号后不附加下脚点。

(2) 位于下标位置的字母符号，如果代表物理量也必须用斜体。代表其他含义的下标符号用正体。

例如：　　　正体下标　　　　　斜体下标

　　　　　C_g（g：气体）　　C_p（p：压力）

　　　　　g_n（n：标准）　　g_{ik}（ik：连续数）

　　　　　$T_{1/2}$（1/2：一半）　I_λ（λ：波长）

(3) 数字一般应使用正体，用作下标的数字也应使用正体，而表示数字的字母符号应使 W 斜体。

例如：两个不同的长度可表示为 l_1，l_2，l_3。其中长度的物理量 l 为斜体，下标的数字 1、2、3 为正体。

(4) 单位符号一律使用正体字母，并均为小写。但来源于人名的单位符号第一个字母需要大写（只有"升"的符号除外，它虽然不是来源于人名，但使用大写字母"L"）。

例如：秒的符号"s"，分的符号"min"，坎［德拉］的符号"cd"；而来源于人名的安［培］的符号为"A"，帕［斯卡］的符号为"Pa"。

(5) SI 词头符号一律用正体字母，SI 词头符号与单位符号之间，不得留空隙。

【示例 7.50】

错误示例：范围不完整

A.2.8　缝宽大于 10mm 时，缝内填塞沥青麻丝；缝宽小于 10mm 时，缝口放置木条或塑料条等隔离物。

正确示例：

A.2.8　缝宽大于等于 10mm 时，缝内填塞沥青麻丝；缝宽小于 10mm 时，缝口放置木条或塑料条等隔离物。

【示例 7.51】

错误示例：使用非法定计量单位，如 HP、kcal 等。

正确示例：应换算成法定计量单位 kW、kJ 等。

（四）其他

（1）注意区分"物体"和描述该物体的"量"。

例如："表面"和"面积"，"物体"和"质量"，"电阻器"和"电阻"，"线圈"和"电感"等。

（2）两个或更多的物理量不应相加或相减，除非它们属于相互可比较的同一类量。

例如，过去常用 230V±5％这种表示相对误差的方法，但是它不符合代数学的基本规则。应写成"（230±11.5）V"、"230×（1±0.05）V"或写成"230V，具有±5％的相对误差"。

（3）在公式中提到对数时，需要指定底数。

例如：不得用"log"代替"lg""ln""lb"和"$\log_n$"。

（4）物理量 Q 的量纲，可以表示为量纲积：

$$\dim Q = A^\alpha B^\beta C^\alpha \cdots$$

式中，A，B，C，…表示基本量 A，B，C，…的量纲，而 αβγ…则称为量纲指数。

所有量纲指数都等于零的量，往往称为无量纲量。其量纲积或量纲为 $A^0 B^0 C^0 \cdots = 1$。

这种量纲一的物理量表示为"数"，在 GB 3101—1986 中认为无量纲量没有单位，而从 GB/T 3101—1993 起确认它有单位，即"单位一"。

任何量纲一的物理量的 SI—贯单位的名称为"—"，它的符号为"1"。

在表示这种量的量值时，它们一般并不明确写出。

例如：折射率 $n=1.53×1=1.53$

词头不应加在"单位一"的符号数字 1 上，构成此单位的十进倍数或分数单位。词头可以用 10 的乘方代替。

有时，$10^{-2}=0.01$ 可以用百分符号％代替（但是符号‰应该避免使用）。此时％成为"单位一"的一种单位符号，使用时需要特别注意。

例如：用"63％～67％"表示范围，此处％是"单位一"的一种单位符号。

第七节 数 和 公 式

一、数和数值

标准中数字的用法应符合 GB/T 15835《出版物上数字用法》的规定。标准中用到的数字有两类——表示物理量的数值和表示非物理量的数，在标准的编写中需要注意区分。

（一）非物理量的数

非物理量为日常生活中使用的量，使用的是一般量词。如30元、45天、67根等。

在标准中表示非物理量的数时，整数一至十，如果不是出现在具有统计意义的一组数字中，可以用汉字"一"、"二"……"十"表示，例如：一个人、四种产品、五个百分点等。大于十的数用阿拉伯数字表示，例如：选15根管子进行物理试验。但行文中要照顾到上下文，求得局部体例上的一致，例如：取150个试样，15个试样为一组，将组内试样排成3行，每5个1行。

（二）物理量的数值

物理量为用于定量地描述物理现象的量，即科学技术领域里使用的表示长度、质量、时间、电流、热力学温度、物质的量和发光强度的量。

物理量按照正规的表达方式可以写成：

$$A=\{A\}\cdot[A]$$

式中：A——某个物理量的符号，应从GB/T 3102规定的物理量的符号中选取；

[A]——该物理量的某个单位的符号，应从GB/T 3102规定的，与物理量相对应的单位的符号中选取；

{A}——以单位[A]表示的该物理量A的数值。

如果将某一个物理量用另一个单位表示，而此单位等于原来单位的k倍，则新的数值等于原来数值的$1/k$倍。因此，作为数值和单位的乘积的物理量，与单位的选择无关。而物理量A的数值{A}与选取的单位[A]有关。因此，表示物理量的数值应使用阿拉伯数字，并且其后应带有法定计量单位符号（见GB 3100、GB/T 3101、GB/T 3102和IEC 60027）。

由式：$A=\{A\}\cdot[A]$经过等式移行可得：$\{A\}=A/[A]$

这个等式突出了物理量的数值的含义，即物理量的数值等于物理量和相应单位之比。这种形式可在下述情况下使用：

——当用列表形式表达一组物理量时，表头中的物理量的符号和相应的单位符号之比，对应的就是物理量的数值；

——当用曲线图形式表达一组物理量时，一个坐标轴用来表示物理量的符号和相应的单位符号之比，而另一个坐标轴则用来表示物理量的数值。

在表头或坐标轴上适合使用下列形式：$v/(km/h)$、l/m和t/s。

（三）数和数值的区别

通过以上介绍可以知道，虽然数和数值在表面上看相似，但内涵却不同。例如在田径比赛项目"男子 4×100m 接力赛"中：100 是物理量长度 Z 的以单位为"m"表示的"数值"；而"4"是实数的"数"，表示四个人。显然，"数值"(100)与"单位"(m)有关，改变"单位"，"数值"也随之而变；而实数的"数"(4)表示的"人"是改变不了的。这就是数和数值的不同。

二、数学公式

数学公式在标准中的功能与图、表相似，是条款内容的又一种表述方式。当条款内容涉及数学运算时，采用数学公式表达既简单又方便。

公式应以正确的数学形式表示，由字母符号表示的变量应随公式对其含义进行解释，但已在"符号、代号和缩略语"一章中列出的字母符号除外。

按照 GB/T 1.1—2020 编制的公式，公式的编号使用从"（1）"起连续编号（注意，要加圆括号）从引言到正文最后一章，附录的公式单独编号。按照 SL/T 1—2024 编制的公式，公式的编号按条号，并加圆括号，一个条内有多个公式时，加"-1、-2、-3、…"。

对公式中字母符号进行注释时，需要注意下列问题：

（1）注释一般包括简单的参数取值规定，不应该再出现公式，也不应做其他技术规定。特别是，不能在注释中再次对字母符号进行公式规定。

（2）同一符号在其他公式中再次出现时，不需要重复进行注释（见示例 7.52）。

（3）有些符号在多个公式重复出现时，则可将其纳入标准的"术语和符号"一章。已纳入"术语和符号"一章的符号，在正文中无需注释。

（4）某项符号注释的内容较多时，可另立条或款编写。

（5）同一符号在同一标准中，不能代表不同的意义。

（6）缩略语不宜直接作为符号（见示例 7.53）。

（7）注释中应该包括量的单位。按照 GB/T 1.1 的规定编写的标准，量的单位采用文字叙述，并在后接的括号中表明单位的符号，如"v——匀速运动质点的速度，单位千米每小时（km/h）"。而按照 SL/1 的规定编写的标准，量的单位直接在注释后接的括号中表明单位的符号，如"v—匀速运动质点的速度（km/h）"。见示例 7.52。

【示例 7.52】

正确示例：已注释的符号不需重复注释。

①按照 GB/T 1.1 编写的公式：

$$\varphi = \varphi_e \left(\frac{\theta_1}{\theta_s}\right)^{-b} \tag{1}$$

式中　φ_e——空气进入势，单位为米（m）；

　　　θ_1——液态水（未冻水）体积含水率，单位为立方米每立方米（m^3/m^3）；

　　　θ_s——土壤的饱和含水率，单位为立方米每立方米（m^3/m^3）；

　　　b——孔隙大小分布指数。

$$K = K_s \left(\frac{\theta_1}{\theta_s}\right)^{2b+3} \tag{2}$$

式中　K_s——饱和导水率（m/s）。

②按照 SL/T 1 编写的公式：

$$\varphi = \varphi_e \left(\frac{\theta_1}{\theta_s}\right)^{-b} \tag{3.2.2-1}$$

式中　φ_e——空气进入势（m）；

　　　θ_1——液态水（未冻水）体积含水率（m^3/m^3）；

　　　θ_s——土壤的饱和含水率（m^3/m^3）；

　　　b——孔隙大小分布指数。

$$K = K_s \left(\frac{\theta_1}{\theta_s}\right)^{2b+3} \tag{3.2.2-2}$$

式中　K_s——饱和导水率（m/s）。

【示例 7.53】

　　错误：$GDP = \cdots\cdots$

　　正确：$M_{GDP} = \cdots\cdots$

当公式出现较集中时，建议多个相互关联的公式合并在一起注释。

公式中的符号又需用公式表达时，应先将有关公式全部列出，再对符号按顺序一一注释。

无关联的公式，不能合并注释。

【示例 7.54】

　　正确示例：合并注释。

$$N = PL \tag{2.2.3-1}$$

$$P = 2H^2 TC_g / C_0 \tag{2.2.3-2}$$

式中　P——流能密度，单位时间内通过单位波峰宽度的能量（kW/m）；

　　　L——沿海岸线的计算长度（m）；

　　　H——波高（m）；

T——周期（s）；

C_g/C_0——波浪群速与波速之比，从专用表中查取。

避免使公式多于一行。

【示例 7.55】

正确示例：

$$\frac{\sin[(N+1)\varphi/2]\sin(N\varphi/2)}{\sin(\varphi/2)}$$

错误示例：

$$\frac{\sin\left[\dfrac{(N+1)}{2}\varphi\right]\sin\left(\dfrac{N}{2}\varphi\right)}{\sin\dfrac{\varphi}{2}}$$

避免使用多于一个层次的上标或下标。

【示例 7.56】

正确示例：

$$v_{A\max}$$

错误示例：

$$v_{A_{\max}}$$

一般情况下，不使用罗马数字和汉字作为角标。

【示例 7.57】

错误示例：

$$v_{\mathrm{VI}}、v_{受限}$$

公式应只给出最后表达式，不应列出推导过程。

公式只能用量的符号来表达，不应使用量的名称或描述量的术语表示。量的名称或多字母缩略术语，不论正体或斜体，亦不论是否含有下标，均不应用来代替量的符号。

【示例 7.58】

正确示例：

$$\rho = m/v$$

错误示例：

$$密度 = 质量/体积$$

【示例 7.59】

正确示例：

$$\dim(E) = \dim(F) \times \dim(I)$$

式中：

E——能量；

F——力；

I——长度。

错误示例：

$\dim(能量)=\dim(力)\times\dim(长度)\dim(能量)=\dim(力)\times\dim(长度)$

三、尺寸和公差

尺寸和公差应以无歧义的方式来表示。

（一）尺寸的表示

尺寸的表示应包括"数值和单位"。尺寸是一个物理量，所以每个尺寸的"量"都应该包含"数值和单位"，省略单位是错误的。

例如：80mm×25mm×50mm；不得写成 80×25×50mm。

（二）公差的表示

公差可以采取和差形式或角标形式表示。如果所表示的量为量的和差形式，则应将数值用括号括起来，将共同的单位符号置于全部数值之后，或者写成各个量的和差的形式。

例如 28.4℃±0.2℃=(28.4±0.2)℃；不得写成 28.4±0.2℃。

如果所表示的量为量的角标形式，当量的中心值和公差值的单位一致时，可将共同的单位符号置于全部数值之后；

例如：80_0^{+2}mm，不写作 80_{-0}^{+2}mm。因为"0"不分正负。

当量的中心值和公差值的单位不一致时，可将不同的单位符号分别置于相应数值之后。

例如：$80\text{mm}_{-25\mu m}^{+50\mu m}$

百分号表示的公差，为了避免误解，百分数的公差应以正确的数学形式表，例如，用"63%～67%"表示范围。

用百分号表示的公差，应特别注意区别是绝对误差还是相对误差，以免发生误解。

例如：表示具有中心值的绝对误差时，应用"(65±2)%"，不应用"65±2%"，也不应用"65%±2%"，后两种形式易误解为相对误差。

若要表示相对误差时，则应表示为"65%，具有±2%的相对误差"。

（三）物理量的范围与物理量的公差

用符号"～"表示的物理量的范围，与用和差形式或角标形式表示的物理量的公差，从概念上讲是不一样的：符号"～"表示的是物理量量值的范围，在这个范围内都是需要的；而用和差形式或角标形式表示时，期望得到的是物理量量值的中心值，但在公差内也是可以接受的。所以在使用时要注意区别，不应随便统一。

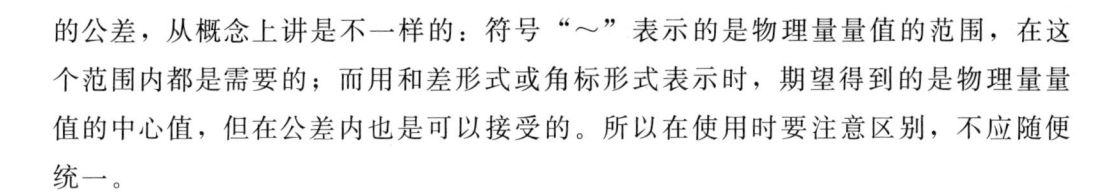

第八节　其　　他

一、全称、简称和缩略语

全称与简称是指中文之间的省略关系。缩略语是指外文中相对于全拼形式的缩写形式。以下内容主要介绍全称、简称和缩略语在标准中的使用规则以及缩略语的表达形式。

（一）简称

在汉语中，当一个词组的字数超过三个，使用时就会感觉冗长，往往有使用简称的需求。

给出简称要采取主动原则。对于有使用简称需求的词组，主动提出统一的简称供大家使用，是一种明智的做法。例如，短语"采用国际标准"简称为"采标"；短语"国家经营"简称为"国营"。这样可以避免不同的使用者自行缩略，出现不同的简称。例如："邮政编码"由于没有统一的缩略形式，有人简称为"邮编"，有人简称为"邮码"，造成不统一的现象。

如果标准中某个词语需要使用简称，则条文中第一次出现该词语时，应在其后的圆括号中给出简称，随后的条款中应使用该简称。

（二）缩略语

在中国标准中，缩略语专指由外文词组构成的短语的缩写形式，即缩略语均由拉丁字母组成。

一般的原则为，缩略语由大写拉丁字母组成，每个字母后面没有下脚点（例如：DNA）。特殊情况下，来源于字词首字母的缩略语由小写拉丁字母组成，每个字母后有一个下脚点（例如：a.c.）。

应慎重使用由拉丁字母组成的缩略语，只有在不引起混淆的情况下，并且在标准中随后需要多次使用某缩略语时，才应规定并使用该缩略语。

在标准中未给出缩略语清单，即没有设置"缩略语"或"符号和缩略语"等要素，如果需要使用缩略语，则在标准的条文中第一次出现某缩略语时，应先给出完整的中文词语或术语，在其后的圆括号中给出缩略语，以后则使用该缩略语。例如：脱氧核糖核酸（DNA）；交流电（a.c.）。

（三）机构的全称、简称和外文缩写

标准中使用的组织机构的名称应是该机构正式发布的全称和简称或外文缩写形式，不可随意编造。

标准中使用组织机构名称时，一般应使用全称。如果需要使用中文简称并多次使用时，则应在第一次出现全称的后面的圆括号中给出简称，以后则应使用简称。国际或国外的组织机构，如果需要使用外文缩写形式，则首次使用时应使用正式的中文名称，在其后的圆括号中给出外文缩写，例如，美国石油学会（API）。

标准中是使用组织机构的全称还是简称，是使用中文名称还是外文缩写，决定于该机构的全称、简称或外文缩写的使用频度，哪一种使用频度高则使用哪一种形式。例如，中文名称"国际标准化组织"，外文缩写"ISO"，通常使用"ISO"。一旦使用简称或外文缩写形式则应符合上文给出的规范的表述形式。

二、商品名

商品名的出现是商品花样品种增加的结果。通常标准中不应出现商品名，但某些情况下使用商品名不可避免，但应遵循相应的规则。

（一）商品名和标准名

由于标准名是按照一定规律确定的，因此形成的标准名可能较长、拗口、难记，不易关联到商品的性能或用途，造成使用不便。然而，标准名的优点是具有唯一性，不同企业生产的同类商品将具有同一个标准名。

商品名的特点是简短、上口、易记，与商品特点有联系，容易发生联想，使用方便。商品名是企业为了占领市场、推销自己的产品而起的专有名称。因此，不同企业生产的同类商品可能具有不同的商品名。商品名与企业注册的商标有联系，如商品名"可口可乐"与商标"可口可乐"标志中的商标名相同。商品名与商标同样具有专用权，受知识产权保护。

（二）商品名的使用

在标准中应给出产品的标准名或正确描述产品的特性，不应给出商品名（品牌名或商标名）。特定产品的专用商品名（商标），即使是通常使用的也宜尽可能避免。这是因为标准的发行量大，在标准中提及商品名有失市场经济的公平竞争原则，容易引起争议。

在特殊情况下，如果产品尚无标准名并且产品的特性又难以详细描述，不得

已使用商品名时,则应指明其性质,例如,用注册商标符号®注明。

【示例7.60】

最好用"聚四氟乙烯(PTFE)",而不用"特氟纶®"。

1. 商品名唯一

如果目前在市场上适合标准使用的产品只有一种,而其标准名又比较生疏,商品名却有一定的知名度,那么在估计暂时还不会有人提出争议的前提下,为了清楚地陈述标准的条款,可在标准的条文中给出该产品的商品名。在这种情况下,应同时附上具有如下内容的脚注:

"×)……[产品的商品名]……是由……[供应商]……提供的产品的商品名。给出这一信息是为了方便本标准的使用者,并不表示对该产品的认可。如果其他等效产品具有相同的效果,则可使用这些等效产品。"

一旦市场上出现了同类商品,商品名唯一的局面被打破,上述规则就不再适用。

2. 产品特征描述有困难且商品名不唯一

如果详细描述产品的特征有困难,同时认为给出一个或几个适合标准使用的市售产品实例是必要的,则在标准的条文中简单地描述产品的特征后,可在具有如下内容的脚注中给出这些商品名。

"×)……[产品(或多个产品)的商品名(或多个商品名)]……是适合的市售产品的实例(或多个实例)。给出这一信息是为了方便本标准的使用者,并不表示对这一(这些)产品的认可。"

例如,利用电子技术开发的电子词典,最初功能单一,称为"电子词典"。随着附加功能的增加,如标准发音、试题集成、替换练习等,其标准名越来越难规定,产品特征越来越难描述。在标准的条文中只能用"第×代英语学习机"来表示。

三、专利

自20世纪末以来,标准涉及知识产权,尤其是涉及专利的问题,逐渐引起国内外的普遍关注。一方面,知识产业的迅速崛起使得专利持有人利用知识产权保护自身利益的意识日益增强;另一方面,由于在标准的制定过程中不断吸纳新技术,难以避免新技术中涉及的专利,导致了以公权形式出现的标准与属于私权范畴的专利结合的局面。

(一)标准与专利

可公开获得的标准具有公共资源的属性。标准发布机构的主要工作是按照标准制定程序，选择标准中的技术要素，编写标准文本并发布标准。标准使用者只要支付较低的标准文本购买费用就可以得到并使用标准。

专利属于私权范畴。如果标准中涉及专利，标准制定工作就会发生变化：标准发布机构需要与专利持有人协商，只有得到了专利持有人许可的书面声明后，才能将专利技术纳入标准；标准使用者虽然能够公开获得标准，但是通常不能无偿使用专利，要根据专利持有人对专利的许可情况支付一定费用。专利会给标准的制定和实施带来麻烦，因此标准不宜包含专利。

由于上述原因，标准发布机构对于标准涉及专利的问题持慎重的态度，只有符合下述条件才考虑在标准中纳入专利：

——从技术角度考虑确实无法避免涉及专利，即涉及的是必要专利；

——专利持有人在自愿的基础上，向标准的发布机构提交书面声明，同意可以免费使用其专利，或愿意同任何申请人在合理且无歧视的条款和条件下就专利授权许可进行谈判。

符合上述条件时，专利才有可能被纳入标准。但是，标准发布机构对于专利的真实性、有效性和范围无任何立场。

（二）标准中与专利有关的事项的表述

在编写标准时，针对涉及专利的有关问题拟定了三段典型表述，分别用于标准草案、尚未识别出技术内容涉及专利的标准和已经识别出技术内容涉及专利的标准中。这三段典型表述分别写入标准的封面、前言和引言。

1. 专利信息的征集

第一段典型表述属于通知性质，目的是征集有关专利的信息，写入技术内容有可能涉及专利的标准征求意见稿和送审稿的"封面"上：

"在提交反馈意见时，请将您知道的相关专利连同支持性文件一并附上。"

2. 尚未识别出涉及专利

第二段典型表述属于声明性质，写入尚未识别出技术内容涉及专利的标准的前言中。

标准经过征求意见阶段、审查阶段后，如果仍然没有人主张专利权益，那么这段典型表述被标准发布机构用来发表声明。这段典型表述的内容是说明标准与其他文件（此处指与专利有关的文件）之间的关系。按照前言和引言的分工，说明标准与其他文件之间关系的内容，应该放在标准的"前言"中：

"请注意本文件的某些内容可能涉及专利。本文件的发布机构不承担识别这些专利的责任。"

3. 已经识别出涉及专利

第三段典型表述属于说明和声明性质,用于已经识别出技术内容涉及专利的标准的引言中。

标准制定过程中,如果有人主张专利权益,则标准发布机构需要得到专利持有人的书面许可声明后,才会发布该项涉及了专利的标准。这段典型表述被标准发布机构用来说明事实并发表声明。典型表述的内容是说明该标准内有关专利的事实。按照前言和引言的分工,说明标准内部事情的内容,应放在标准的"引言"内:

"本文件的发布机构提请注意,声明符合本文件时,可能涉及……[条]……与……[内容]……相关的专利的使用。

本文件的发布机构对于该专利的真实性、有效性和范围无任何立场。

该专利持有人已向本文件的发布机构保证,他愿意同任何申请人在合理且无歧视的条款和条件下,就专利授权许可进行谈判。该专利持有人的声明已在本文件的发布机构备案。相关信息可以通过以下联系方式获得:

专利持有人姓名:……

地址:……

请注意除上述专利外,本文件的某些内容仍可能涉及专利。本文件的发布机构不承担识别这些专利的责任。"

注意上述三段典型表述中采用了"本文件"的表达形式。文件是标准、部分和指导性技术文件的统称。所以,在具体使用中不论是标准、部分还是指导性技术文件等,上述三段典型表述中的"本文件"都无须改变。

第九节 特 别 说 明

按照 SL/T 1—2024 编制的公式、数值、单位和符号、注,除了编号以外,其他的编排要求与 GB/T 1.1—2020 的要求一致。编号均按条号。

第八章

局 部 修 订

相较于全面修订，局部修订的修订程序简约、耗时较短，适合需要迅速启动的修订工作。特别是当标准的部分规定明显制约了水利技术新成果的应用，亟须修订相应条款满足市场需要。

又由于局部修订是在保留原标准的基础上，在标准文本上进行新增、删除、修改等。为了保持修订后的标准结构清晰、逻辑完整、条文明确，局部修订有特殊的编辑格式，见此章第二节"局部修订编排格式"。因此受限于局部修订的格式要求，启动局部修订的标准主要有以下两类：

一类是仅对标准内容进行个别文字或体例格式等编辑性修改；另一类是对标准的技术内容进行修改时，修订的条数占原标准总条数的比例不超过40％，且不涉及新增或删除章节之外的其他框架结构调整。新增内容的，按实际增加条数计算；删除内容的，不计算在内。

进行框架结构调整的标准，仅新增、删除章、节的情况可以用局部修订格式，清晰、明确地编辑；若对章、节进行拆分、合并等修订，采用局部修订的编辑方式，会造成修订内容复杂且混乱。这种时候就需要进行全文修订了。

第一节　局部修订的公告

局部修订的标准，仅对标准的部分条文进行修订，批准发布的时候不修改标准编号，在标准封面上标准名称的下方加印"××××年版"的字样。

局部修订的发布公告应采用"经此次修改的原条文同时废止"的典型用语予以说明。

第二节 局部修订编排格式

局部修订的条文及其条文说明批准发布时，条文说明应紧接在相应的条文之后编排，并采用框线标记。

当标准再版时，应按照经批准的局部修订的条文和条文说明排版印刷，并应加印局部修订公告和标记。应在封面中标准名称的下方加印"××××年版"的字样。

局部修订条文的编号，应符合下列规定：

（1）修改条文的编号不变，便于前后一致。示例8.1的6.3.1和6.3.2条修改了条文内容，编号保持一致。

（2）对新增条文，可在节内按顺序依次递增编号（见示例8.1的6.6.3条），也可按原有条文编号后加注大写正体拉丁字母编号，便于局部修订条文的编排，且不影响标准未修订条文的编排格式。如在第3.2.4条与3.4.5条之间补充新的条文，其编号为"3.2.4A""3.2.4B"。若需要在某一节第一条之前增加内容，可采用数字"0"编号后加注大写正体拉丁字母编号，如在第3.1.1条之前补充新的条文，其编号为"3.1.0""3.1.0A""3.1.0B"。示例8.2条给出了在款前新增的编号方式。

（3）对新增的节，应在相应的章内按顺序依次递增编号。对新增的章，应在标准的正文后按顺序依次递增编号。新增的节或章的内容，按顺序号顺延，不采用插入拉丁字母编号的方式，否则编号形式太过复杂。

【示例8.1】

6.3 自动监测设备的校测

6.3.1 自动监测设备的校测应定期或不定期进行，校测频次可根据仪器稳定程度、水位涨落率和巡测条件等确定。每次校测时，应记录校测时间、校测水位值、自记水位值、是否重新设置水位初始值等信息，作为水位资料整编的依据。

6.3.2 自动监测设备的校测可选用下列方法：

1 设有水尺的自动监测站，可采用水尺观测值进行校测；

2 未设置水尺的自动监测站，可采用水准测量的方法进行校测，也可采用悬锤式水位计、测针式水位计进行校测。

6.3.3 当自记水位与校核水位相差超过2cm（风浪起伏度2级以上或受水利工程调度影响的可放宽至5cm），应每隔30min～60min连续观测两次，经分析后按照下列规定重新设置水位初始值：

  1　若属偶然误差，则仍采用自记水位；

  2　若属系统误差，则应经确认后重新设置水位初始值，并用上一次校核水位与本次校核水位按时间进行订正。

【示例8.2】

  5.7.2　水面起伏度观测应符合下列规定：

  1A　水面起伏度、波高观测宜采用器测法，无条件采用器测法的测站可采用目测。

  1　水面起伏度应以水尺处的波浪变幅为准，按表5.7.2的规定分级记载。对水库、湖泊和潮水位站，当起伏度达到4级时，应加测波高，并应记在记载簿的备注栏内；

  删除的内容应加方框。删除的章、节、条、款、项应在编号后加"（此章/节/条/款/项删除）"字样。若删除整章或整节的内容，还需要将对应的目次加上方框。

【示例8.3】

  9　职业安全卫生 …………………………………………………………（14）

  附录C　设备的分类 ………………………………………………………（16）

  ⌈附录E　主要城市所处气候分区⌋………………………………………（21）

  局部修订中新增或修改的条文，应在其内容下方加横线标记。这里需要注意的是，修改的条文（不是整条删除），其删改文字不需要加方框，而是只保留修改的新内容即可。

【示例8.4】

5.1.3　水力发电工程应根据水电站在系统中的作用、运行方式、运行水头范围和<u>生态基流泄放要求</u>等，合理选择水轮机型式、台数和单机容量。需要进行研制开发的水轮机应进行模型试验，并应经验收合格后再采用。

5.1.4　此条删除。泵站工程中的水泵应根据其运行扬程范围、运行方式及供水目标、供水流量、年运行时间等，通过技术经济和能耗综合比较，合理确定其结构型式、单机流量及装机台数。在条件满足时，宜采用国家或行业推荐的技术成熟、性能先进的高效节能产品。需要进行研制开发的水泵应进行模型试验，并应经验收合格后再采用。

5.1.5　具有多种泵型可供选择时，应综合分析泵站效率、工程投资和运行费用等因素择优确定，条件相同时宜选用效率较高的卧式离心泵。

第九章

各类标准编写注意事项

为保证标准的编写质量，主要考虑三个方面的因素。一是标准的适用性。目前中国很多标准存在的主要问题是适应性差，标准不能够很好地适应当前形势发展的需要。标准适应性差由多种原因造成，其中有立项方面的问题，有制定过程方面的问题，有对标准的认识问题，也有技术上的不可克服的问题。二是标准的先进性和合理性。有些标准在性能、方法上以及其他方面的一些要求的滞后影响了标准的适应性，也影响了产品质量和国际贸易。三是标准编写的规范性。标准编写不规范，会使读者无所适从。

在中国水利工程协会标准的编制过程中，除了严格按照上述的编写要求进行编制外，各种类型标准编制侧重点略有不同，还应注意以下事项。

第一节 管理类标准

中国水利工程协会的管理类标准主要指对水利工程建设设计、施工、质量、安全、监理、运行管理、维修养护等环节中涉及下列内容的标准：

——水利工程建设质量、安全和效益等管理相关；

——水利工程运行管理、维修养护；

——其他涉水领域相关管理标准。

管理类协会标准采用 GB/T 1.1—2020 的格式体例编写。

一、总体要求

在管理类标准的具体编写（或修订）过程中要详细规定该管理活动的全部内容和应达到的要求、采取的措施和方法，各个环节的职责权限。当管理活动涉及几个部门时，应规定出主管部门、协作部门及其相互关系，同时应明确该项标准贯彻、实施、检查、考核的部门及方法。编制全面、系统水利工程管理标准，是推行水利工程标准化管理的重要任务。

在编制过程中要注意以下要求。

（一）标准内容要适用、可操作

中国水利工程协会的管理类标准直接涉及水利工程各个阶段的工程管理工作，管理类标准的规定要准确、适用、可操作，对管理方法、管理步骤、管理环节等内容规定清晰明确，专业人员能按照条款进行正确的操作。

（二）与水利工程管理体系相协调

编制全面、系统水利工程管理标准，是推行水利工程标准化管理的一部分，水利工程标准化管理工作的开展除了依据管理类标准，还依据一系列的行政文件，共同构成了水利工程标准化管理体系，保障了水利工程标准化管理工作的有据可依。因此，管理类标准的内容，要与管理体系中的其他行政文件等相协调。

二、建议采用的特征名

根据本书第五章第二节标准名称中水利技术标准常用的特征名，建议管理类的协会标准的特征名宜采用：规范、规程、规定、导则，具体见表9.1。

表9.1　　　　　　　　　协会管理标准特征名

序号	特征名	区别特征	示例
1	规范	常用于水利水电工程运行管理、维修养护、监理验收等技术方面的统一要求；技术性强，以专用型标准为主	水利水电工程设备监理规范
2	规程	常用于水利水电工程运行管理具体过程、程序、方法的统一要求，以专用型标准为主，包括各种"计量检定规程"	土石坝养护规程、水闸技术管理规程、水工钢闸门和启闭机安全检测技术规程、泵站现场测试与安全检测规程、水利工程质量检测技术规程
3	导则	1. 水利水电工程运行管理报告编制的统一要求 2. 较为原则与宏观的标准	水库大坝安全管理应急预案编制导则、用水审计技术导则
4	规定	常用于规范程序性、规则性的一些要求，类似于行政文件，但内容要求更加详细。相对于"规程"而言，"规定"的程序性更强，概念的客体也更加抽象	水闸降等和报废规定

三、核心技术要素

（一）职责

规定对管理事项有关的部门和人员的管理职能：

——按部门设立管理职能时，主要规定为实现该项管理活动应设置的机构名称、工作范围、责任和权限及分工界限；

——按人员规定管理职能时，主要规定各级各类人员在该项业务中承担的工作，应负的责任和必需的权限。

（二）管理内容和要求

管理类标准的核心内容由以下各方面组成：

——管理工作内容和质量要求；

——工作程序；

——工作方法；

——考评工作完成的方法、步骤、原始凭证等。

（三）检查与考核

明确标准所规定的管理活动的落实及督办部门，明确考核规定。

四、主要编排格式

以规范水利水电工程运行管理具体过程、程序、方法的统一要求的管理类标准为例，推荐的编排格式如下：

前言

引言

1 范围

2 规范性引用文件

3 术语和定义

4 符号

5 机构和人员

 5.1 ×××××

 5.2 ×××××

6 工作内容

 6.1 ×××××

  6.1.1 ×××××

  6.1.2 ×××××

 6.2 ×××××

7 工作要求

 7.1 ×××××

  7.1.1 ×××××

  7.1.2 ×××××

 7.2 ×××××

附录A（资料性） ×××××

附录B（规范性） ×××××

参考文献

索引

图××××××

表××××××

第二节　服　务　类　标　准

  中国水利工程协会的服务类标准主要指对水利工程建设设计、施工、质量、安全、监理、运行管理、维修养护等环节工作提供的服务支撑或开展的技术服务进行规定的标准。

  主要包括：

  ——水利行业制度创新、管理创新、自律管理相关标准；

  ——水利市场主体信用体系建设相关标准；

  ——其他涉水领域相关服务标准。

  服务类标准按照GB/T 1.1—2020的格式体例编制。

一、总体要求

  GB/T 20001中要求服务标准表述要求要反映服务效能的具体特性及特性值，首先应选择规定服务提供者与服务对象接触界面的要求。协会的服务类标准不同于GB/T 20001对服务类标准的界定，在水利工程协会的标准体系中，服务类标准的标准化对象是协会为了更好地服务政府、服务社会、服务会员所进行的制度建设、体系建设等一系列工作。

在服务类标准的具体编写（或修订）过程中要详细规定该服务活动的全部内容和应达到的要求、采取的措施和方法，同时应明确该项标准贯彻、实施预期达到的效果。

二、推荐的特征名

服务类标准主要包括制度创新、管理创新、自律管理、水利市场主体信用体系建设等内容，属于制度、政策性质的内容，因此在技术要素上，多为程序性要求、方向性指导等。定量的技术内容较少而定性的技术内容较多。因此，服务类标准的特征名可选用"指南""导则""规程"。具体见表9.2。

表9.2 服务类标准特征名

序号	特征名	区别特征	示例
1	指南	以适当的背景知识给出某主题的一般性、原则性、方向性的信息、指导或建议，而不推荐具体做法。特别是程序或指示还不明确时，起草程序类指南标准，提出针对程序确立、程序指示的指导、建议或者信息。用于提供制度创新、管理创新、自律管理或者信用体系建设相关的普遍性、原则性、方向性的指导，并给出建议	水利水电工程移民按照监督评估人员职业指南
2	导则	对制度创新、管理创新、自律管理或者信用体系建设相关内容提出较为原则与宏观的要求	水利工程质量管理小组活动导则
3	规程	常用于水利水电工程运行管理具体过程、程序、方法的统一要求，对制度创新、管理创新、自律管理或者信用体系建设相关的给出程序性的要求	大中型水库移民后期扶持规划编制规程
	规范		

三、技术要素

服务类标准的技术要素主要有：方法、建议、程序确立、程序指示等。

四、主要编排格式

前言
引言
1 范围

2 规范性引用文件

3 术语和定义

4 符号

5 ×××××

 5.1 ×××××

 5.2 ×××××

6 ×××××

 6.1 ×××××

  6.1.1 ×××××

  6.1.2 ×××××

 6.2 ×××××

附录A（资料性附录） ×××××

附录B（规范性附录） ×××××

参考文献

索引

图××××××

表××××××

第三节 评 价 类 标 准

中国水利工程协会的评价类标准主要指对水利工程建设设计、施工、质量、安全、监理、运行管理、维修养护等环节的评价工作进行规范的标准。

主要包括：

——水利市场主体及从业人员能力水平评价相关标准；

——水利工程建设设计、施工、质量、安全和效益等评价、考核、管理相关标准；

——水资源、水生态、水环境、水处理、节水产品效益评价标准；

——其他涉水领域相关评价标准。

评价类标准按照SL/T 1—202×的格式体例编制。

一、总体要求

进行评价的基本准则就是要求评价目的、内容、方法、过程、结论要符合水利行业发展的客观规律。因此，评价类标准的编写原则如下。

（一）可操作性原则

可操作性是评价类标准能够有效施用的必要条件，简单、实用、可操作是评价类标准编制的基本核心思路。缺乏可操作性的评价类标准，直接影响评价的开展。指标的选择与设置应当与水利技术标准的实际情况紧密联系，指标的获取方法要简单易得，调查方法和工具应当尽量简便易行，其量化方法也要便于进行计算。逻辑清晰、简单明了的指标评价体系才能有利于评价主体的掌握和使用，才能确保实施绩效评价指标体系具有良好的可操性。

（二）科学性原则

评价类标准是否科学取决于评价指标和评价方法是否经过经验观察和逻辑推理，评价指标和评价方法的建立要有科学的依据，所依据的事实应当全面、具有内在逻辑关系。具体指标的概念要科学且确切，有着明确的内涵和外延，能够比较客观和真实地反映出体系实施的整体效果和内在联系，所构建的指标体系具有客观性，避免个人主观因素的影响。对于指标体系中的每个具体指标，应该能够有针对性地反映出水利技术标准绩效，确保指标的科学性和真实性，对于指标体系中的同级指标，应该符合指标设计的逻辑思路，避免指标之间的重叠和重复。

（三）系统性原则

系统性包括评价指标和评价方法的完整性以及结构的层次性。一方面要求评价指标和评价方法的建立要兼顾各个指标之间相互依赖和联系的关系，评价指标的标准不能割裂各个指标之间的必然联系；另一方面要求评价指标和评价方法要具有一定的层次性和结构性，利于指标权重的确定和综合评价。在构建评价指标体系时，要充分考虑各类指标在评价体系中的合理构成，既能突出重点，又能保持均衡统一，以实现系统的最优化。

（四）综合性原则

综合性原则指设置评价指标和评价方法时要考虑到被评价对象的各个主要方面。评价的内容虽不能包罗万象，但是必须包括影响主体的各个主要方面，才能保证评价的全面而有效。综合的指标体系设计，不仅需要从宏观到微观的层层深入，体现各评价指标之间的有机联系，而且要充分考虑到客观实际的需要，合理地确定评价指标和评价方法。

（五）定量与定性相结合原则

评价指标体系的设置要考虑定量指标与定性指标相结合。定量指标易于统计和收集数据，利于操作，但是由于体系实施的特点，还需要定性指标的辅助来进行全面的评价。单纯地使用定量或定性的方法进行评价,将会影响评价结果的公正性和客观性,因此,在选择体系评价指标时应注意定量计算与定性分析的有机结合。

二、建议的特征名

协会标准中评价类标准可以采用下列特征名:导则、规程、规范。评价类标准多采用特征名导则;程序性较强的时候,可采用规程;当评价过程涉及的技术性内容较强的时候,可采用规范。表9.3按照常用的顺序列出了评价类标准采用的特征名。

表 9.3　　　　　　　　评 价 类 标 准 特 征 名

序号	特征名	区 别 特 征	示　例
1	导则	对实际迫切需要但是技术尚不成熟、难以确定量或统一要求,或要求较为原则与宏观的评价标准,如水利市场主体及从业人员能力水平评价相关标准,定量要求较多的水利工程建设设计、施工、质量、安全、效益等考核管理标准	堤防工程安全评价导则 水库大坝安全评价导则 水资源评价导则 地下水超采区评价导则
2	规程	程序性要求较多的水利工程建设设计、施工、质量、安全、效益等考核管理标准	农村水电站工程环境影响评价规程、水利建设项目水水平评价技术规程、地表水资源质量评价技术规程
3	规范	常用于水利工程建设设计、施工、质量、安全方面的评价工作;技术性强,以专用型标准为主	江河流域规划环境影响评价规范、小型水电站安全检测与评价规范

三、技术要素

评价类标准的核心技术要素是评价内容、评价方法、评价指标与评价结果,具体内容如下:

——评价内容:规定评价所依据的基础资料的范围以及获取方式、具体的评价内容。

——评价方法:规定评价所采用的方法、程序、步骤等内容。

——评价指标:规定各个评价环节,评价主体的被评价的各个方面应满足的指标。

——评价结果：明确对评价主体按照评价方法和评价指标进行评价后的评价结果。

特征名不同的评价标准，其核心技术要素的侧重点不同：

——以导则为特征名的评价标准，标准化对象多为技术尚不成熟、难以确定量或统一要求，或要求较为原则与宏观，或为水利市场主体及从业人员能力水平评价。核心技术要素是评价内容、评价方法、评价指标与评价结果，其中评价指标多为定性分析，能够量化的内容较少。

——以规程为特征名的评价标准，标准化对象主要是程序性要求较多的水利工程建设设计、施工、质量、安全、效益等考核管理，其核心技术要素重点是评价的内容和评价方法，评价指标以及评价结果多为定性分析，量化的指标较少。

——以规范为特征名的评价标准，标准化对象主要是水利工程建设设计、施工、质量、安全方面的评价工作，其核心技术要素是评价内容、评价方法、评价指标与评价结果，评价方法和评价指标较为成熟，有定量的指标体系。

四、编排格式示例

示例一：

前言

1　总则

2　术语

3　基本规定

4　A评价

　　4.1　A检查

　　4.2　A评价

5　B评价

　　5.1　B检查

　　5.2　B评价

……

附录A　评价指标

附录B　评价报告编制要求

……

标准用词说明

条文说明

示例二：
前言
1　总则
2　术语
3　基本规定
4　内容与方法
5　计算与分析
6　评价结论
7　对策措施
……
附录A　……计算方法
……
标准用词说明
条文说明

第四节　方　法　类　标　准

中国水利工程协会的方法类标准主要指对水利工程建设设计、施工、质量、安全、监理、运行管理、维修养护等环节所采用的相关方法进行规范的标准。

主要包括：水利行业试验、实验、量测、检测、检验方法标准；其他涉水领域相关方法标准。

方法类标准采用 GB/T 1.1—2020 的格式体例规定编制。

一、总体要求

协会的方法类标准主要涉及试验、实验、量测、检测、检验方法，需要对给出的特定材料、部件、成品等的特性值、性能指标或成分进行测定，建立测定指定特性或指标的步骤和结果计算准则，为试验、实验、检测、校验等工作提供指导。

方法类标准是技术性标准，每个方法类标准都有相应的技术为支撑。中国水利工程协会的方法类标准主要依靠试验、实验、测量、检测、检验等相关技术来完成的。标准的方法具有经济性和普遍、可推广使用性。方法类标准的最佳选择往往基于对多种可能的方法技术途径进行对比和分析。标准的方法是多技术途径方法的精心选择结果。

方法类标准是探索或验证产品设计和/或制造结果的标准，或分析物质成分与特性等作用的标准。因此，正确性、精确性、经济性和可广泛使用性是方法类类标准最为重要的特性。方法类标准要具有以上特性，则要通过深入研究方法类标准的相关要素内容，以保证方法的科学性和可比对性。

（1）科学性体现的是标准方法是在科学理论指导下建立的客观性方法；

（2）可比对性体现两个含义：一是不同人使在用不同设备采用标准方法的结果是一致的，或有差别但都是在可接受范围内，即同方法的可比对性；二是标准方法产生的结果与用同类的其他方法产生的结果相比是可信任的，结果差别上不应有不可接受的结果差异，即不同方法的可比对性。

二、建议的特征名

方法类标准标准化对象都为所采用的方法，特征名即为"方法"。见表9.4。

表 9.4　　　　　　　方 法 类 标 准 特 征 名

序号	特征名	区别特征	示 例
1	方法	常用于水利方面的仪器、设备、装置等产品或材料的试验、实验、量测、检测、检验等	水力机械材料磨损试验方法 混凝土抗渗仪校验方法 水中有机物分析方法 混凝土试模检验方法 水工金属结构T形接头角焊缝和组合焊缝超声检测方法和质量分级

三、技术要素

不同的方法对象，其技术要素有较大的区别，下面分类型进行说明。

（一）试验方法

试验方法类标准的核心技术要素主要包括：

——方法原理：试验方法的基本原理、方法性质、基本步骤。

——试验条件：方法受到试验对象本身之外的条件的影响，如温度、湿度、气压、风速、流体速度、电压和频率等。

——试剂和材料：包括浓度、密度、纯度等。

——设备仪器：所需要的仪器设备及其主要特性。

——样品：样品制备的步骤、试验前样品应满足的条件（状态、特性、储存条件等）。

　　——试验步骤：试验前的准备工作和试验中的实施步骤。

　　——仪器校准：如果需要使用校准过的仪器则在试验步骤中增加仪器校准的详细步骤及校准频率。

　　——试验：包括预试验或验证试验、空白试验、比对试验、平行试验。

　　——试验数据处理：列出试验所需要录取的数据、给出试验结果的计算方法（明确公式中各个物理量的意义、所使用的单位）。

　　——精密度和测量不确定度

　　——质量保证和控制

（二）检验/校验

检验/校验方法类标准的核心技术要素主要包括：

　　——技术要求：校验对象的性能要求，给出校验指标的允许误差；

　　——校验条件：方法受到校验对象本身之外的条件的影响，如温度、湿度、气压、风速、流体速度、电压和频率等；校验器具的性能要求（测量的最大允许误差）；

　　——校验项目：首次校验和后续校验的校验项目和主要校验设备；

　　——校验方法：各个校验指标所采用的测量方法；

　　——校验结果；

　　——校验周期。

（三）检测/量测

检测/量测方法类标准的核心技术要素主要包括：

　　——检测人员：检测人员的资质要求；

　　——检测设备：检测设备的性能要求；

　　——检测方法：检测准备、检测步骤；

　　——校准和复核。

四、主要编排格式

示例一：试验方法类标准的编排格式

前言

1　范围

2　规范性引用文件

3　一般规定

4　方法原理

4.1 基本原理

4.2 基本步骤

5 试验条件

   5.1 环境条件

   5.2 试剂和材料

   5.3 设备仪器

6 样品

   6.1 样品制备的步骤

   6.2 试验前样品应满足的条件

7 试验步骤：

   7.1 试验前的准备

   7.2 试验步骤

   7.3 仪器校准

8 试验

   8.1 预试验或验证试验

   8.2 空白试验

   8.3 比对试验

   8.4 平行试验

9 试验处理

   9.1 数据处理

   9.2 精密度和测量不确定度

   9.3 质量保证和控制

示例二：检验/校验方法类标准

前言

1 范围

2 规范性引用文件

3 一般规定

4 技术要求与校验条件

5 校验项目和校验方法

6 校验结果和校验周期

示例三：检测/量测方法类标准——检测人员：检测人员的资质要求；

前言

1　范围

2　规范性引用文件

3　一般规定

4　检测设备

5　检测方法

6　校准和复核

第五节　技术类标准

中国水利工程协会的方法类标准主要指对水利工程建设设计、施工、质量、安全、监理、运行管理、维修养护等环节所涉及的技术内容较多、技术性较强的标准。

主要包括：

——水资源、水生态、水环境、水处理、节水产品相关技术标准；

——水利行业新技术、新材料、新工艺相关标准；

——水利信息化、智能化相关标准；

——其他涉水领域相关技术标准。

技术类标准按照 SL/T 1—202× 的格式体例编制。

一、总体要求

水利行业新技术、新材料、新工艺、新产品会涉及很多方面，在对其进行标准编制的时候，需要注意以下事项。

（一）不要忽视目的性原则

任何新技术、新材料、新产品都有很多特性，制定标准的过程只能对其中的某些特性进行标准化，这就要求制定标准的过程中，要时时刻刻依据标准的编制目的进行。

（二）不要违背可证实性原则

技术类标准中，尤其是新产品、新材料相关的标准，有很多要求型条款，不管标准编制的目的是什么，只有可被证实的要求，才能被纳入标准中，特别是最新的技术成果，如果尚未有可证实的方法的，暂时不应列入标准。

（三）保证标准的适用性

虽然团体标准的编制要充分体现行业标杆，及时反映行业特点，技术要求要高于国家标准和行业标准,能够体现新产品新技术在市场中的竞争优势。但是,团体标准要社团自律、有序竞争,能够规范社团会员的市场行为,就需要被一定数量的社团成员认可并使用。因此,技术类标准的主要技术水平应兼顾整个行业的实际技术水平,高于行业标准和国家标准,而又有一定的适用性。

二、推荐的特征名

技术类标准涉及的内容较多,特征名可选用"规范""规程""导则""通则""指南"。对于技术比较成熟的、技术内容比较多的标准可以采用"规范"。见表 9.5。

表 9.5　　　　　　　技 术 类 标 准 特 征 名

序号	特征名	区　别　特　征	示　例
1	规范	具有明确的要求以及证实方法的水资源、水生态、水环境、水处理、节水产品相关标准,水利行业新技术、新材料、新工艺相关标准,水利信息化、智能化相关标准	水利水电护砌工程施工规范
2	规程	主要内容是程序确立、程序指示的水资源、水生态、水环境、水处理、节水产品相关标准,水利行业新技术、新材料、新工艺相关标准,水利信息化、智能化相关标准	水利水电工程钢筋机械连接技术规程
3	导则	对实际迫切需要但是技术尚不成熟、难以确定量或统一要求,或要求较为原则与宏观的标准	水利水电工程食品级润滑脂应用导则
4	通则	对范围比较广泛的标准化对象、某一系列产品所作的统一要求	节水型产品技术条件与管理通则
5	指南	以适当的背景知识给出某主题的一般性、原则性、方向性的信息、指导或建议,而不推荐具体做法的标准	城镇再生水利用规划编制指南

三、技术要素

技术类标准的核心技术内容较多,以规范为特征名的技术标准,核心技术要素为要求和证实方法;以规程为特征名的技术标准,核心技术要素为程序确立、程序指示和追溯/证实方法。证实方法主要包括测量和试验方法。

四、主要编排格式

示例一:
前言
1　总则

2 术语

3 基本规定

4 要求

  4.1 ×××××

  4.2 ×××××

5 试验方法

  5.1 ×××××

  5.2 ×××××

附录A ×××××

附录B ×××××

标准用词说明

条文说明

示例二：

前言

1 总则

2 术语

3 基本规定

4 程序及指示

  4.1 ×××××

  4.2 ×××××

5 追溯方法

  5.1 ×××××

  5.2 ×××××

附录A ×××××

附录B ×××××

标准用词说明

条文说明

第六节 产品类标准

中国水利工程协会的方法类标准主要指对水利工程建设设计、施工、质量、安全、监理、运行管理、维修养护等环节所涉及的产品标准。

主要包括：
——水利行业新产品相关标准；
——水资源、水生态、水环境、水处理、节水产品中相关的产品标准；
——其他涉水领域相关产品标准。

技术类标准按照 GB/T 1.1—2020 的格式体例编制。

一、总体要求

根据 GB/T 20001.10—2014《标准编写规则 第 10 部分：产品标准》中 3.1 的定义，产品类标准是规定产品需要满足的要求以保证其适用性的标准。产品标准除了包括适用性的要求外，也可直接包括或以引用的方式包括诸如术语、取样、检测、包装和标签等方面的要求，有时还可包括工艺要求。产品标准根据其规定的是全部的还是部分的必要要求，可区分为完整的标准和非完整的标准，因此产品标准也可分为不同类别的标准，例如尺寸类、材料类和交货技术通则类标准。如果一个产品标准的内容仅包括分类、试验方法、标志和标签等内容中的一项，则该标准不属于产品标准。

在编制产品标准的时候，需要注意以下事项。

（一）确定标准化对象

编制产品标准时，首先应确定标准化对象和领域。编写产品标准时，涉及的标准化对象通常有：
——某领域的产品，如"起重机械"；
——完整产品，如"水利水电建设用起重机"；
——产品部件，如"预冷混凝土片冰库"。

（二）明确标准使用者

编制产品标准时，应明确标准的使用者。产品标准的使用者通常有：
——制造商或供应商（第一方）；
——用户或订货方（第二方）；
——独立机构（第三方）。

协会产品类标准的使用者通常是上述三方，因此起草标准时应遵守中立的原则，使得产品标准的要求能够作为三方合格评定的依据。

（三）确定标准的编制目的

任何产品都有许多特性，但只有其中的一些特性可以作为标准的编制内容。标准编制的目的是选择特性的决定因素之一。对相应产品进行功能分析有助于选择标准所要包括的技术要素。

编制产品标准的目的通常有：保证产品的可用性，保障健康、安全，保护环境或者促进资源的合理利用。

（四）符合性能特性原则

产品标准的技术要求应尽可能用性能特性，而不用描述特性来表述，以便给技术发展留下足够的余地。性能特性是指与产品使用功能相关的物理、化学等技术性能。描述特性是指与产品使用功能相关的设计、工艺、材料等特性。

采用性能特性表述时，要注意不疏漏重要的特性。

然而，是以性能特性表述要求还是以描述特性表述，需要认真权衡利弊，因为用性能特性表述要求时，可能引入既耗时又费钱的试验过程。

（五）保证标准的适用性

虽然团体标准的编制要充分体现行业标杆，及时反映行业特点，技术要求要高于国家标准和行业标准，能够体现新产品新技术在市场中的竞争优势。但是，团体标准要社团自律、有序竞争，能够规范社团会员的市场行为，就需要被一定数量的社团成员认可并使用。因此，技术类标准的主要技术水平应兼顾整个行业的实际技术水平，高于行业标准和国家标准，而又有一定的适用性。

二、推荐的特征名

产品类标准可以无特征名，也可以采用特征名"技术条件""规范"。见表9.6。

表 9.6　　　　　　　产 品 类 标 准 特 征 名

序号	特征名	区　别　特　征	示例
1	无特征名	水利行业新产品，水资源、水生态、水环境、水处理、节水产品中相关产品、其他涉水领域相关产品或材料的技术性能	水文绞车
2	技术条件		小型水轮机基本技术条件
3	规范		水工建筑物环氧树脂灌浆材料技术规范

三、技术要素

产品类标准的技术要素主要有：

——分类：分类的原则与方法、划分的类别、类别的识别；

——技术要求：

- 一般要求，包括所有特性、所有要求的极限值；
- 适应性的要求：
  - 可用性：使用性能如速度、噪声、灵敏度、可靠性等；理化性能如硬度、强度等；环境适应性如运输、储存过程的环境条件，对气候、酸碱度等影响的反应等；人体功效学。
  - 健康、安全，环境和资源的合理利用：有害成分的限制要求；噪声限制、平衡要求；防爆、防火、防电击、防辐射、防机械损伤；有害物质及废弃物的排放；能耗指标等。
  - 接口、互换性、兼容性或相互配合。
- 其他要求：结构、材料、工艺。

——试验方法：

- 取样：取样的条件及样品保存方法；
- 试验方法

——检验规则

——标志、标签和随行文件

——包装、运输和贮存

四、主要编排格式

前言

1　范围

2　规范性引用文件

3　一般规定

4　分类

　4.1　分类的原则与方法

　4.2　划分的类别

5　技术要求

　5.1　一般要求

　5.2　适应性的要求

　5.3　结构

　5.4　材料

　5.5　工艺

6　试验方法

6.1　取样

　　6.2　试验方法

7　检验规则

8　标志、标签和随行文件

9　包装、运输和贮存

第十章

操 作 指 南

为了增加标准的可操作性和可理解性，便于使用者有效实施，可根据需要编制操作指南。对标准的编制过程、技术原理、试验验证以及实施指南进行说明。

第一节 编 制 背 景

编制背景主要包括下列三方面内容：
——标准修订背景；
——制修订过程简介；
——编制单位和编写成员简介。

一、标准修订背景

编制背景首先主要介绍标准制修订的背景信息，如国家的重大政策环境，国家、社会、行业的发展需求，行业新技术、新方法的突破性进展、在工程建设中的成功应用等，对标准体现新发展阶段、新发展理念、新发展格局对经济和社会发展的要求进行论述。

二、标准修订过程简介

编制背景还应对标准的制修订过程进行介绍。从标准立项到批准发布，每一个环节的工作过程、所完善的技术内容、遇到的技术争议及争议的解决过程和结果。

三、编制单位和编写人员

介绍编制单位的职责范围或者所经营的业务范围、技术水平、标准编制经验等内容。

介绍编写人员的技术职称、所擅长的业务领域、技术水平与标准编写经验等。

第二节　主要技术依据和验证

特别是方法类、技术类和产品类标准，编制指南中宜编写主要技术依据和验证，可包括下列三方面内容：

——标准涉及的主要技术原理；

——标准涉及的技术依据；

——验证。

一、标准涉及的主要技术原理

对其所应用的主要技术原理进行说明，便于行业其他未参与标准编制人员的验证。

二、标准涉及的技术依据

结合图、表、公式等说明标准所涉及的技术依据。

三、验证

给出标准核心技术要素的验证方法。

第三节　主要内容及解读

主要内容及解读，主要包括核心技术要素解读、技术先进性、适用性和成熟性的论述。

一、核心技术要素解读

核心技术要素是一个标准的主要的技术支撑。对核心技术要素进行解读，有利于标准使用者更好地理解标准。

主要包括标准的核心技术要素有哪些，核心技术要素的选取原则、技术依据等。

二、技术先进性、适用性和成熟性

中国水利工程协会的协会标准是对水利国际标准和行业标准的有效补充，能够快速响应市场需求，因此协会标准应具有良好的技术先进性。

同时，编制技术标准要便于使用，就要考虑适用性。对适用性的论述，有利于使用者更加明确标准的适用范围。

标准中的技术要素，不仅要具有先进性同时需要成熟可靠。协会标准虽然能够快速地响应市场需求，但是标准要对所涉及的领域进行规范，所采用的技术要素需要成熟可靠。

第四节　与相关标准的协调性

水利技术标准应该是一个协调统一的整体，这里的协调包括不同标准之间技术内容的协调一致，也包括标准本身的协调一致。

协会标准，作为国家鼓励的团体标准，是水利国家标准和行业标准的有益补充，根据《中华人民共和国标准化法》和《水利标准化工作管理办法》的要求，团体标准的技术要求不应低于推荐性水利国家标准和行业标准的规定，而推荐性水利技术标准的技术要求不应低于强制性标准的规定。因此，协会标准与相关标准的协调性主要包括三个方面：

——与强制性标准的协调性；
——与其他相关标准（国家标准、行业标准）的协调性；
——与其他团体标准的关系。

一、与强制性标准的协调性

协会标准首先应与强制性标准相协调，此处应该对协会标准与相关强制性标准的相关的技术内容，特别是关键技术要素，进行比对分析，说明两者的一致性。

二、与其他相关标准（国家标准、行业标准）的协调性

从标准化对象、标准适用范围以及关键技术要素几个方面分析协会标准与相关标准（国家标准、行业标准）的协调性。

三、与其他团体标准的关系

分析其他相关团体标准的标准化对象、适用范围以及关键技术指标，重点说明本协会标准的所突出的特色内容。

第五节 实 施 要 求

在标准实施过程中,适用者对标准边界条件、适用范围以及指标规定的理解直接影响标准的实际应用效果,以及推广程度。

一、边界条件

明确在实施过程中标准化对象所确立的边界范围,说明哪些内容不属于标准化对象所包括的内容,哪些内容不属于本标准的适用范围。特别对于方法、技术类标准,明确标准设立的标准化对象以及适用范围的边界条件,有助于使用者快速、准确地理解标准,避免误用标准。

二、适用范围

明确标准在实施过程中的适用范围。

三、指标规定

明确在实施过程中应该满足的指标规定,满足指标规定可以采取的具体措施、方法等建议,满足指标需要进行的验证方法,不满足指标规定导致的后果等内容。

第六节 注 意 事 项

说明标准在实施过程的注意事项。

第七节 应 用 实 例

列举工程实例说明标准的真实的应用情况以及取得的经济效益、社会效益。

第八节 参 考 文 献

列出编制标准所参考的文献,包括:
——国家法律法规政策文件;
——相关技术标准(国标、行标、团标);

——正式出版的书籍、论文等。

参考文献的格式按照第五章第十一节（GB/T 1.1 规定的参考文件格式）的要求编制。

第九节　指南的目录（三级目录模板）

1　概述

（标准制修订背景及制修订过程简介。）

　　1.1　背景

　　1.2　作业

　　1.3　制修订过程

2　主要技术依据和验证

（介绍标准涉及的主要的技术原理、技术依据和验证情况。）

　　2.1　技术原理

　　2.2　技术依据

　　2.3　验证

3　主要内容及解读

（对内容进行新旧条款对比分析，简述修订的原因。）

　　3.1　核心要素解读

　　3.2　技术先进性

　　3.3　技术适用性

　　3.4　技术成熟性

4　与相关标准的协调性

5　实施要求

　　4.1　边界条件

　　4.2　适用范围

　　4.3　指标规定

6　注意事项

（标准实施过程中应注意的事项。）

7　应用实例

8　参考文献

第十一章

标准编写案例讲解

本章通过选取协会标准编写过程中的真实案例,对标准的层次、结构、各个部分的编写要求以及送审稿存在的格式体例问题,进行分析。

第一节 水利工程质量管理小组活动导则

一、标准编制的背景和必要性

为深入贯彻落实习近平总书记治水重要论述精神和党中央、国务院决策部署,推动新阶段水利高质量发展,按照2023年2月印发的《质量强国建设纲要》精神,以及水利部有关水利工程质量管理的要求,中国水利工程协会依据《质量管理小组活动准则》(T/CAQ 10201—2020)《质量管理体系 基础和术语》(GB/T 19000—2016)等对《水利工程质量管理小组活动导则》(T00/CWEA 2—2017)(以下简称《导则》)进行修订。以指导基层开展质量管理小组活动走深走实,满足水利行业高质量发展现实需要。充分弘扬水利行业精益求精的工匠精神,是促进水利工程质量提升、打造精品水利工程的重要工作,将为水利行业工程建设的质量提升提供基础支撑,发挥积极作用。

二、标准的主要内容

(一)标准性质
本标准属于管理类标准。

(二)标准格式体例
本标准的格式体例按照GB/T 1.1—2020的规定进行编制。

(三)标准名称

水利工程　质量管理小组活动　导则。

1. 引导元素：水利工程

表明了标准涉及的领域是水利水电工程，标准的适用范围也将会是水利工程领域。

2. 主体元素：质量管理小组活动

表明了标准的标准化对象，为质量管理小组活动，标准所有的条款都将围绕质量管理小组活动编写。

3. 补充元素：导则

质量小组活动在水利水电工程中的应用刚刚起步，虽然在应用中已经积累了一定的成熟经验，但是本标准仅是水利工程组织开展质量管理小组活动和编写成果报告的指导性文件，具体的活动实施细则需要根据活动实际制定。

(四)主要内容

本标准主要内容包括：本文件确立了水利工程组织开展质量管理小组活动的基本原则和要求。本文件适用于水利工程组织开展质量管理小组活动，包括水利工程建设、运行管理、服务活动中的改进与创新。

(五)标准结构

根据标准名称可以判断，本标准是一个管理类的标准，采用的是 GB/T 1.1—2020 的编写规则。

资料性要素：封面、前言、引言、目次、规范性引用文件。

规范性要素：范围、术语和定义以及核心技术要素。

1. 范围

范围的第一段"本文件确立了水利工程组织开展质量管理小组活动的基本原则和要求。"严格对应了标准名称中标准化对象（水利工程质量管理小组活动）。

范围的第二段"本文件适用于水利工程组织开展质量管理小组活动，包括水利工程建设、运行管理、服务活动中的改进与创新。"给出了标准具体的适用范围，便于使用者对照使用。

2. 核心技术要素

第 4 章基本原则：规定了质量管理小组活动应遵循的基本原则。

第 5 章活动程序要求：分为解决问题型课题和创新型课题，分别规定了活动程序、选择课题、设定目标及目标可行性论证、提出方案并确定最佳方案的要求、制定对策、对策实施、效果检查、标准化、总结和下一步打算。

第6章成果申报与评价：规定了成果申报的要求和条件，成果评价的程序和要求。

第7章成果固化与运用：规定了成果固化的机制和创新、运用要求。

按照第四章第十节"技术内容"中规范性技术要素的编制原则，本标准的核心技术要素涉及了质量管理小组活动的基本原则、活动要求、成果申报与评价、成果固化与运用。包含了标准化对象应用方面的全部内容，体现了标准化对象原则以及使用者原则。本标准的适用对象——水利工程组织者，按照本标准的要求指导质量管理小组活动的开展。

三、标准送审稿示例

下面给出标准编制送审阶段的送审稿，后文将列出送审稿存在的格式体例问题。

【送审稿示例】
ICS 27.140
P 55

团 体 标 准

T/CWEA 2—20××
代替 T00/CWEA 2—2017

水利工程质量管理小组活动导则

Guidelines for quality control circle activity
of water projects

（送审稿）

20××-××-×× 发布　　　　　　　　　20××-××-×× 实施

中国水利工程协会　发布

目　次

前言 ……………………………………………………………………………………	221
引言 ……………………………………………………………………………………	222
1　范围 …………………………………………………………………………………	223
2　规范性引用文件 ……………………………………………………………………	223
3　术语和定义 …………………………………………………………………………	223
4　基本原则 ……………………………………………………………………………	224
5　活动程序要求 ………………………………………………………………………	225
5.1　问题解决型课题 ……………………………………………………………	225
5.2　创新型课题 …………………………………………………………………	229
6　成果申报与评价 ……………………………………………………………………	232
6.1　成果申报 ……………………………………………………………………	232
6.2　成果评价 ……………………………………………………………………	233
7　成果固化与运用 ……………………………………………………………………	233
7.1　成果固化 ……………………………………………………………………	233
7.2　成果运用 ……………………………………………………………………	233
附录 A（资料性附录）　小组活动常用统计方法一览表 …………………………	234
附录 B（资料性附录）　小组活动成果报告 ………………………………………	236
附录 C（规范性附录）　小组活动评价表 …………………………………………	239
参考文献 ………………………………………………………………………………	243

前　言

根据中国水利工程协会标准制修订计划安排，按照 GB/T 1.1—2020《标准化工作导则 第 1 部分：标准化文件的结构和起草规则》修订本文件。

本文件代替 T00/CWEA 2—2017《水利工程质量管理小组活动导则》，与 T00/CWEA 2—2017 相比，除结构调整和编辑性改动外，主要技术变化如下：

——更改了课题类型，部分活动程序名称，如活动程序中的目标可行性分析改为目标可行性论证；

——更改了条款内容，如 5.1.5 目标可行性论证，5.1.6 原因分析，5.1.8 制定对策，5.1.9 对策实施，5.2.2 选择课题，5.2.8 标准化等；

——更改了图 1 小组活动基本原则示意图，图 2 问题解决型课题活动程序，图 3 创新型课题活动程序；

——更改了附录 A 小组活动常用统计方法一览表、附录 B 小组活动成果报告，重新设计了附录 C 小组活动评价表；

——规范了相应条款的用词。

本文件及其所替代文件的历次版本发布情况为：

——2017 年首次发布为 T00/CWEA 2—2017；

——本次为第一次修订。

本文件批准部门：中国水利工程协会

本文件主编单位：中国水利工程协会

本文件参编单位：

本文件主要起草人：

本文件审查会议技术负责人：

本文件体例格式审查人：

本文件内部编号：

引　言

为深入贯彻落实《质量强国建设纲要》，进一步规范水利工程组织遵循科学的活动程序，运用质量管理理论和统计方法开展质量管理小组活动，引导水利工程组织以质量管理小组活动为抓手，牢固树立质量第一意识，弘扬精益求精的工匠精神，推动新阶段水利高质量发展，实现质量强国建设目标，特制定本文件。

资料性附录为质量管理小组应用常用统计方法及创建水利工程质量管理小组活动提供了参考；规范性附录为质量管理小组活动成果资料评价、发表评价和现场评价提供了依据。附录 A 为小组活动常用统计方法一览表；附录 B 为小组活动成果报告；附录 C 为小组活动评价表。

水利工程质量管理小组活动导则

1　范围

本文件确立了水利工程组织开展质量管理小组活动的基本原则和要求,并规定了资料性附录和规范性附录内容。

本文件适用于水利工程组织开展质量管理小组活动,包括水利工程建设、运行管理、服务活动中的改进与创新。

2　规范性引用文件

下列文件中的内容通过文中的规范性引用而构成本文件必不可少的条款。其中,注日期的引用文件,仅该日期对应的版本适用于本文件;不注日期的引用文件,其最新版本(包括所有的修改单)适用于本文件。

GB/T 19000　质量管理体系　基础和术语

T/CAQ 10201—2020　质量管理小组活动准则

3　术语和定义

GB/T 19000界定的以及下列术语和定义适用于本文件。

3.1

水利工程组织　organization of water project

与水利工程建设和运行管理活动有关的单位,包括项目法人、勘察、设计、施工、监理、检测、监测、制造、供货、咨询、运行管理、维修养护、招标代理和教育培训等企事业单位。

3.2

质量管理小组　quality control circle

由生产、服务及管理等各岗位员工自愿结合,围绕水利工程组织经营战略、方针目标和现场存在的问题,以改进质量、保障安全、节能降耗、改善环境、提高人的素质和经济效益为目的,运用质量管理理论和方法开展活动的团队,亦称QC小组。

3.3

PDCA 循环 PDCA circle

小组活动遵循策划（Plan，P）、实施（Do，D）、检查（Check，C）、处置（Act，A）4 个阶段循环原理。

3.4

活动程序 activity procedure

遵循 PDCA 循环开展质量管理小组活动的步骤。

3.5

问题解决型课题 problem-solving project

小组针对施工、生产、服务、运行管理等存在不符合或不满意的问题，进行质量改进所选择的活动课题。

3.6

创新型课题 innovative project

小组针对现有技术、工艺、技能和方法等不能满足实际需求，运用创新思维研发新技术、新工艺、新方法，研制新产品、服务、项目所选择的活动课题。

4 基本原则

本文件是水利工程组织开展质量管理小组活动和编写成果报告的指导性文件。小组活动除应符合本文件外，尚应符合国家和行业有关规定。

小组活动应遵循以下基本原则：

——全员参与。小组成员应自愿组成群众性质量管理活动团队，活动过程群策群力，充分调动、发挥每一位成员的积极性和创造性。

——持续改进。小组活动应具有长期性，持续不断地开展质量改进和创新活动。

——遵循 PDCA 循环。为持续、有序、有效地开展小组活动并实现目标，小组活动应遵循 PDCA 循环各阶段程序要求，螺旋式上升。

——基于客观事实。小组活动步骤应基于数据、信息等客观事实进行调查、分析、评价、论证和决策。

——应用统计方法。小组活动应适宜、正确地应用统计方法，对收集的数据和信息进行整理、分析、验证，并作出结论。常用统计方法详见附录 A。

小组活动基本原则如图 1 所示。

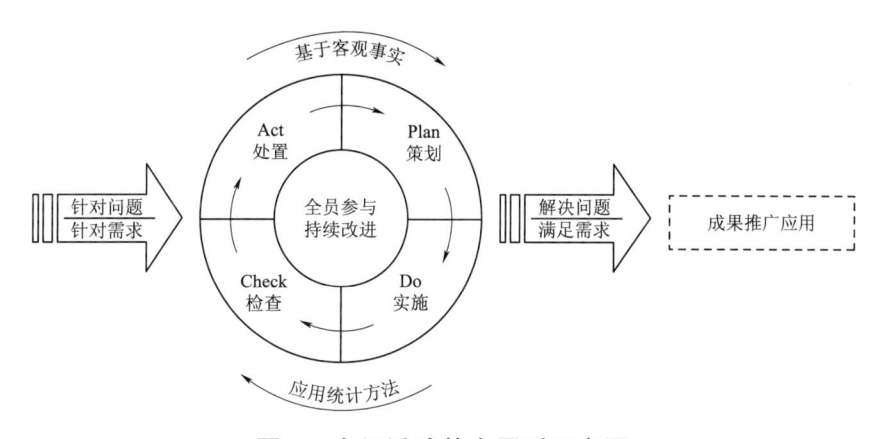

图 1 小组活动基本原则示意图

5 活动程序要求

5.1 问题解决型课题

5.1.1 活动程序

问题解决型课题活动程序为 4 个阶段 10 个步骤，根据课题目标的来源不同，分为自定目标课题和指令性目标课题，如图 2 所示。

5.1.2 选择课题

5.1.2.1 课题来源

小组应结合实际、针对存在的问题及改进对象选择适宜的课题。课题来源主要有以下三种：

a) 自选性课题。小组根据工作现场存在的问题，结合小组自身选题愿望、上级部门要求等方面自主选定课题开展活动。选择课题可考虑以下方面：
   ——落实水利工程组织方针目标、中心工作的关键点；
   ——针对质量、安全、效率、进度、成本、管理、服务、节能、生态环境、文明施工、智慧水利及公益活动等方面存在的问题；
   ——满足内、外部顾客及相关方的意见和期望。

b) 指令性课题。水利工程组织对小组下达的指令性课题任务。

c) 指导性课题。水利工程组织推荐若干课题供小组选择。

5.1.2.2 选题要求

小组选题应满足以下要求：

a) 宜小不宜大，选点不选面；

b) 凭借小组自身能力能够解决；

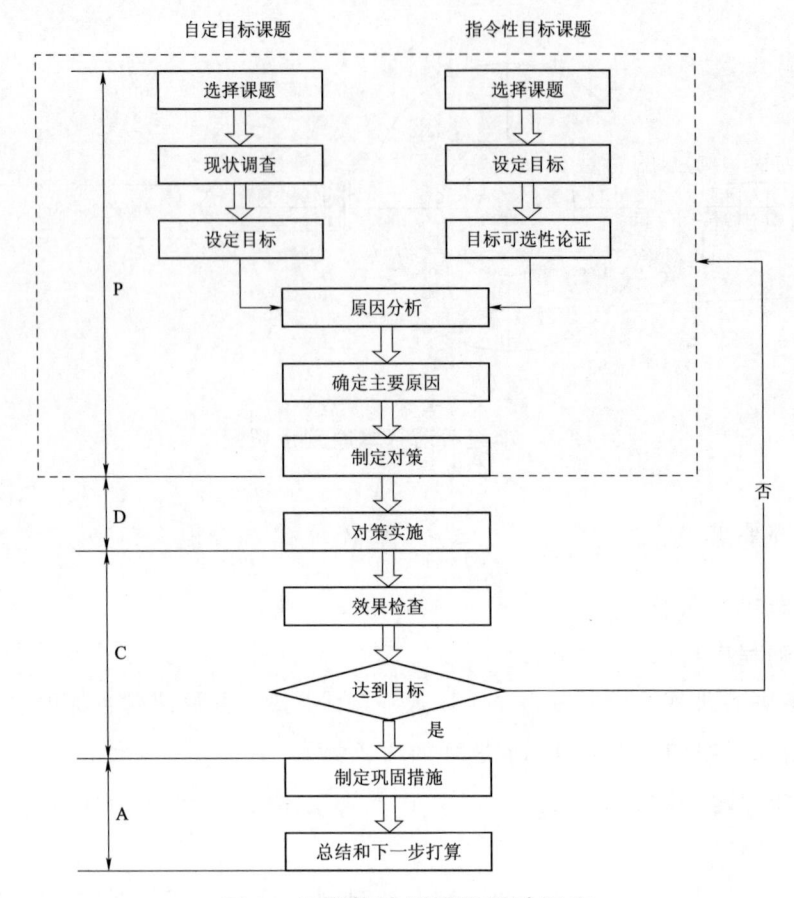

图2　问题解决型课题活动程序

　　c) 课题名称应表达课题的特性值，由结果、对象、特性三部分组成，特性值应具有可比性；

　　d) 选题理由明确，以数据表述为主。

5.1.3　现状调查

自定目标课题中，针对课题需要解决的问题，小组应深入现场，调查现象，收集数据和信息，并对数据进行分层、整理、分析，掌握问题现状和问题严重程度。

5.1.3.1　收集数据要求

小组通过调查收集的数据和信息，应满足以下要求：

　　a) 客观性。数据应客观、真实，来源可靠，依据充分，有利和不利数据都应收集，避免主观筛选；

　　b) 全面性。数据应取自记录、工程技术档案、统计报表、现场实测实量及客观存在现象等，从多维度、多层级反映问题现状；

c) 时效性。距小组开展活动不宜超过 2 年，且收集的条件、状态相关联；

d) 可比性。收集数据的样本数、地点、时间、规模、类别、施工工艺等应有约束，数据的特性和计量单位应一致、可比。

5.1.3.2 分层整理

小组对收集的数据和信息进行分层整理，可多维度与多层级分层相结合，针对找出的症结，明确改进方向和解决程度，为设定目标和原因分析提供依据。

5.1.4 设定目标

小组应设定课题目标，确定课题改进的程度，为效果检查提供对比依据。

5.1.4.1 目标来源

目标来源分为：

a) 自定目标。小组根据现状调查和分析的结果，研究症结解决程度，自主设定目标。

b) 指令性目标。上级下达给小组的课题目标或小组直接选择上级考核指标、顾客需求、标准规范等形成的目标。

5.1.4.2 目标要求

设定目标应与小组活动课题相对应，并满足以下要求：

a) 目标可测量、可检查；

b) 目标具有可实施性；

c) 目标宜具有挑战性；

d) 目标 1 个为宜。如果设定多个目标，则目标之间不应具有相关性。

5.1.4.3 目标依据

小组自定目标可考虑以下几个方面：

a) 上级下达的考核指标或要求；

b) 内外部顾客需求及相关标准规定；

c) 国内外水利行业的先进水平；

d) 水利工程组织曾达到的最好水平；

e) 预计症结的解决程度，测算课题可能达到的水平。

5.1.5 目标可行性论证

目标可行性论证仅针对指令性目标课题，分析现象，查找课题症结，可从以下几个方面进行论证：

a) 国内外水利行业的先进水平；

b) 水利工程组织曾达到的最好水平；

c) 预计症结解决程度，进行测算分析，可不受症结限制，直至目标实现。

5.1.6 原因分析

小组针对症结或问题进行原因分析，分析应符合以下要求：

a) 原因分析应彻底，每条原因逐层递进展开至末端；

b) 因果关系明确，逻辑严密，层次清晰；

c) 从人、机、料、法、环、测等方面全面、专业、系统的分析产生症结或问题的原因。对管理方面的症结或问题，可不进行机、测的分类分析；

d) 末端原因应具体、可确认，能够直接采取对策。

5.1.7 确定主要原因

小组针对每条末端原因客观地确定主要原因，过程、方式如下：

a) 收集所有末端原因，识别并排除小组能力范围以外的末端原因；

b) 对末端原因进行逐条确认，可制定要因确认计划，内容包括末端原因、确认内容、判定方式、完成时间、责任人、实施地点等；

c) 依据末端原因对症结或问题的影响程度判断是否为主要原因；

d) 判定方式为现场测量、试验和调查分析。

5.1.8 制定对策

小组制定对策应满足以下要求：

a) 针对主要原因逐条制定对策，对策应简洁明确，并与主要原因相对应；

b) 可提出多种对策，运用测量、试验、分析等方法，基于事实和数据从有效性、可实施性、经济性、可靠性和时效性等方面进行综合评价和选择；

c) 目标与对策相对应，目标可测量、可检查；

d) 措施应具体、分步骤，具有可操作性；

e) 按照5W1H要求制定对策表。

注：5W1H由What（对策）、Why（目标）、How（措施）、Who（负责人）、Where（地点）、When（时间）组成。

5.1.9 对策实施

对策实施应满足以下要求：

a) 按照对策表中的措施逐项展开实施，并翔实记录实施过程；

b) 将每条对策实施结果与对策目标进行比较，验证对策效果；

c) 无法完成实施或实施后未达到对策目标时，应修改对策或修正措施并实施；

d) 根据实施情况，宜进行安全、质量、管理、成本、生态环境等方面的负面影响验证。

5.1.10 效果检查

小组完成所有对策实施并达到对策目标后，进行效果检查，收集数据的样本量、时段宜与现状调查或目标可行性论证一致，效果检查内容包括：

a) 与课题目标对比，检查课题目标是否实现。未达到目标时，应返回策划阶段再活动，直至实现课题目标；

b) 与对策实施前的现状对比，判断症结的改善程度，对比数据条件相关联；

c) 根据效果检查实际，可确认小组活动产生的经济效益或社会效益、生态效益，并提供佐证材料。

5.1.11 制定巩固措施

制定巩固措施，应满足以下要求：

a) 将对策表中经实施证明有效的措施纳入相关标准或制度，如作业指导书、设计图纸、工法、管理制度等；

b) 如果进行巩固措施验证，宜收集至少 3 个统计周期数据，判定其稳定状态，验证巩固措施的有效性。

5.1.12 总结和下一步打算

小组对活动全过程进行回顾和总结，有针对性地提出下一步打算，包括：

a) 对专业技术、管理方法和小组成员综合素质等方面进行全面梳理、归纳和总结；

b) 全面总结后，提出下一次活动课题名称、方向或思路。

5.2 创新型课题

5.2.1 活动程序

创新型课题活动程序为 4 个阶段 8 个步骤。如图 3 所示。

5.2.2 选择课题

5.2.2.1 选题来源

小组针对现有技术、工艺、技能、方法、服务、管理等方面无法满足内、外部顾客及相关方需求，开拓创新思路选择的课题。

5.2.2.2 选题要求

小组选题应满足以下要求：

a) 明确需求，用事实和数据体现现有技术、工艺、技能、方法等无法满足

```
┌─────────────────────────────┐
│      选择课题                │
│        ↓                    │
│   设定目标及目标可行性论证    │
│P       ↓                    │         ↑
│   提出方案并确定最佳方案      │         │
│        ↓                    │         │
│      制定对策                │        否│
└────────↓────────────────────┘         │
D       对策实施                         │
         ↓                              │
C       效果检查                         │
         ↓                              │
        达到目标 ─────────────────────────┘
         ↓是
A       标准化
         ↓
       总结和下一步打算
```

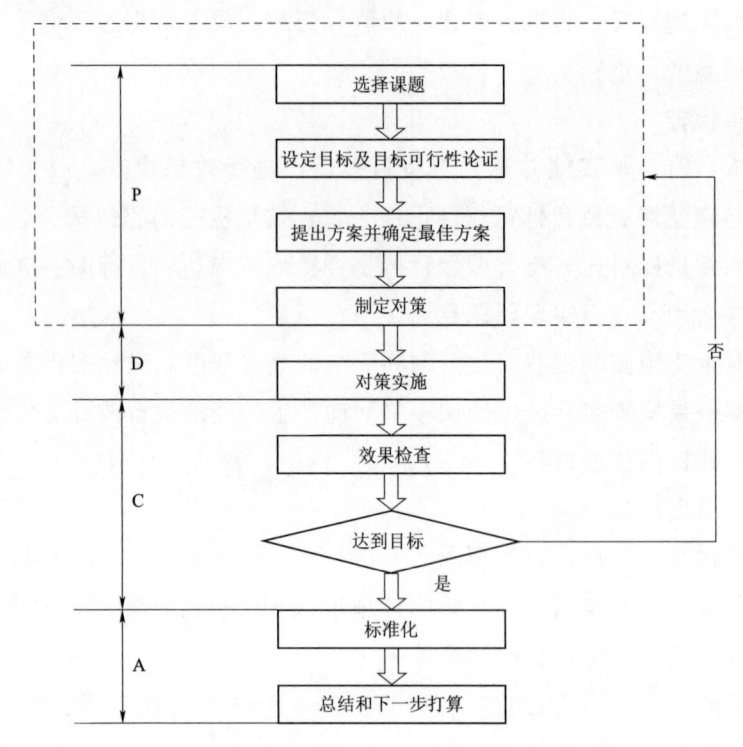

图 3　创新型课题活动程序

需求；

b) 广泛借鉴相关专业或不同行业中的知识、信息、技术、经验、现象等，激发创新灵感，研制（发）新的产品、技术、方法、软件、工具、设备及信息化平台等；

c) 课题名称应直接描述研制（发）对象；

d) 获得多种可供借鉴的方案时，可进行课题可行性论证。

5.2.3　设定目标及目标可行性论证

5.2.3.1　设定目标

小组依据课题需求设定目标，目标设定应满足以下要求：

a) 目标应与课题需求一致；

b) 目标可测量、可检查；

c) 目标 1 个为宜。如果设定多个目标，则目标之间不应具有相关性。

5.2.3.2　目标可行性论证

小组针对设定目标，进行目标可行性论证，应满足以下要求：

a) 借鉴的相关数据应进行分析，借鉴工作原理应进行理论推演，借鉴核心技术应进行试验,借鉴实物应参照其实际应用效果。

b) 依据借鉴的相关数据和信息进行推导试算,论证实现目标的可行性。

5.2.4 提出方案并确定最佳方案

5.2.4.1 提出方案

小组针对课题目标,根据借鉴内容提出方案,应满足以下要求:

a) 提出达到实现课题目标的方案,方案包括总体方案和分级方案;
b) 总体方案应具有创新性,当提出多个总体方案时,方案之间应具有相对独立性;
c) 提出总体方案后应按不同功能、特性分解成分级方案,分级方案应逐级展开到可实施的具体方案;
d) 分级方案应具有可比性,可供比较和选择。

5.2.4.2 确定最佳方案

小组应对所有方案进行整理、比较和评价,确定最佳方案应满足以下要求:

a) 应基于数据、信息等客观事实,对各方案逐一分析、评价和选择;
b) 方案比选方式包括现场测量、试验和调查分析等。

5.2.5 制定对策

小组制定对策应满足以下要求:

a) 按照选定可实施的具体方案逐项制定对策;
b) 目标与对策相对应,目标可测量、可检查;
c) 措施应具体、分步骤,具有可操作性;
d) 按照5W1H要求制定对策表。

注:对于研制新产品、装置、工具等,若具体方案相互独立,可考虑按"N+1"增加"组装测试"或"调试运行"的对策。

5.2.6 对策实施

对策实施应满足以下要求:

a) 按照对策表中的措施逐项展开实施,并翔实记录实施过程;
b) 将每条对策实施结果与对策目标进行比较,验证对策效果;
c) 无法完成实施或实施后未达到对策目标时,应修改对策或修正措施并实施;
d) 根据实施情况,宜进行安全、质量、管理、成本、生态环境等方面的负面影响验证。

5.2.7 效果检查

小组完成所有对策实施并达到对策目标后,收集数据,进行效果检查,检查内容包括：

a) 与课题目标对比，检查课题目标是否实现。未达到目标时，应返回策划阶段，直至实现课题目标；

b) 根据效果检查实际，可确认小组活动产生的经济效益或社会效益、生态效益，并提供佐证材料。

5.2.8 标准化

小组应对创新成果的推广应用价值进行评价，并进行处置：

a) 对具有推广应用价值的创新成果进行标准化，形成作业指导书、设计图纸、工法、管理制度等。

注：专利、论文、科技成果不作为标准化内容。

b) 对专项或一次性创新成果全过程资料存档备案。

5.2.9 总结和下一步打算

小组对活动全过程进行回顾和总结，有针对性地提出下一步打算，具体包括以下内容：

a) 从创新角度对专业技术、管理方法和小组成员综合素质等方面进行回顾，总结创新特色与不足；

b) 全面总结后，提出下一次活动课题名称、方向或思路。

6 成果申报与评价

6.1 成果申报

6.1.1 申报要求

成果申报应满足以下要求：

a) 应围绕水利或相关行业生产、经营管理活动开展小组活动；

b) 由水利工程组织牵头申报；

c) 申报成果报告格式参照附录 B。

6.1.2 申报条件

成果申报应满足以下条件：

a) 应建立健全质量管理体系，积极有效地开展小组活动，有健全的管理、推进、指导、激励等规章制度；

b) 应注重全员参与活动过程，所运用的质量管理理论、方法具有科学性、实用性和创新性，其成果在行业内处于先进水平；

c) 应为近两年内活动完成的成果；

d) 成果内容应真实、可靠、有效。

6.2 成果评价

6.2.1 评价组织

水利工程质量管理小组活动成果评价由中国水利工程协会统一组织。

6.2.2 评价方式

成果评价方式分为初审、资料评价和发表评价。

a) 初审主要审查资料的完整性、符合性，确保无雷同成果；
b) 资料评价采用专家审阅资料方式，占总成绩的70%；
c) 发表评价采用现场发布会方式，占总成绩的30%。

7 成果固化与运用

7.1 成果固化

7.1.1 固化机制

水利工程组织应建立定期的成果认定、标准固化、归档备案及更新修订等工作机制。

7.1.2 固化创新

应注重对优秀成果的研发和技术提升，提炼形成相应的作业指导书、图集、工法、管理制度、标准规范等。

7.2 成果运用

7.2.1 小组可将成果评价结果作为激励手段，持续改进，不断创新。

7.2.2 水利工程组织宜建立相应的激励机制，成果评价结果可作为小组及成员绩效考核的依据。

7.2.3 成果评价结果可作为信用评价、质量创优、职称评审、科技成果申报等活动的业绩参考依据。

附 录 A
（资料性附录）
小组活动常用统计方法一览表

问题解决型课题和创新型课题常用统计方法见表 A.1、表 A.2。

表 A.1 问题解决型课题常用统计方法一览表

序号	方法	选择课题	现状调查	设定目标	目标可行性论证	原因分析	确定主要原因	制定对策	对策实施	效果检查	制定巩固措施	总结和下一步打算
1	调查表	●	●	○	●		○			○	○	○
2	分层法	●	●		●			○	○		○	○
3	排列图	●	●		●					○		
4	因果图					●						
5	直方图		○		○		○	○	○	○		
6	控制图	○								○		
7	散布图	○	○		○	●						
8	系统图（树图）					●		○	○			
9	关联图					●						
10	亲和图	○										
11	矩阵图	○						○	○			○
12	PDPC 法								●	○		
13	箭条图（网络图）							●	●	○		
14	头脑风暴法	●				●		○	○			○
15	水平对比法	○	○	●						○		
16	流程图	○	○		○			●	●		○	
17	简易图表	●	●	●	●	●	○	●	●	●	●	●
18	正交试验设计法						○	○				
19	过程能力	○	○						○	○	○	
20	优选法						●	○	○			

注 1：●表示使用频率高，○表示可用。
注 2：简易图表包括：折线图、柱状图、饼分图、甘特图、雷达图。

表 A.2 创新型课题常用统计方法一览表

序号	方法	选择课题	设定目标及目标可行性论证	提出方案并确定最佳方案	制定对策	对策实施	效果检查	标准化	总结和下一步打算
1	调查表	●	●	○	○	○	○	○	○
2	分层法	○							○
3	排列图								
4	因果图								
5	直方图	○				○	○		
6	控制图					○	○	○	
7	散布图			○			○		
8	系统图（树图）			●	○	○			
9	关联图								
10	亲和图	○		○					
11	矩阵图	○			○	○			○
12	PDPC 法			○		●	○	○	
13	箭条图（网络图）	○		○	●	●	○		
14	头脑风暴法	●		●	○	○			○
15	水平对比法	○	●				○		
16	流程图	○		○	●	●		○	
17	简易图表	●	●	●	○	○	●	●	●
18	正交试验设计法			○		○			
19	过程能力	○				○		○	
20	优选法			○		○			

注 1：●表示使用频率高，○表示可用。
注 2：简易图表包括：折线图、柱状图、饼分图、甘特图、雷达图。

附录 B
（资料性附录）
小组活动成果报告

B.1 成果报告封面

水利工程质量管理小组活动成果报告

课题名称：

小组名称：

申报单位：

年　　月　　日

B.2　成果申报表

单位名称	
工程（项目）名称	
工程（项目）所在地	
小组名称	
课题名称	
课题类型（√）	问题解决型□　　　创新型□
小组活动时间	
小组组长	小组人数
小组成员	
申报联系人	手　机
办公电话	邮　箱
单位地址	
工程（项目）简介、小组简介和活动过程：（字数 2000 字以内） 申报单位（公章）： 　　　　　　　　　　　　　年　　月　　日	

B.3 成果报告章节

成果报告章节为推荐性,小组也可根据活动情况设定成果报告章节,但应确保活动过程完整,内容齐全。

问题解决型课题(自定目标)

第1章　工程(项目)概况
第2章　小组概况
第3章　选择课题
第4章　现状调查
第5章　设定目标
第6章　原因分析
第7章　确定主要原因
第8章　制定对策
第9章　对策实施
第10章　效果检查
第11章　制定巩固措施
第12章　总结和下一步打算

问题解决型课题(指令性目标)

第1章　工程(项目)概况
第2章　小组概况
第3章　选择课题
第4章　设定目标
第5章　目标可行性论证
第6章　原因分析
第7章　确定主要原因
第8章　制定对策
第9章　对策实施
第10章　效果检查
第11章　制定巩固措施
第12章　总结和下一步打算

第1章　工程(项目)概况
第2章　小组概况
第3章　选择课题
第4章　设定目标及目标可行性论证
第5章　提出方案并确定最佳方案
第6章　制定对策
第7章　对策实施
第8章　效果检查
第9章　标准化
第10章　总结和下一步打算

附 录 C
（规范性附录）
小组活动评价表

小组活动成果资料评价的项目、内容及分值见表C.1至C.3；发表评价的项目、内容及分值见C.4；小组活动现场评价的项目、方法、内容及分值见表C.5。

表C.1 问题解决型课题（自定目标）成果资料评价表

序号	评价项目	评价内容	分值
1	工程（项目）概况	介绍针对问题所属施工工程、生产产品、运行管理工程、服务对象等的总体情况，应展示照片或效果图	2
2	小组概况	列出小组简介表，包括：小组名称、课题类型、小组注册号、课题注册号、小组部门和岗位、成员分工、活动时间区间、质量管理知识培训情况、活动经历荣誉等。小组人数3～10人为宜	3
3	选择课题	课题来源明确，课题名称特性值表述准确，选题理由以数据表述为主	4
4	现状调查	（1）现状调查收集的数据和信息应具有客观性、全面性、时效性、可比性。 （2）经多维度和多层级整理分析，找出症结	14
5	设定目标	（1）目标来源和依据清晰准确。 （2）目标数量、特性等符合要求	5
6	原因分析	（1）原因分析应彻底、全面。 （2）因果关系明确，逻辑严密，层次清晰。 （3）末端原因应具体、可确认，能够直接采取对策	10
7	确定主要原因	（1）收集和识别所有末端原因。 （2）依据末端原因对症结或问题的影响程度判断是否为主要原因	18
8	制定对策	（1）针对主要原因逐条制定对策。 （2）目标与对策相对应，措施具体。 （3）按照5W1H要求制定对策表	10
9	对策实施	（1）按照对策表中的措施逐项展开实施。 （2）将每条对策实施结果与对策目标进行比较，验证对策效果。 （3）无法完成实施或未达到对策目标时，应修改对策或修正措施并实施	8
10	效果检查	（1）与课题目标对比，检查课题目标是否实现。 （2）与对策实施前的现状对比，判断症结的改善程度	8

续表

序号	评价项目	评价内容	分值
11	制定巩固措施	将对策表中经实施证明有效的措施纳入相关标准或制度	5
12	总结和下一步打算	对活动全过程进行回顾和总结，有针对性地提出下一步打算	3
13	特点	（1）小组活动体现"小、实、活、新"，即选题小、活动实、活动形式灵活、活动方式新颖。 （2）程序准确，逻辑严密。 （3）成果报告以图、表、数据为主。 （4）统计方法运用适宜、正确	10

表 C.2　问题解决型课题（指令性目标）成果资料评价表

序号	评价项目	评价内容	分值
1	工程（项目）概况	介绍针对问题所属施工工程、生产产品、运行管理工程、服务对象等的总体情况，应展示照片或效果图	2
2	小组概况	列出小组简介表，包括：小组名称、课题类型、小组注册号、课题注册号、小组部门和岗位、成员分工、活动时间区间、质量管理知识培训情况、活动经历荣誉等。小组人数 3～10 人为宜	3
3	选择课题	课题来源明确，课题名称特性值表述准确，选题理由以数据表述为主	4
4	设定目标	（1）目标来源和依据清晰准确。 （2）目标数量、特性等符合要求	5
5	目标可行性论证	（1）论证考虑水利行业的先进水平和水利工程组织曾达到的最好水平。 （2）预计症结解决程度，进行测算分析	14
6	原因分析	（1）原因分析应彻底、全面。 （2）因果关系明确，逻辑严密，层次清晰。 （3）末端原因应具体、可确认，能够直接采取对策	10
7	确定主要原因	（1）收集和识别所有末端原因。 （2）依据末端原因对症结或问题的影响程度判断是否为主要原因	18
8	制定对策	（1）针对主要原因逐条制定对策。 （2）目标与对策相对应，措施具体。 （3）按照 5W1H 要求制定对策表	10
9	对策实施	（1）按照对策表中的措施逐项展开实施。 （2）将每条对策实施结果与对策目标进行比较，验证对策效果。 （3）无法完成实施或未达到对策目标时，应修改对策或修正措施并实施	8

续表

序号	评价项目	评价内容	分值
10	效果检查	(1) 与课题目标对比，检查课题目标是否实现。 (2) 与对策实施前的现状对比，判断症结的改善程度	8
11	制定巩固措施	将对策表中经实施证明有效的措施纳入相关标准或制度	5
12	总结和下一步打算	对活动全过程进行回顾和总结，有针对性地提出下一步打算	3
13	特点	(1) 小组活动体现"小、实、活、新"，即选题小、活动实、活动形式灵活、活动方式新颖。 (2) 程序准确，逻辑严密。 (3) 成果报告以图、表、数据为主。 (4) 统计方法运用适宜、正确	10

表C.3 创新型课题成果资料评价表

序号	评价项目	评价内容	分值
1	工程（项目）概况	介绍创新课题所属施工工程、生产产品、运行管理工程、服务对象等的总体情况，应展示照片或效果图	2
2	小组概况	列出小组简介表，包括：小组名称、课题类型、小组注册号、课题注册号、小组部门和岗位、成员分工、活动时间区间、质量管理知识培训情况、活动经历荣誉等。小组人数3～10人为宜	3
3	选择课题	明确需求，通过广泛借鉴进行选题，课题名称表述准确	18
4	设定目标及目标可行性论证	(1) 设定目标依据清晰准确。 (2) 目标数量、特性等符合要求。 (3) 分析借鉴的相关数据，进行推导试算，论证实现目标的可行性	12
5	提出方案并确定最佳方案	(1) 提出方案包括总体方案和分级方案。 (2) 总体方案应具有创新性。 (3) 分级方案应逐级展开到可实施的具体方案，具有可比性。 (4) 对每个方案逐一进行分析、评价和选择	20
6	制定对策	(1) 按照选定可实施的具体方案逐项制定对策。 (2) 目标与对策相对应，措施具体。 (3) 按照5W1H要求制定对策表	10
7	对策实施	(1) 按照对策表中的措施逐项展开实施。 (2) 将每条对策实施结果与对策目标进行比较，验证对策效果。 (3) 无法完成实施或未达到对策目标时，应修改对策或修正措施并实施	10
8	效果检查	(1) 与课题目标对比，检查课题目标是否实现。 (2) 确认课题实施结果带来的创新成效	6

续表

序号	评价项目	评价内容	分值
9	标准化	(1) 对创新成果的推广应用价值进行评价。 (2) 对有推广应用价值的创新成果进行标准化，对专项或一次性创新成果存档备案	6
10	总结和下一步打算	从创新角度对活动全过程进行回顾和总结，有针对性地提出下一步打算	3
11	特点	(1) 小组活动体现"小、实、活、新"，即选题小、活动实、活动形式灵活、活动方式新颖。 (2) 充分体现小组成员的创造性，成果有推广和借鉴价值。 (3) 成果报告以图、表、数据为主。 (4) 统计方法运用适宜、正确	10

表 C.4 问题解决型、创新型课题成果发表评价表

序号	评价项目	评价内容	分值
1	成果技术	参照资料评价表执行	60
2	发表展示	(1) 成果幻灯片制作简洁、清晰，以图、表、数据为主，内容真实，逻辑性强。 (2) 发表人应是小组成员，熟悉活动全过程，仪态端庄大方，面向观众。 (3) 语音洪亮、语言简明、吐字清楚，提问环节作答流畅、条理清晰。 (4) 发表方式新颖	40

表 C.5 质量管理小组活动现场评价表

序号	评价项目	评价方法	评价内容	分值
1	小组组织	查看记录	(1) 小组和课题进行注册登记。 (2) 小组活动时，小组成员出勤及参与各步骤活动情况。 (3) 小组成员参与组内分工情况。 (4) 小组活动计划及完成情况	10
2	活动情况与活动记录	听取介绍 交流沟通 查看记录 现场验证	(1) 活动过程应按小组活动程序开展。 (2) 活动记录（包括各项原始数据、调查表、记录等）保存完整、真实。 (3) 制定各阶段活动详细计划，每阶段按计划完成。 (4) 活动记录的内容应与发表资料一致	30

续表

序号	评价项目	评价方法	评价内容	分值
3	活动真实性和有效性	现场验证查看记录	（1）小组课题对施工、工艺、技术、管理、服务的改进或创新点有改善。 （2）各项改进或创新在专业技术方面科学有效。 （3）取得的经济效益得到财务部门的认可。 （4）无形效益得到验证。 （5）统计方法运用适宜、正确	30
4	成果的维持与巩固	查看记录现场验证	（1）小组活动课题目标达成，有验证记录。 （2）改进的有效措施或创新成果已纳入有关标准或制度。 （3）现场已按新标准或制度执行，成果巩固保持在较好水准。 （4）活动成果应用于与生产和服务实践，取得效果，其他类似岗位、部门有推广和借鉴	20
5	培训教育	提问或考试	（1）小组成员掌握小组活动程序。 （2）小组成员对统计方法的掌握程度和水平。 （3）通过本次活动，小组成员质量管理知识和技能水平得到提升	10

注：《质量管理小组活动现场评价表》用于各级水利工程组织对小组活动的现场实际评价。

参 考 文 献

[1] 国家标准化发展纲要，2021
[2] 质量强国建设纲要，2023
[3] 水利工程质量管理规定，2023

四、送审稿格式体例存在问题分析

（一）总体意见

序号	修改意见	理由
1	"本文件""本导则"改为"本标准"	中国水利工程协会标准对提及标准自身的规定
2	附录C属于规范性附录，内容在文中未被提及。建议在条款中明确	附录应在条文中提及

续表

序号	修改意见	理由
3	"注×"字采用小五号黑体，注的内容采用小五号宋体。首行空两个汉字间隔，换行后与内容的首字对齐	GB/T 1.1对字号的要求

注：不直接涉及具体条款的意见，均作为总体意见。

（二）具体意见

序号	条款号/附录号	修改意见	理由
1	范围	删除"并规定了资料性附录和规范性附录内容"	只明确标准所覆盖的主要内容
2	2 规范性引用文件	删除"T/CAQ 10201—2020 质量管理小组活动准则"	在条文中没有提及，不应列在规范性引用文件中，若是参考的文件，可以列在最后的参考文献中
3	4 基本原则	"本文件是水利工程组织开展质量管理小组活动和编写成果报告的指导性文件。"放到引言中	条文内容只做规定，解释说明的内容可以再引言中说明
4	4 基本原则	"小组活动除应符合本文件外，尚应符合国家和行业有关规定。"作为单独的一条，放在"4 基本原则"的最后，4.3条	一般情况下，符合有关规定的内容放在一般性规定的最后一条
5	4 基本原则	1. "小组活动应遵循以下基本原则"作为单独一条，4.1条。 4.1 小组活动应遵循下列基本原则： 2. 删除"为持续、有序、有效地开展小组活动并实现目标"	1. 章下分条，层次结构明确。 2. 标准条文不表示目的
6	4 基本原则	"小组活动基本原则如图1所示"作为单独一条。 4.2 小组活动基本原则如图1所示	章下分条，层次结构明确
7	5.1.1	改为： "问题解决型课题活动程序应如图2所示，分为4个阶段10个步骤，根据课题目标的来源不同，分为自定目标课题和指令性目标课题，具体步骤如下： a）自定目标课题：选择课题、现状调查、设定目标、原因分析……； b）指令性目标课题：……。"	1. 增加能愿动词"应"。 2. 由于图的内容更属于辅助条文的理解，不宜做规定，而活动程序属于本标准的技术内容，应进行规定，因此建议使用语言描述

续表

序号	条款号/附录号	修 改 意 见	理 由
8	5.1.2.1	标题下可进一步细分： 5.1.2.1.1 小组应结合实际、针对存在的问题及改进对象选择适宜的课题。 5.1.2.1.2 课题来源主要有： a）自选性课题：小组根据工作现场存在的问题，结合小组自身选题愿望、上级部门要求等方面自主选定课题开展活动。 b）指令性课题：水利工程组织对小组下达的指令性课题任务。 c）指导性课题：水利工程组织推荐若干课题供小组选择。 5.1.2.1.3 选择自选性课题可考虑以下方面： ——落实水利工程组织方针目标、中心工作的关键点； ——针对质量、安全、效率、进度、成本、管理、服务、节能、生态环境、文明施工、智慧水利及公益活动等方面存在的问题； ——满足内、外部顾客及相关方的意见和期望	内容层次较多，单独分条
9	5.1.3	改为： 5.1.3.1 自定目标课题中，针对课题需要解决的问题，小组应深入现场，调查现象，收集数据和信息，并对数据进行分层、整理、分析，掌握问题现状和问题严重程度	原内容属于悬置段，改为条
10	5.1.3.1	1. 改为无标题条： 5.1.3.2 小组通过调查收集的数据和信息，应满足以下要求： 2. 客观性、全面性、时效性、可比性后用冒号	原 5.1.3 下存在悬置段，都修改为无标题条
11	5.1.3.2	改为无标题条： 5.1.3.3 小组对收集的数据和信息应进行分层整理，可多维度与多层级分层相结合，针对找出的症结，明确改进方向和解决程度。 删除"为设定目标和原因分析提供依据"	原 5.1.3 下存在悬置段，都修改为无标题条
12	5.1.4	改为条，删除"为效果检查提供对比依据" 改为： 5.1.4.1 小组应设定课题目标，确定课题改进的程度	原内容属于悬置段，改为条。删除表示目的的内容

续表

序号	条款号/附录号	修 改 意 见	理 由
13	5.1.4.1	改为无标题条： 5.1.4.2 根据来源，目标可分为自定目标和指令性目标，分别应满足下列要求： a) 自定目标：小组应根据现状调查和分析的结果，研究症结解决程度，自主设定目标。 b) 指令性目标：应属于上级下达给小组的课题目标或小组直接选择上级考核指标、顾客需求、标准规范等形成的目标	1. 原 5.1.4 下存在悬置段，都修改为无标题条； 2. 增加能愿动词"应"
14	5.1.4.2	改为无标题条： 5.1.4.3 设定目标应与小组活动课题相对应，并满足以下要求。 a) 目标可测量、可检查。 b) 目标具有可实施性。 c) 目标宜具有挑战性。 d) 目标 1 个为宜。如果设定多个目标，则目标之间不应具有相关性	1. 原 5.1.4 下存在悬置段，都修改为无标题条； 2. 根据 d) 项的符号，修改引导语和列写的符号
15	5.1.4.3	改为无标题条： 5.1.4.4 小组自定目标可考虑以下几个方面： a) 上级下达的考核指标或要求； b) 内外部顾客需求及相关标准规定； c) 国内外水利行业的先进水平； d) 水利工程组织曾达到的最好水平； e) 预计症结的解决程度，测算课题可能达到的水平	原 5.1.4 下存在悬置段，都修改为无标题条
16	5.1.5	改为： 指令性目标课题应进行目标可行性论证，分析现象，查找课题症结，可从以下几个方面进行论证：	解释性内容改为要求
17	5.1.6	改为： 1. "小组应针对症结或问题进行原因分析，分析应符合以下要求。" 2. 列项的结束采用句号。 如：a) 原因分析应彻底，每条原因逐层递进展开至末端。 b) 因果关系明确，逻辑严密，层次清晰	1. 增加能愿动词"应"。 2. 列项中存在句号，因此各项的结束采用句号，引导语采用句号
18	5.1.7	"小组针对每条末端原因客观地确定主要原因，过程、方式如下"改为"小组应针对每条末端原因客观地确定主要原因，过程、方式应满足下列要求："	增加能愿动词"应"表要求

续表

序号	条款号/附录号	修改意见	理由
19	5.1.8	注应空两个字符起排	
20	5.1.8 c)	"c) 目标与对策相对应,目标可测量、可检查"改为"c) 对策应与目标相对应"	此条是对对策的规定。目标的要求与上文重复
21	5.1.8 e)	增加能愿动词"应" 应按照5W1H要求制定对策表	根据5.1.9的内容,这里应该是要求
22	5.1.10	分为三条,并修改列写的符号与对齐方式。 5.1.10.1 小组完成所有对策实施并达到对策目标后,应进行效果检查。 5.1.10.2 效果检查收集数据的样本量、时段宜与现状调查或目标可行性论证一致。 5.1.10.3 效果检查应包括下列内容。 a) 与课题目标对比,检查课题目标是否实现。未达到目标时,应返回策划阶段再活动,直至实现课题目标。 b) 与对策实施前的现状对比,判断症结的改善程度,对比数据条件相关联。 c) 根据效果检查实际,可确认小组活动产生的经济效益或社会效益、生态效益,并提供佐证材料	1. 内容较多,建议分条表述。 2. 列项和引导语采用句号结束。 3. 列项换行后与首字对齐
23	5.1.12	改为"小组应对活动全过程进行回顾和总结,有针对性地提出下一步打算"	增加能愿动词"应"
24	5.2.1	建议在条文中明确4个阶段8个步骤的具体内容	图的内容是对条文的辅助,不宜用图做规定。表示规定和要求的内容,建议采用条文明确
25	5.2.2.1	删除或改为要求: 小组针对现有技术、工艺、技能、方法、服务、管理等方面无法满足内、外部顾客及相关方需求时,应开拓创新思路,选择相应的课题	与定义重复
26	5.2.2.2 a)	改为"明确需求,用事实和数据体现现有技术、工艺、技能、方法等无法满足的需求"	语句不通顺
27	5.2.3.1	改为: 小组应依据课题需求设定目标,目标设定应满足以下要求。 a) 目标应与课题需求一致。 b) 目标可测量、可检查。 c) 目标1个为宜。如果设定多个目标,则目标之间不应具有相关性	1. 增加标准用词"应"。 2. 列项和引导语改为句号。

续表

序号	条款号/附录号	修改意见	理　由
28	5.2.3.2	"小组针对设定目标，进行目标可行性论证，应满足以下要求："改为"小组应针对设定目标，进行目标可行性论证。论证应满足以下要求。" "依据借鉴的相关数据和信息进行推导试算，论证实现目标的可行性"改为"依据借鉴的相关数据和信息应进行推导试算，论证实现目标的可行性"	增加能愿动词"应"
29	5.2.5 b)	"目标与对策相对应，目标可测量、可检查"改为"对策与目标应相对应"	此条的内容是对策
30	5.2.5	注的内容改为陈述	不使用"应""宜""可"等能愿动词
31	5.2.7	1. "小组完成所有对策实施并达到对策目标后，收集数据，进行效果检查，检查内容包括"改为"小组完成所有对策实施并达到对策目标后，应收集数据，进行效果检查。检查应包括下列内容。" 2. 列项结束采用句号	1. 增加能愿动词"应"
32	5.2.8	"小组应对创新成果的推广应用价值进行评价，并进行处置"改为"小组按下列要求应对创新成果的推广应用价值进行评价，并进行处置："	增加引导内容
33	5.2.9	"小组对活动全过程进行回顾和总结，有针对性地提出下一步打算，具体包括以下内容"改为"小组应对活动全过程进行回顾和总结，有针对性地提出下一步打算，具体应包括以下内容"	增加能愿动词"应"
34	6.1.1 a)	建议核实"应围绕水利或相关行业生产、经营管理活动开展小组活动"	此条内容是成果申报，而 a) 中的内容是开展小组活动
35	6.2.1	"水利工程质量管理小组活动成果评价由中国水利工程协会统一组织。"改为"水利工程质量管理小组活动成果评价应由中国水利工程协会统一组织。"	增加能愿动词"应"
36	6.2.2	改为： 成果评价方式应分为初审、资料评价和发表评价，分别应满足下列要求： a) 初审应主要审查资料的完整性、符合性，确保无雷同成果； b) 资料评价应采用专家审阅资料方式，占总成绩的 70%； c) 发表评价应采用现场发布会方式，占总成绩的 30%	增加能愿动词"应"。 增加引导语

续表

序号	条款号/附录号	修 改 意 见	理　　由
37	附录A、附录B	（资料性附录）改为（资料性）	GB/T 1.1对附录格式的要求
38	附录B	补充图名、表名。各节增加引用语。如B.1中增加"图B.1给出了成果报告封面。"	缺图名、表名、引出内容
39	B.3	"成果报告章节为推荐性，小组也可根据活动情况设定成果报告章节，但应确保活动过程完整，内容齐全。"改为"小组可根据活动情况设定成果报告章节，但应确保活动过程完整，内容齐全。成果报告章节见图B.×"	删除解释性内容
40	附录C	（规范性附录）改为（规范性）	GB/T 1.1对附录格式的要求
41	附录C	文字改为"小组活动成果资料评价的项目、内容及分值应满足表C.1～C.3的规定；发表评价的项目、内容及分值应满足表C.4的规定；小组活动现场评价的项目、方法、内容及分值应满足表C.5的规定。"	规范性的要求，采用能愿动词"应"

注1：具体意见按原稿章节条款号或附录号顺序依次排列，针对同一条目的不同意见应分别列出。
注2：页面不敷，可另加页。

第二节　水利水电工程砌石坝施工规范

一、标准编制的背景和必要性

我国的砌石坝建筑历史悠久，早在公元前256年（秦昭王五十一年）就开始采用干砌卵石的方法修建了著名的都江堰取水枢纽工程；公元前219—214年（秦始皇二十八年至三十三年），采用砌筑大块石的方法修建广西灵渠溢流砌石坝。砌石坝作为一种古老的坝型，在我国分布广、类型全、数量多。过去，砌石坝应用最广泛的胶结材料是水泥砂浆，采用人工插捣砌筑；20世纪60、70年代，在闽、浙两省砌石坝开始采用一级配混凝土作为胶结材料，80年代推广到二级配混凝土，并采用机械振捣砌筑，以后逐步推广应用到十几个省的大中型工程。砌石体采用混凝土作为胶结材料，其强度和密实度有所提高，使大坝有较好的抗渗性和耐久性。目前，全国多数砌石坝的面石砌筑仍采用水泥砂浆作为胶结材料，而腹石砌筑则广泛采用一、二级配混凝土作为胶结材料。至1999年底，全国共建成的坝高

15m 以上的各类砌石坝总数为 2683 座，这些坝分布在 22 个省（自治区、直辖市），其中福建省为 576 座，四川、贵州、湖南等省都在 300 座以上。我国砌石坝经历了 20 世纪 60 年代以重力坝为主的起步阶段；70 年代以拱坝为主，同时也出现了支墩坝、空腹重力坝、硬壳坝等坝型的发展阶段；80—90 年代期间，在建坝数量、砌筑高度、设计水平、砌筑工艺等均属全面提高的进步阶段；2000 年后，砌石坝建设仍在发展，部分砌石坝采用直接砌筑法施工，预计在今后相当长的一段时期内仍有生命力。因此，规范水利水电工程砌石坝施工，保障砌石坝工程质量很有必要。

二、标准的主要内容

（一）标准性质

本标准属于技术类标准。

（二）标准格式体例

本标准的格式体例按照 SL/T 1—2024 的规定进行编制。

（三）标准名称

水利水电工程砌石坝　施工　规范。

1. 标准化对象：水利水电工程砌石坝

表明了标准的标准化对象，为水利水电工程砌石坝，标准所有的条款都将围绕水利水电工程砌石坝编写。

2. 标准用途主题词：施工

本标准规定的内容是水利水电工程砌石坝的特定方面——施工，标准的条款紧紧围绕筑坝材料要求、施工方法、质量检验验收要求编写，不应涉及其他无关的内容。

3. 特征名：规范

根据 GB/T 20000.1《标准化工作指南　第 1 部分：标准化和相关活动的通用术语》的规定，规范是规定产品、过程或服务需要满足的技术要求的文件。常用于水利水电工程技术性较强的标准，以专用型标准为主。本标准规定了水利水电工程砌石坝筑坝材料要求、施工方法、质量检验验收要求，选用特征名"规范"。

（四）标准主要内容

本标准包括基本规定、筑坝材料、坝体砌筑、防渗设施施工、质量检验与验收。本标准适用于坝高 100m 以下水利水电砌石坝工程。

（五）标准结构

本标准是一个技术标准，采用的是 SL/T 1—2024 的编写规则。

前引部分：封面、前言、目次。

正文部分：总则、术语、技术要求。

1. 总则

1.0.1 明确了标准编制的目的：规范水利水电工程砌石坝施工，保障砌石坝工程质量。

1.0.2 表明了标准的适用范围：本标准适用于坝高 100m 以下水利水电砌石坝工程。

1.0.4 给出了标准所规定内容的共性要求。

1.0.5 为所有按照 SL/T 1 编写的标准的共性要求，即规定执行相关标准的要求，采用"……除应符合本标准规定外，还应符合国家现行有关标准的规定"的典型用语。

2. 术语

本标准选取了 8 条术语作为第 2 章术语。

3. 技术要求

"3 基本规定"规定了施工准备、测量、安全防护、安全监测共性要求。

"4 筑坝材料"规定了石料、骨料、混凝土预制块、胶结材料配比、拌制、运输等要求。

"5 坝体砌筑施工"给出了水泥砂浆、混凝土砌石、勾缝施工等施工工艺要求，以及特殊天气施工要求、养护要求。

"6 防渗体施工"给出了防渗体的施工工艺要求。

"7 质量检验与验收"给出材料质量检验、施工验收的技术要求。

4. 补充部分

附录、标准用词说明、标准历次版本编写者信息。

附录 A 砂浆强度检验评定标准

附录 B 砌石体密实性检查

附录 C 砌石体干密度检查

本标准为首次制定，无历次版本编写者信息。

5. 条文说明

条文说明解释了条文编制的目的、依据和注意事项。

三、标准送审稿示例

下面给出标准编制送审阶段的送审稿，后文将列出送审稿存在的格式体例问题。

【送审稿示例】

ICS 93.160
P59

团 体 标 准

T/CWEA ××—202×

水利水电工程砌石坝施工规范

Specification for construction of masonry dam
of water and hydropower projects

（送审稿）

202×-××-××发布　　　　　　　　202×-××-××实施

中国水利工程协会　发布

前　言

根据中国水利工程协会标准制修订工作安排，按照 SL 1—2014《水利技术标准编写规定》要求，编制本标准。

本标准共 7 章和 3 个附录，主要技术内容有：

——基本规定；

——筑坝材料；

——坝体砌筑施工；

——防渗设施施工；

——质量检验与验收。

本标准为全文推荐。

本标准为首次发布。

本标准批准部门：中国水利工程协会

本标准主编单位：湖南省水利水电勘测设计规划研究总院有限公司

　　　　　　　　湖南宏禹工程集团有限公司

本标准参编单位：福建省水利水电工程局有限公司

　　　　　　　　贵州水利实业有限公司

　　　　　　　　北京金河水务建设集团有限公司

　　　　　　　　安徽瑞丰水利建筑有限公司

　　　　　　　　北京燕波工程管理有限公司

　　　　　　　　云南华水技术咨询有限公司

　　　　　　　　山东昌利建设集团有限公司

　　　　　　　　黑龙江松辽建设工程有限公司

本标准主要起草人：曾更才　罗亮明　欧先平　涂启龙　赵志刚　刘　全

　　　　　　　　樊志泉　拔丽萍　曹守卫　黄国秋　薄　春　张　策

　　　　　　　　宾　斌　李孙武　刘加林　王文峰　王宏坤　尹久辉

　　　　　　　　刘永恒　顾仕斌　崔秀利　曾思楗　马利军

本标准审查会议技术负责人：

本标准体例格式审查人：郑寓

本标准内部编号：

目　次

1 总则	255
2 术语	256
3 基本规定	257
4 筑坝材料	258
4.1 一般规定	258
4.2 石料	258
4.3 骨料	258
4.4 混凝土预制块	258
4.5 胶结材料	259
5 坝体砌筑施工	260
5.1 一般规定	260
5.2 水泥砂浆砌石体砌筑	261
5.3 混凝土砌石体砌筑	262
5.4 勾缝施工	263
5.5 特殊气候条件施工	263
5.6 养护	264
6 防渗设施施工	265
6.1 一般规定	265
6.2 混凝土防渗体	265
6.3 坝体自身防渗	265
7 质量检验与验收	266
7.1 一般规定	266
7.2 筑坝材料质量检验	266
7.3 坝体砌筑质量检验	267
7.4 验收	268
附录 A　砂浆强度检验评定标准	269
附录 B　砌石体密实性检查	270
附录 C　砌石体干密度检查	271
标准用词说明	273
条文说明	274

1 总　　则

1.0.1 为规范水利水电工程砌石坝施工，保障砌石坝工程质量，制定本标准。

1.0.2 本标准适用于坝高100m以下水利水电砌石坝工程，对于坝高100m及以上的砌石坝，应进行专题论证。

1.0.3 本标准主要引用下列标准：

GB 6566　建筑材料放射性核素限量

GB 55023　施工脚手架通用规范

SL 25　砌石坝设计规范

SL 47　水工建筑物岩石地基开挖工程施工技术规范

SL 52　水利水电工程施工测量规范

SL/T 62　水工建筑物水泥灌浆施工技术规范

SL 176　水利水电工程施工质量检验与评定规程

SL 223　水利水电建设工程验收规程

SL 251　水利水电工程天然建筑材料勘察规程

SL 303　水利水电工程施工组织设计规范

SL/T 352　水工混凝土试验规程

SL 398　水利水电工程施工通用安全技术规程

SL 399　水利水电工程土建施工安全技术规程

SL 601　混凝土坝安全监测技术规范

SL 623　水利水电工程施工导流设计规范

SL 631　水利水电工程单元工程施工质量验收评定标准—土石方工程

SL 632　水利水电工程单元工程施工质量验收评定标准—混凝土工程

SL 677　水工混凝土施工规范

SL 721　水利水电工程施工安全管理导则

SL 725　水利水电工程安全监测设计规范

DL/T 5215　水工建筑物止水带技术规范

1.0.4 砌石坝施工应满足国家对水土保持和环境保护的相关规定。

1.0.5 砌石坝施工除应符合本标准规定外，尚应符合国家现行有关标准的规定。

2 术　　语

2.0.1 砌石坝　stone masonry dam

采用水泥砂浆或一、二级配混凝土作胶结材料，将石料进行胶结形成的坝，其主要坝型有砌石重力坝和砌石拱坝两种。

2.0.2 面石　armour stone of the dam

砌筑于坝体外侧面的石料。

2.0.3 腹石　connective stone of the dam

砌筑于坝体内部的石料。

2.0.4 塞缝石　slit stone of the dam

用于塞缝的小石块。

2.0.5 铺浆法　spread grout construction method

在已处理好的坝体层面上铺筑一层胶结材料，再进行石料砌筑的方法。

2.0.6 直接砌筑法　direct masonry construction method

在已处理好的坝体层面上不铺浆直接安放毛石或块石，再浇灌振捣一、二级配混凝土的砌筑方法，也称"灌砌法"。

2.0.7 竖缝　vertical seam

同一层前后左右相邻石料之间的缝。

2.0.8 水平缝　horizontal seam

上下层石料之间的缝。

3 基 本 规 定

3.0.1 施工准备应完成下列工作：

    1 施工图纸会审。

    2 胶结材料的配合比设计与试验。

    3 对施工人员进行技术与安全交底。

    4 测量放线和复核。

3.0.2 施工测量应符合 SL 52 的相关规定。

3.0.3 导流与度汛应符合 SL 303 和 SL 623 的相关规定。

3.0.4 坝基与岸坡开挖、防渗处理应符合 SL 47 和 SL/T 62 的相关规定。

3.0.5 混凝土施工及坝体止水设施施工应符合 SL 677、DL/T 5215 的相关规定。

3.0.6 施工脚手架应符合 GB 55023 的相关规定。

3.0.7 施工安全应符合 SL 398、SL 399 和 SL 721 的相关规定。

3.0.8 安全监测应符合 SL 601、SL 632 和 SL 725 的相关规定。

4 筑 坝 材 料

4.1 一 般 规 定

4.1.1 施工前，应对料场进行复查，储量和质量技术指标应符合 SL 25、SL 251 的相关规定和设计要求。

4.1.2 施工前，筑坝材料应按有关规定进行取样检验，满足设计要求后方可使用。

4.2 石 料

4.2.1 石料形状及规格尺寸应符合 SL 25 的相关规定和设计要求。

4.2.2 石料应质地坚硬、完整，不应出现剥落层或裂纹。

4.2.3 各种成品石料，应根据其品种、规格分别堆放，堆放场地应平整、干燥，排水畅通。

4.2.4 对花岗岩、玄武岩等火成岩及变质岩应进行放射性核素检测，其各项指标应符合 GB 6566 的相关规定。

4.3 骨 料

4.3.1 骨料分为粗骨粒和细骨料，应质地坚硬、级配良好、不易风化。

4.3.2 细骨料可采用天然砂或人工砂，最大粒径宜小于 5mm。天然砂的细度模数宜在 1.6～3.0 之间，人工砂的细度模数宜在 2.4～2.8 之间。

4.3.3 粗骨料宜按粒径进行分级，最大粒径小于 20mm 时，宜为一级；最大粒径达到 40mm 时，宜分为成 5mm～20mm 和 20mm～40mm 两级。

4.4 混凝土预制块

4.4.1 混凝土预制块的形状、规格、强度和耐久性等指标，应满足设计要求。

4.4.2 外购的混凝土预制块应有产品质量证明文件，在使用前应进行复检。

4.4.3 现场制作混凝土预制块，应满足下列要求：

    1 制作场地应平整、坚实，宜硬化且排水良好。

    2 模具尺寸、刚度、强度应满足预制块制作质量要求。

    3 应按设计要求与试验确定的配合比，进行混凝土预制块配料拌制。

4 浇筑成型后应及时养护，养护时间不宜少于 28d。

5 外露面应平整、光滑，其他面应平整、粗糙，不应有开裂、蜂窝。

4.4.4 混凝土预制块堆放、运输，应符合下列规定：

1 预制块脱模应在混凝土强度达到 2.5MPa 后进行。

2 预制块强度低于设计强度等级的 70%，不宜移动。

3 预制块堆放、运输应采取保护措施，避免受损。

4.5 胶 结 材 料

4.5.1 砌石坝的胶结材料可采用水泥砂浆或一、二级配混凝土。直接砌筑法采用二级配混凝土作为胶结材料时，应先进行生产性工艺试验论证。

4.5.2 用于砌筑砂浆和混凝土的砂宜采用中砂，用于勾缝砂浆的砂宜采用细砂。

4.5.3 应依据 SL/T 352 的相关规定，进行胶结材料的配合比设计及室内试验，胶结材料配合比的选定，应符合下列规定：

1 应满足强度、耐久性等技术指标要求。

2 采用机械上料工艺时，水泥砂浆的稠度宜为 4cm～6cm；混凝土的坍落度宜为 6cm～12cm。采用泵送工艺施工时，水泥砂浆的稠度宜为 8cm～12cm，混凝土的坍落度宜为 14cm～22cm。

3 水泥砂浆的保水率不宜小于 80%。

4 当原材料发生改变时，应重新进行配合比设计及试验。

4.5.4 胶结材料的拌制，应符合下列规定：

1 应集中机械拌制。

2 水泥、掺合料、外加剂、水称量的允许偏差为 ±1%，砂、石称量的允许偏差为 ±2%。

3 纯水泥砂浆拌和时间不应少于 2min，掺入掺合料、外加剂的水泥砂浆拌和时间应通过试验确定。

4 拌和过程中，根据气候条件定时检测骨料含水率，气候条件变化较大时，应加密检测次数。

5 当砂的细度模数变化超过 ±0.2 时，应调整配合比。砂、砾及碎石的含水率变化时，宜相应调整水量。

4.5.5 不同品种的胶结材料应分别选择相适应的设备进行运输，并应减少转运次数。

5 坝体砌筑施工

5.1 一般规定

5.1.1 坝基开挖处理应满足设计要求并经验收合格后,方可进行坝体施工。

5.1.2 砌坝石料应在坝外逐块检查,敲除软弱边角达到质量标准,并清除表面泥垢,冲洗洁净后上坝。坝体砌筑时,所用石料应保持润湿的状态。

5.1.3 砌石体与建基面的连接施工,应符合下列规定:

1 建基面设置了垫层混凝土时,预埋件完成后,方可进行垫层混凝土施工。混凝土抗压强度达到2.5MPa后,可进行混凝土表面处理及其他工作。

2 建基面未设置垫层混凝土时,应湿润基岩表面后,铺一层比砌石胶结材料高一个强度等级的,且厚度不少于3cm的水泥砂浆或一、二级配混凝土,在初凝前应完成砌石砌筑。

5.1.4 面石应采用水泥砂浆铺浆法砌筑,腹石可采用直接砌筑法或铺浆法砌筑。

5.1.5 坝体砌筑宜分层、分块施工,并应符合下列规定:

1 坝体分块宜根据坝体分缝位置,进行划分。

2 同一坝块内坝体砌筑,应逐层全断面连续上升,相邻坝块高差宜小于1.5m,应按石料规格及上、下错缝要求砌成阶梯形。

5.1.6 坝体面石砌缝宽度,应符合表5.1.6的规定。

表5.1.6 坝体面石砌缝宽度控制标准

类别	砌缝宽度(mm)		
	粗料石	混凝土预制块	块石
平缝	15~20	10~15	20~25
竖缝	20~30	15~20	20~40

5.1.7 砌筑作业应符合下列规定:

1 同一砌筑层,宜先砌筑面石,后砌筑腹石。

2 同一砌筑块施工应保证连续性。采用铺浆法时,胶结材料初凝前,砌石体一次可连续砌筑两层,两层高度宜为0.6m~1.2m。

3 胶结材料介于初凝至终凝之间时,不应扰动砌石体。

4 砌缝内胶结材料填塞应饱满密实。

5 日砌筑最大高度不宜超过1.2m。

6 因故停工且超过胶结材料的允许间歇时间时,应按砌石体层面处理方法进行。

5.1.8 砌筑石料采用汽车运输上坝时,应满足下列要求:

1 行车路面下的砌石体强度应满足运输要求,并应对砌筑层面采取保护措施。

2 车辆不应进入待砌仓位,石料入仓机械应布置在待砌仓位外。

3 坝上临时卸料堆布置应错开预埋件位置,机械设备撤离后应及时清理余料、残渣。

5.1.9 砌筑面沿水流流向倾斜时,应倾向上游,坡度不宜大于1∶10。

5.1.10 砌石体的层面处理,应符合下列规定:

1 对砂浆砌石体,应将砌面浮渣清除后,再刷洗干净。

2 对混凝土砌石体砌面,应先清除浮渣、浮浆后再冲毛清洗。

3 混凝土或砂浆表面的毛面面积不应小于95%,处理后的层面应干净、湿润,无浮渣,无杂物,无积水,无松动石块。

5.1.11 伸缩缝、排水设施、预埋件、管路的施工以及在砌石拱坝设置横向宽缝时,宽缝回填混凝土与缝壁的结合面处理,应符合 SL 677 的相关规定。

5.2 水泥砂浆砌石体砌筑

5.2.1 采用水泥砂浆进行砌石体砌筑时,应满足下列要求:

1 应先在砌筑层面上铺2cm~3cm厚的砂浆。

2 同一砌筑层宜砌平,相邻砌石块高差宜小于铺浆厚度。

3 石料安放应保持自身稳定,大面朝下,并适当振动或敲击,使其与坐浆密实接触。

4 铺浆应均匀,相邻石块不应接触,竖缝填塞砂浆应插捣至表面泛浆。

5 同一砌筑层内,相邻石块应错缝砌筑,不应存在通缝;上下层砌石的相邻石块应错缝砌筑;可每隔一定距离设置丁砌石。

5.2.2 采用不同石料进行砌筑施工时应符合下列规定:

1 采用粗料石砌筑时,同层砌石体的错距不应小于10cm,石料宜采用一丁一顺或一丁多顺。采用一丁多顺时,重力坝丁砌石不应小于砌石体面积总量的1/5,拱坝丁砌石不应小于砌石体面积总量的1/3。

2 采用块石砌筑时，同一层的块石错距不应小于8cm。

3 采用毛石砌石体时，应分层卧砌，层间石块应咬合拉结。竖缝宽度大于5cm时，应在填浆后填塞缝石，塞缝石的用量不应超过砌石体总质量的10%。

5.2.3 坝体面石砌筑，应满足下列要求：

1 面石砌筑应丁顺相间，同层丁砌石应均匀分布，丁砌石伸入腹石中的长度应大于20cm，面石不应侧立砌筑，面石底面不应垫塞缝石。

2 坝体外表面为竖直平面，面石宜采用粗料石或混凝土预制块。

3 顺坡斜面宜采用异形石或异形混凝土预制块砌筑，当倾斜面允许成台阶状时，可采用粗料石或混凝土预制块水平砌筑。

4 坝体永久横缝面石表面应保持竖直平整。

5 拱坝内外弧的面石，可选用粗料石或混凝土预制块调整其径向竖缝宽度，砌成弧形。径向竖缝两端的宽度差不宜大于1cm。

6 面石砌筑后应及时砌筑腹石。

5.2.4 砌石体内有钢筋埋置时，石块不应直接与钢筋接触，钢筋与石块的间距不宜小于钢筋直径，灌缝砂浆强度等级不应低于M20。

5.2.5 坝面倒悬施工，应符合下列规定：

1 采用异形石或异形混凝土预制块水平砌筑时，应按不同倒悬度逐块加工、编号，对号砌筑。

2 采用倒阶梯砌筑时，每层挑出方向的宽度不应超过石块宽度的1/5。

3 倒悬砌筑时，应及时砌筑腹石或浇筑混凝土。

5.3 混凝土砌石体砌筑

5.3.1 采用毛石或块石作为砌石体腹石进行直接砌筑法施工时，其安放应符合下列规定：

1 直接安放在不铺浆的层面上，单层厚度宜为0.5m～0.7m，最大厚度不应超过1.2m。

2 应大头朝上，小头朝下，底面较平整时应用塞缝石垫空，石料之间宜点、线接触。

5.3.2 铺浆法施工时，混凝土砌石体的平缝应铺料均匀，防止缝内被大骨料架空。

5.3.3 砌石体的竖缝大于10cm时，应在灌注混凝土后填塞缝石，边振捣边塞石，塞缝石的用量不宜超过该处砌石体重量的10%。

5.3.4 砌石体灌注竖缝混凝土一次高度不宜超过40cm，竖缝内振捣密实混凝土顶面应略低于周边的石料。

5.4 勾 缝 施 工

5.4.1 用于坝面勾缝的水泥砂浆中的砂宜采用细砂。

5.4.2 勾缝砂浆的强度等级应等于或高于面石砌筑砂浆的强度等级；有抗渗抗冻要求时，其抗渗抗冻等级应满足设计要求。

5.4.3 勾缝施工前宜进行缝隙清理，清缝应符合下列规定：

　1 宜在石料砌筑24h后进行。

　2 清缝宽度不应小于砌缝宽度，水平缝清缝深度不应小于4cm，竖缝清缝深度不应小于5cm。

　3 缝槽应清洗干净，缝面应湿润无残留灰渣和积水。

　4 砌石体中相邻石块间无砌筑砂浆的缝应先填塞密实后进行勾缝。

5.4.4 勾缝宜按实有砌缝勾平缝，不应勾假缝。勾缝时应保持缝面湿润，将勾缝砂浆分层填入缝内并压实。

5.4.5 勾缝应轮廓明晰、干净、整齐，勾缝宽度应一致。

5.5 特殊气候条件施工

5.5.1 施工期间应根据现场气象变化情况，针对高温、低温、雨季、大风干燥等情况编制专项措施。

5.5.2 特殊气候条件下施工，应备足砌筑工作面保温、保湿、防雨等材料，加强资源配置。

5.5.3 日平均气温连续5d稳定在5℃以下或最低气温连续5d稳定在－3℃以下时，应按低温条件施工，并符合下列规定：

　1 当最低气温在0℃～5℃施工时，胶结材料温度不应低于5℃，石料处于正温，砌筑后的砌石体表面应保温。

　2 当气温在0℃以下，无有效措施保证砌石体质量时，应停止砌筑。

　3 在养护期内的混凝土和砌石体的外露面，应采取保温措施，不宜向其表面直接洒水。

5.5.4 高温条件施工，应满足下列要求：

　1 施工宜避开高温时段，当气温超过35℃，无有效措施保证砌石体质量时，应停止砌筑。

　2 宜安排在早晚、夜间气温较低时进行砌筑。

3 施工时应加强混凝土和浆砌石体的养护，外露面在养护期应保持湿润，并加遮盖物。

5.5.5 雨天施工，应满足下列要求：

　　1 砌石体的抹面及勾缝，不宜在雨天施工。

　　2 在小雨中砌筑施工时，应做好表面保护工作。

　　3 遇中雨及以上强度的降雨时，应停止砌筑施工，妥善保护施工工作面。降雨结束后应及时排除工作面的积水，清理受雨水冲刷过的部位。

5.6 养　　护

5.6.1 砌石体宜在胶结材料初凝后进行养护，气候干燥炎热时，应提早进行覆盖洒水养护。

5.6.2 水泥砂浆砌石体养护时间不宜少于14d，混凝土砌石体的养护时间不宜少于28d。高温季节应适当延长养护期。

6 防渗设施施工

6.1 一般规定

6.1.1 砌石坝采用的防渗面板、防渗心墙、坝体自身防渗等结构类型的防渗体的技术指标应满足设计要求。

6.1.2 防渗体的原材料选择、施工工艺，应根据防渗体结构类型确定。

6.1.3 防渗体应按设计要求伸入基岩，防渗体建基面应采用控制爆破，或预留机械、人工撬挖层的方式进行开挖。

6.2 混凝土防渗体

6.2.1 混凝土防渗面板、混凝土防渗心墙施工应符合下列规定：

1 宜分块跳仓浇筑，各块的浇筑应分层平衡上升。

2 每层浇筑高度，防渗心墙不宜大于1.5m，防渗面板宜为2m～4m。防渗面板也可使用滑模浇筑。

3 防渗体的施工缝应按相关要求处理。

6.2.2 混凝土防渗体与砌石的施工顺序，应先砌石，后浇防渗体。防渗体的浇筑，宜略低于砌石面。

6.3 坝体自身防渗

6.3.1 采用自身防渗的混凝土砌石坝应采用机械振捣密实。

6.3.2 采用坝体自身防渗结构时，每砌高4m～5m，应进行钻孔压水试验，对透水率不合格的砌石体应及时进行灌浆处理，待砌石体透水率满足设计要求后，方可继续。

6.3.3 采用水泥砂浆勾缝作为自身防渗的粗料石砌石坝，勾缝砂浆应符合下列规定：

1 强度等级、抗渗指标应满足设计要求。

2 应单独拌制，分次填浆、分次压实。

7 质量检验与验收

7.1 一般规定

7.1.1 砌石坝分部工程、单位工程的划分应符合 SL 176 的相关规定。

7.1.2 砌石坝单元工程的划分应符合 SL 631 的相关规定。

7.2 筑坝材料质量检验

7.2.1 水泥、水、骨料、外加剂等原材料质量检验应符合 SL 677 的相关规定。

7.2.2 砌筑石料质量检验应符合下列要求：

  1 石料物理力学质量检验应符合表 7.2.2 的要求。

表 7.2.2 石料物理力学质量指标

序号	检测项目	质量标准
1	天然密度（t/m³）	符合设计要求
2	饱和极限抗压强度（MPa）	符合设计规定的极限值
3	最大吸水率（%）	≤10
4	软化系数	符合设计要求，当设计无要求时，不宜小于 0.7
5	抗冻标号	达到设计标号

  2 石料的质量检验应以每 10 万 m³ 同一料源地为一取样单位，不足一个取样单位应按一个取样单位计。料源发生变化时应及时取样检验。

7.2.3 混凝土预制块制作质量检测应符合下列要求：

  1 混凝土预制块制作质量检测应符合表 7.2.3 的要求：

表 7.2.3 混凝土预制块制作质量检测要求

序号	项目		质量要求
1	抗压强度（MPa）	平均值	不小于设计值
		单块最小值	不小于设计值的 0.85
2	吸水率（%）		不大于 7
3	抗冻性		符合设计要求

续表

序号	项 目		质 量 要 求
4	尺寸允许偏差（mm）	厚度	±5
5		边长	±5
6		侧面倾斜	2
7	裂纹		不允许
8	分层		不允许
9	表面黏皮		不允许
10	掉角尺寸（mm）		两边破坏尺寸不得同时大于5

2 采用现场预制时，同一强度等级，宜以 100m³ 预制块留置混凝土试件一组。且每一个单元工程不少于一组。必要时，施工前还应对预制块成品进行破损检测。

3 成品采购运至施工现场时，除对质量证明文件、规格等进行质量验收外，还要按批次进行抽检。宜以 10000 块同一生产厂家、同一等级为一批次，不足 10000 块也按一批次计。

7.2.4 勾缝砂浆用细砂，勾缝砂浆各项指标需进行试验验证。

7.2.5 料场的砂、砾（碎石）料每一工作台班应进行两次含水率检查。

7.2.6 胶结材料的检验，应符合下列规定：

1 同强度等级、同品种的胶结材料的抗压强度检验，每一工作台班每台搅拌机取样不得少于一组；28d 龄期每 250m³ 砌体所需胶结材料数量中取样不得少于一组，每组 3 个；设计龄期每 500m³ 砌体所需胶结材料数量中取样不得少于一组，每组 3 个。

2 同强度等级、同品种胶结材料的抗渗、抗冻等级试块检验，应符合 SL 677 的相关规定。

3 每个台班对砂浆沉入度或混凝土坍落度的抽查不应小于两次。

7.2.7 砂浆、砌筑用混凝土强度检验评定应符合附录 A 的要求。其他混凝土试块强度检验评定应符合 SL 677 的相关规定。

7.3 坝体砌筑质量检验

7.3.1 坝体砌筑施工过程中，应对砌石体密实度、干密度及孔隙率等进行检验。

7.3.2 砌石体密实度检验，应符合下列规定：

1 每新砌一层，应进行简易密实度检验，在胶结材料初凝前，宜进行翻撬检验，每 200m²～300m² 砌筑层面不少于 3 块。

2 砌石坝每砌高4m～5m，应进行钻孔压水试验。钻孔数量每100m²～200m²坝面钻孔3个，每次试验不少于3孔，试验压力宜为0.2MPa～0.3MPa。坝体采用自身防渗时，坝体不同高度的透水率q与坝前水头H有关，应符合表7.3.2的规定；坝体设有防渗设施时，砌石体透水率应符合设计规定。

表7.3.2 砌石体透水率质量标准

坝前水头H（m）	透水率q（Lu）
≥70	1
70>H≥30	3
<30	5

3 检查方法应符合附录B的规定。

7.3.3 砌石体干密度及空隙率检查宜采用试坑法，并应符合下列规定：

1 坝高1/3以下的坝体，每砌筑10m高，应挖试坑一组，每组不少于2个试坑。坝高1/3以上的坝体，试坑数量可适当减少。

2 试坑法测得的砌石体干密度、空隙率应满足设计要求。

3 检查方法应符合附录C的规定。

7.3.4 坝体结构位置、尺寸及坝面平整度的检验，应符合表7.3.4的规定。

表7.3.4 浆砌石坝体外轮廓尺寸偏差控制标准

项次	项目		允许偏差（mm）	检验方法	检验数量
1	坝体轮廓线	平面	±40	仪器测量	沿坝轴线方向每10m～20m校核1点，每个单元工程不少于10个点
		高程 重力坝	±30		
		高程 拱坝、支墩坝	±20		沿坝轴线方向每3m～5m校核1点，每个单元工程不少于20个点
2	浆砌石、混凝土预制块	表面平整度	≤30		每个单元检测点数不少于25个～30个点
		厚度	±30		每100m²测3个点
		坡度	±2%		每个单元实测断面不少于2个

7.4 验 收

7.4.1 砌石坝单元工程施工质量验收应符合SL 631的相关规定。

7.4.2 砌石坝分部工程、单位工程的施工质量评定应符合SL 176的相关规定。

7.4.3 砌石坝工程验收应符合SL 223的相关规定。

附录 A 砂浆强度检验评定标准

A.0.1 同一标号（或强度等级）试块组数 $n \geqslant 30$ 组时，28d 龄期的试块抗压强度应同时满足下列标准：

1 强度保证率不小于 80%。

2 任意一组试块强度不低于设计强度的 85%。

3 设计 28d 龄期抗压强度小于 20.0MPa 时，试块抗压强度的离差系数不大于 0.22；设计 28d 龄期抗压强度大于或等于 20.0MPa 时，试块抗压强度的离差系数不大于 0.18。

A.0.2 同一标号或强度等级的试块组数 $n < 30$ 组时，28d 龄期的试块抗压强度应同时满足下列标准：

1 各组试块的平均强度不低于设计强度。

2 任意一组试块强度不低于设计强度的 80%。

A.0.3 当施工中或验收时出现下列情况，可采用现场检验方法对砂浆或砌石体强度进行实体检测，并判定其强度：

1 砂浆试块缺乏代表性或试块数量不足。

2 对砂浆试块的试验结果有怀疑或有争议。

3 砂浆试块的试验结果，不能满足设计要求。

4 发生工程事故，需要进一步分析事故原因。

附录 B 砌石体密实性检查

B.0.1 砌石体之密实性以其透水率 q 值表示，q 值愈小，砌石体之密实性愈好。q 值通过压水试验进行测定。

B.0.2 砌石体密实性的检查，应符合下列规定：

1 选择有代表的砌石体部位，按预定的要求进行钻孔、洗孔，并记录钻孔部位的高程、桩号、坝轴线距离以及钻孔深度等。

2 钻孔深度 4m～5m。

3 配制、安装止水栓塞，并加压充水，使胶塞膨胀，以检查栓塞止水效果。

4 安装压力表及水表。

5 把压力表调到规定数值（0.2MPa～0.3MPa）并保持稳定后，每 1min～2min 测读一次压入流量。当测读成果符合标准时，试验工作即可结束，并以最终流量读数作为计算流量：连续五次读数，其最大值与最小值之差小于最终值的 10%。

6 压水试验过程中，应经常观测管外水位的变化情况，以鉴别栓塞止水性能。如止水栓塞失效，应采取紧塞、移塞等措施。

7 在压水试验过程中，应对裂缝、洞穴、渗漏等异常现象进行观察和记录。

8 所有现场记录应完整无缺、经值班负责人签名后存查。

附录 C 砌石体干密度检查

C.0.1 砌石体干密度检查，有试坑灌砂法与试坑灌水法两种。通过灌砂或灌水的手段测定试坑的体积，并根据试坑挖出的浆砌石体材料重量，计算出浆砌石体的单位重量。

C.0.2 灌砂法

1 操作步骤

1) 选择有代表性的砌石体部位，用红色磁漆画出试坑的周界（$1m^2$～$2m^2$），坑深不小于 1.2m，至少出露 2 皮～3 皮块石，并记录试坑所在位置的桩号、高程和距坝轴线间的距离。

2) 沿试坑四周距坑边外沿约 15cm 的距离，宜采沥青或其他快速成型的材料筑一高 15cm～20cm 的围埝，并认真校准围埝顶面的水平。

3) 待砂浆围埝具有一定强度后（2 天～3 天），按一定落距、速度用量砂把试坑顶部表面至围埝顶部的空间灌满找平，记录所灌量砂的重量。再重复一次，前后两次灌砂重量的误差不应大于 2%。

4) 清除坑顶灌砂后，沿坑面周界每隔 10cm～15cm 钻打限制孔，孔深应略大于试坑深度。记录钻孔截面积及限制孔总长度。

5) 用钢钎将试坑内的砌石体撬松挖起，并移至坑外。将挖出的砌石体石料、砂浆和混凝土分开并分别堆放。

6) 每班挖出的石料及胶结料，应分批全部称重，并做好记录，直至整个试坑开凿修整完毕。

7) 在每班挖出的石料及胶结料中，分别选取有代表性的试样 1kg～2kg，用袋子密封保存，防止水分蒸发，送试验室测定其含水量及比重。

8) 在已修整干净的试坑内，按规定落距、速度，徐徐灌以净砂，铺厚约 20cm，平整后，在坑内安放空木箱（木箱体积预先测出）。安放几只木箱视试坑大小而定，以缩小灌砂空间、减小灌砂用量。

9) 木箱安放之后，即在木箱与试坑的间隙中按规定落距、速度灌注净砂，直至与试坑顶面的围埝齐平，记录 8）、9）两次所灌净砂的重量。

10) 再重复 8）、9) 步骤一次，前后两次的灌砂重量的误差不应大于 2%。每次灌砂前，应将准备用以灌注的净砂事先称好，待灌注完毕后，再将所剩净砂称出，以总量减去剩余净砂重量，即为灌注所耗用的净砂重量。

  2 试坑开挖记录及砌石体直观素描

    1）试坑定位撬挖时，应登记试坑的高程、桩号、距坝轴线距离，并做好每班工作记录。对每班挖出的砌石体材料均应认真分类，集中称量记录，不应遗漏。对砌石体的砌筑情况，如砌缝的蜂窝、空洞以及材料的异样等，亦应详细记录说明。

    2）试坑撬挖清理完毕后，应对坑内四壁及底面按比例直观描绘出试坑砌石体平面展示图，作为质量检查资料存查。

C.0.3 灌水法

  灌水法与灌砂法的检查步骤基本相同。为使求得的试坑体积尽可能接近实际，试坑顶部砂浆围埂周界内的表面应大致凿平，以使灌水后的塑料薄膜与试坑顶面紧密贴合。试坑内砌石体撬挖完毕，平面展示图绘制完成后，应在坑内四壁及底部局部凹凸之处涂抹水泥砂浆，使之大致平整，记录所耗的水泥砂浆重量，并根据事先测定出的该砂浆之密度，计算出水泥砂浆的体积。水泥砂浆强度应不低于砌坝胶结材料的强度。

  灌水法所用的塑料薄膜的厚度，宜选用0.016mm～0.03mm，铺设时应力求与坑壁贴合，避免塑料薄膜重叠。

标 准 用 词 说 明

标 准 用 词	严 格 程 度
必须	很严格,非这样做不可
严禁	
应	严格,在正常情况下均应这样做
不应、不得	
宜	允许稍有选择,在条件许可时首先应这样做
不宜	
可	有选择,在一定条件下可以这样做

团 体 标 准

水利水电工程砌石坝施工规范

T/CWEA：××—202×

条 文 说 明

目　次

1　总则 ·· 276
3　基本规定 ·· 279
4　筑坝材料 ·· 280
　4.1　一般规定 ·· 280
　4.2　石料 ·· 280
　4.4　混凝土预制块 ·· 280
　4.5　胶结材料 ·· 280
5　坝体砌筑施工 ·· 282
　5.1　一般规定 ·· 282
　5.2　水泥砂浆砌石体砌筑 ······································· 282
　5.3　混凝土砌石体砌筑 ·· 283
　5.4　勾缝施工 ·· 284
　5.5　特殊气候条件施工 ·· 284
　5.6　养护 ·· 285
6　防渗设施施工 ·· 286
　6.1　一般规定 ·· 286
　6.2　混凝土防渗体 ·· 286
7　质量检验与验收 ··· 287
　7.2　筑坝材料质量检验 ·· 287
　7.3　坝体砌筑质量检验 ·· 287

1 总　　则

1.0.1 我国的砌石坝建筑历史悠久，早在公元前256年（秦昭王五十一年）就开始采用干砌卵石的方法修建了著名的都江堰取水枢纽工程；公元前219—前214年（秦始皇二十八年至三十三年），采用砌筑大块石的方法修建广西灵渠溢流砌石坝。砌石坝作为一种古老的坝型，在我国分布广、类型全、数量多。过去，砌石坝应用最广泛的胶结材料是水泥砂浆，采用人工插捣砌筑；20世纪60、70年代，在闽、浙两省砌石坝开始采用一级配混凝土作为胶结材料，80年代推广到二级配混凝土，并采用机械振捣砌筑，以后逐步推广应用到十几个省的大中型工程。砌石体采用混凝土作为胶结材料，其强度和密实度有所提高，使大坝有较好的抗渗性和耐久性。目前，全国多数砌石坝的面石砌筑仍采用水泥砂浆作为胶结材料，而腹石砌筑则广泛采用一、二级配混凝土作为胶结材料。至1999年底，全国共建成的坝高15m以上的各类砌石坝总数为2683座如表1，这些坝分布在22个省市与自治区，其中福建省为576座，四川、贵州、湖南等省都在300座以上。我国砌石坝经历了20世纪60年代以重力坝为主的起步阶段；70年代以拱坝为主，同时也出现了支墩坝、空腹重力坝、硬壳坝等坝型的发展阶段；80—90年代期间，在建坝数量、砌筑高度、设计水平、砌筑工艺等均属全面提高的进步阶段；2000年后，砌石坝建设仍在发展，部分砌石坝采用直接砌筑法施工，预计在今后相当长的一段时期内仍有生命力，2000年后部分已建砌石坝特性见表2。因此，规范水利水电工程砌石坝施工，保障砌石坝工程质量很有必要。

表1　2000年前我国已建砌石坝统计表

类　　别		重力坝（座）	拱坝（座）	支墩坝（座）	其他坝型（座）	合计（座）
合计		780	1538	83	282	2683
按库容分 ($10^4 m^3$)	大（2）型 10000～100000	17	3	3	11	34
	中型 1000～10000	162	113	13	179	467
	小（1）型 100～1000	227	536	18	39	820
	小（2）型 10～100	374	886	49	53	1362
按坝高分 (m)	>100		2			2
	70～100	10	18	2	4	34

续表

类 别		重力坝（座）	拱坝（座）	支墩坝（座）	其他坝型（座）	合计（座）
按坝高分（m）	50～70	48	92	5	36	181
	30～50	212	392	15	134	753
	15～30	510	1034	61	108	1713

表2　2000年后我国部分已建砌石坝特性

编号	工程名称	地点	坝型	坝高（m）	库容（万 m³）	建成时间
1	宝泉	河南辉县	砌石重力坝	107.5	6750	2007
2	下会坑	江西上饶	砌石拱坝	102.4	3500	2002
3	黛溪	福建屏南	砌石拱坝	95.31	5995	2006
4	乌溪	福建莆田	砌石拱坝	85	2157	2020
5	龙家坝	重庆酉阳	砌石拱坝	85	2940	2013
6	下东溪	福建寿宁	砌石拱坝	82.5	1802	2009
7	高店	江西铅山	砌石拱坝	81.5	4140	2007
8	双口渡	福建古田	砌石拱坝	81	1918	2007
9	玉舍	贵州水城	砌石拱坝	80.4	3380	2003
10	天台	福建马尾	砌石拱坝	76.5	322	2019
11	永江三级	湖南双牌	砌石拱坝	76.5		2008
12	旺源	福建闽侯	砌石拱坝	74	1740	2009
13	后河	山西垣曲	砌石拱坝	73.3	1375	2003
14	兴头水库	福建尤溪	砌石拱坝	71.2	2090	2015
15	柘仓	贵州安龙	砌石重力坝	70.2	1490	2010
16	闽东	福建闽东	砌石重力坝	69	565	2009
17	宿洋防洪水库	福建宿洋	砌石拱坝	69	2428	2009
18	八峰	福建泉州	砌石拱坝	67.5	962	2016
19	溪源	福建闽侯	砌石拱坝	67	2771	2008
20	水车田	贵州贞丰	砌石重力坝	66.7	1120	2008
21	九仙溪	福建仙游	砌石拱坝	66	481	2006
22	大石牛	辽宁丹东	砌石拱坝	66	2430	2014
23	芭蕉河二级	湖北鹤峰	砌石拱坝	66	2428	2001

续表

编号	工程名称	地点	坝型	坝高（m）	库容（万 m³）	建成时间
24	盘道	青海西宁	砌石重力坝	65.8	1720	2005
25	双溪水库	福建沙县	砌石重力坝	65	2771	2020
26	葫芦门	福建闽清	砌石拱坝	64.8	1135	2017
27	双溪水库	福建泉港	砌石拱坝	64	984	2020
28	高家坝	湖南永顺	砌石重力坝	63.5	8000	2009
29	后溪	福建闽侯	砌石拱坝	61	1034	2007
30	沤菜	湖南桂东	砌石重力坝	60	1038	2010
31	石峰	贵州正安	砌石拱坝	59.6	1894	2012
32	洞潭	湖南永顺	砌石重力坝	59.2	1119	2011
33	清江	湖南江华	砌石重力坝	58.8	467	2018
34	板贝	湖南浏阳	砌石拱坝	58	2281	2012
35	溪门里	福建柘荣	砌石拱坝	56.5	503	2015
36	双江	湖南娄底	砌石拱坝	55	1146	2008
37	桃源	福建将乐	砌石重力坝	53.68	232	2019
38	富岭	湖南浏阳	砌石重力坝	52.6	1270	2010
39	独洞	贵州从江	砌石重力坝	51.83	1285	2013
40	大坝口	内蒙古	砌石拱坝	51.6	1172	2013
41	毛江	湖南蓝山	砌石拱坝	50.3	652	2020
42	晒口	湖南通道	砌石重力坝	49	13400	2002
43	惠民	江西宜黄	砌石重力坝	45.2	563.3	2022

3 基 本 规 定

3.0.1 在砌石坝工程施工前,按规范施工,可有效地控制质量、减少操作失误及经济损失。

4 筑 坝 材 料

4.1 一 般 规 定

4.1.1 不少砌石坝工程施工时发现,原设计指定的料场在储量、质量等方面不满足要求,给工程建设带来了一定的损失。

4.1.2 砌石坝工程中所使用的原材料质量会直接影响工程质量,为了保证各种原材料称量的准确性,需要对工程所使用的原材料加强进场验收的同时按照有关规定进行取样检验,用于取样检验的计量设备应准确、可靠并符合计量监督部门的规定。

4.2 石 料

4.2.1 砌石坝所用石料分类及形状规格要求,主要根据砌石坝所用石料的形状、规则程度、加工情况而确定。

4.2.2 对砌石坝石料的要求,主要总结国内各地经验而得。

4.4 混凝土预制块

4.4.3 水工建筑物的混凝土预制块,大多设置临时户外场地,因此对预制场地及预制块提出要求。

4.4.4 预制块脱模在混凝土强度达到 2.5MPa 后进行,基本可以保证其表面、棱角不因脱模而受损。

4.5 胶 结 材 料

4.5.1 水泥砂浆是浆砌石坝常用的胶结材料。70年代初期,为了提高砌石坝的施工工效,降低砌石体空隙率、增加砌石体密实性,福建、浙江、湖南、贵州、山东、广西等省(自治区)又总结推广应用了一、二级配混凝土作为坝体腹石砌筑的胶结材料,目前已在国内普遍采用。

4.5.3 混凝土坍落度是实际施工中用来判断混凝土施工和易性好坏的一个标准,如果坍落度较大容易引起拌和物的离析,如果太小则会给施工带来难度。

4.5.4 因一些工程在施工中用人工拌和的砂浆质量极不均匀,因而胶结材料不应采用人工拌和。当有掺合料或外加剂的胶结材料，其拌和时间应通过试验进行确定。胶结材料用砂，其粗细程度及颗粒级配的变异，直接影响胶结材料的质量，故砂的细度模数变化超过规定值时，应及时修正胶结材料的配合比。

4.5.5 选择适宜的运输设备可以保持运输过程中胶结材料的均匀性，而缩短胶结材料运输时间，减少中转次数，主要是为了减少胶结材料组成成分的损耗，尽可能保持其原有质量、性能和有利于施工。

5 坝体砌筑施工

5.1 一般规定

5.1.2 石料表面有青苔、油污现象较少，冲洗石料保持表面洁净、湿润，可避免胶结材料中水分在凝结前被吸收影响其水化作用，以保证其黏结力，敲除软弱边角，有利于提高砌石体强度。

5.1.4 明确坝体面石应采用砂浆砌筑。铺浆法即在已处理好的坝体层面上铺筑一层胶结材料，再进行石料砌筑的方法，此方法适用于水泥砂浆砌筑和混凝土砌石体砌筑；直接砌筑法是一种新的砌筑工艺，即在已处理好的坝体层面上不铺浆直接安放毛石或块石，再浇灌胶结材料的砌筑方法，又称灌砌法，此方法仅适用于混凝土砌石体砌筑。

5.1.5 当坝体较长、较宽时，第一层砌筑完成再回转砌第二层时，第一层的砌缝胶结材料可能已初凝，在其上铺砌石可能使下层砌缝胶结材料振动开裂，上下层结合不好，影响其黏结力，故需分块、分层砌筑。

5.1.7《砌体结构工程施工质量验收规范》GB 50203 第 3.01.9 条进行了日砌度最大高度的规定。国内许多工程允许一次连续砌筑两层，也有一次连续砌筑三层的工程实例，砌筑高度 0.6m～1.2m，即为一个工作层。印度七十年代以后的砌石坝工程允许一次连续砌筑最大高度为 0.6m（为 1 层～2 层砌石）。限制砌高 0.6m～1.2m，再结合分层、分块划分情况合理安排施工，可使上层砌石体砌筑时下层砌石体的胶结材料不初凝，有利于保证砌石体的施工质量和方便施工。

5.2 水泥砂浆砌石体砌筑

5.2.1 水泥砂浆采用铺浆法施工时，应满足平整、稳定、密实和错缝的要求，利于上下层水平缝砂浆结合密实，也有利于丁、顺石的交错安砌。同时，为了保证砌筑过程中石块表面砂浆铺设的连续性，相邻石块间的砌筑高差不应小于砂浆的铺设厚度。

5.2.2 砌筑施工时各石料的数据要求均来源于现有工程实例中。

5.2.3 采用面石侧立的砌筑方法，不利于砌石体整体性。

5.3 混凝土砌石体砌筑

5.3.1 直接砌筑法施工工艺是把毛石长度方向竖直，相互靠稳。竖缝允许点、线接触，不应面接触，平整石料用小石垫空，其目的是让混凝土充填石缝，保证砌石体密实度。江西省上饶县下会坑水库单层厚65cm，部分文献提出单层厚可达到1.2m，受振捣棒功率和插入深度的影响，砌石体密实度保证率有所下降，因此单层厚控制在0.5m～0.7m。部分直接砌筑法施工砌石坝特性见表3。

表3 部分直接砌筑法施工砌石坝特性

编号	工程名称	地点	坝型	坝高（m）	库容（万 m^3）	建成时间
1	下会坑	江西上饶	砌石拱坝	102.4	3500	2002
2	大江口	湖南涟源	砌石拱坝	82	4100	1991
3	高店	江西铅山	砌石拱坝	81.5	4140	2007
4	永江三级	湖南双牌	砌石拱坝	76.5		2008
5	天台水库	福建马尾	砌石拱坝	76.5	322	2019
6	后河	山西垣曲	砌石拱坝	73.3	1375	2003
7	八峰	福建泉州	砌石拱坝	67.5	962	2016
8	盘道	青海西宁	砌石重力坝	65.8	1720	2005
9	双溪水库	福建沙县	砌石重力坝	65	2771	2020
10	高家坝	湖南永顺	砌石重力坝	63.5	8000	2009
11	沤菜	湖南桂东	砌石重力坝	60	1038	2010
12	桃源	福建将乐	砌石重力坝	53.68	232	2019
13	毛江	湖南蓝山	砌石拱坝	50.3	652	2020
14	晒口	湖南通道	砌石重力坝	49	13400	2002

5.3.2 毛石竖缝宽度达到8cm～10cm，局部缝宽可能达到20cm～30cm或更大，这将增加砌石体混凝土用量，对控制坝体温度和节省投资都不利。按照各地毛石砌筑施工经验，竖缝呈三角缝状，缝内混凝土振动过程中填塞缝石能够控制砌石体中的混凝土含量，并保证砌缝混凝土振捣密实，因此，增加毛石砌石体的竖缝大于10cm时可填塞缝石规定。

5.3.3 根据目前常用的插入式振捣器的性能，强调竖缝混凝土的一次填入高度不超过40cm。竖缝混凝土振捣密实后，其顶面应略低于周边的块石外露面，有利行层间结合，提高坝体整体性。

5.4 勾 缝 施 工

5.4.1 有防渗要求的勾缝水泥砂浆,为提高砂浆的抗渗性能,故规定宜采用细砂。无防渗要求的勾缝水泥砂浆,如坝的背水坡水上部位的勾缝等,可采用中砂,以节约水泥。

5.4.2 有防渗要求的勾缝水泥砂浆,如设计未作出具体规定,考虑其有耐久性及抗渗性要求,应尽可能采用高强度等级的水泥砂浆,其所用水泥宜采用P·O42.5号水泥。

5.4.3 本条规定的清缝宽度、深度,以及勾缝工艺要求等,是根据国内已建工程经验,结合印度砌石坝施工规范的有关规定确定的。

5.4.4 勾缝时应清除缝槽内灰渣,冲洗洁净,保持缝面湿润。将单独拌制水泥砂浆分层填入缝内并勒实。砌石体中相邻石块间无砌筑砂浆的水平缝,应进行人工凿缝,清洗后,再勾缝。不应在未经人工凿缝的表面勾浮缝。

5.5 特殊气候条件施工

5.5.3 低温条件施工

1 "气温稳定"是指连续保持5天或5天以上的气温。

2 在一般情况下,当气温在0℃以下时,应停止砌筑。但在有可靠的低温施工组织措施,能保证砌石体的施工可以满足设计规定的质量指标要求时,则可不受"最低气温0℃以下停止砌筑"的限制。

3 浆砌石坝体中石料所占比例较大,石料又重,用蓄热法升温比较困难。砌筑石料宜正温,胶结材料的温度宜不低于5℃。

河北朱庄水库冬季施工,一般安排在上午10时以后至下午4时之前气温较高的时段进行砌石。福建南溪砌石坝规定冬季施工日平均气温应在2℃以上,并安排上午7时以后至下午4时之前为坝体砌筑时间,停砌时应立即对砌石体的外露面采取保温防冻措施。

5.5.4 高温条件施工

1 浆砌石坝由条、块石与胶结材料组成,胶结材料占浆砌石体积35%～55%,条、块石占浆砌石体积65%～45%。基于以上特性,浆砌石坝在夏季高温施工时,不是以胶结材料的浇筑温度作控制,而是以砌筑时的气温作控制。原SD120—84第6.2.2条中"最高气温超过28℃时,应停止砌筑作业"的规定执行在近10年来看是需要更改的,一是由于全球气候变暖,夏季温度持续增高,最高可达40℃以上，二是直接砌筑法对于没有那么严格，所以本规范修改为"最高气温超过35℃时，无有效措施保证砌石体质量时，应停止砌筑"。超过35℃的高温时段可以用来摆石，早、晚或夜间气温较低时进行混凝土浇灌，增加骨料和石料采取凉棚荫蔽或水冲洗、喷雾等降温措施，保障工程进度及质量。

2 夏季施工中，应及时用草袋、麻袋、养护毯等对混凝土及浆砌石体进行覆盖，避免阳光直接照射，并进行洒水养护，防止胶结材料中水分蒸发过快，而降低胶结材料的强度及产生干缩裂缝破坏混凝土及浆砌石体的整体性。

5.5.5 雨天施工

应适当减小水灰比是施工经验总结，施工人员不得随意调整配合比，以免带来质量控制不严格，产生质量问题。

条文中的小雨、中雨、大雨是根据降雨强度划分：

小雨：小雨1mm/h～3mm/h，地面已全湿，但无积水；

中雨：中雨3mm/h～10mm/h，可以听到雨声，地面有积水；

大雨：大雨10mm/h～20mm/h，雨声激烈，遍地积水。

中雨的降雨强度值在小雨与大雨之间，即中雨强度的小值是小雨的大值，中雨强度的大值是大雨的小值。在中雨时的施工措施应根据中雨的降雨强度值及结合工程的施工条件、状态和施工机械化程度等情况进行正确选择。所以在本条文中对中雨未明确说明采用何种相应的施工措施。

5.6 养 护

5.6.1
胶结材料的强度不仅与龄期有关，也与养护条件有关。在干燥的环境中，胶结材料强度的发展，会随水分逐渐蒸发而减慢或停止；气温过低胶结材料硬化较慢，当温度低至0℃以下时，硬化会停止，且有冰冻破坏的危险。因此，砌石体外露面必须及时养护并保持一定湿度和温度，以保证砌石体胶结材料不断硬化与发展。

6 防渗设施施工

6.1 一 般 规 定

6.1.3 混凝土防渗体应按设计要求伸入基岩一定深度。齿槽开挖、基坑建基面清理等应保证质量，满足设计要求。防渗体与基岩连接处常为渗漏的薄弱环节，应精心施工并执行质量标准。

6.2 混凝土防渗体

6.2.1 防渗体混凝土宜分块跳仓浇筑，各块浇筑应大致分层平衡上升，每层浇筑高度主要是根据各地经验而得，为2m～4m；防渗体混凝土中不允许埋石，是由于防渗体混凝土的厚度较薄，浇筑时埋石不易保证混凝土质量，对防渗、防裂不利，且节约水泥也有限。

7 质量检验与验收

7.2 筑坝材料质量检验

7.2.2 石料的检验标准参考《水利水电工程护砌施工规范》。

7.2.3 预制块的检验标准参考《水利水电工程护砌施工规范》。

7.2.5 由于气候变化的影响，贮存在料场的砂、砾（碎石）料潮湿程度是变化的，特别是雨天或气温突变情况下，砂、砾（碎石）料含水率也随之改变，如不及时进行调整，将影响胶结材料的强度。因此，规定每一工作台班应进行两次含水率检查。

7.2.6 规定为了保证胶结材料的拌和质量，使胶结材料有较好的和易性，对砂浆应进行沉入度检测，对混凝土应进行坍落度检测，要求每一工作台班检测次数不少于2次；胶结材料的抗压强度检验，是现场施工质量控制、评定胶结材料质量及其均匀性的重要资料，也是工程验收的重要依据之故应按有关现行规范和本条规定的抽取试样频率，将成型试块送交有资质的检测试验单位进行抗压强度试验。

7.3 坝体砌筑质量检验

7.3.1 本条规定的检查项目有砌石体的密实性、干密度和空隙率，但未提及对砌石体强度进行检测。试验研究表明砌石体的强度与胶结材料、石料的强度和石料形状等有关，在上述条件等同时还与砌筑工艺有密切关系。由于影响砌石体强度的因素比较复杂，目前尚无一种简单成熟的检查大坝砌石体强度的方法，加之做砌石体强度试验费工费时，耗资较大，所以均不进行该项目的试验检查。

7.3.2 砌石体的密实性是反映砌缝胶结材料饱满密实的程度，是检测砌石体质量的一个重要指标。对有防渗要求的砌石体密实性的检查通常采用钻孔压水试验力法，参照 SL 31《水利水电工程钻孔压水试验规程》，采用吕荣试验作为砌石体压水试验方法。吕荣值（Lu）为砌石体透水率的单位，1Lu 的定义为试段压力 1MPa 时，每米试段的压入流量为 1L/min。由于吕荣值的定义压力为 1MPa，故压水试验的最大压力应达到该值。但对砌石体进行钻孔压水试验时，由于砌石体强度尚不高，为避免试验时砌石体被抬动变形，压水试验的最大压力宜控制在 0.2MPa～0.3MPa。

7.3.3 对砌石体干密度及空隙率检查，通常采用挖坑试验方法。鉴于坝体高度 1/

3以下对砌石体强度及抗渗性要求较高,故规定该部位每砌高10m至少挖试坑一组,或每砌筑2万m³~5万m³挖试坑一组。考虑到挖试坑费时费工,且对坝体砌筑有一定干扰,所以规定每组取2个试坑,有些工程每组取一个试坑是不可取的,缺乏代表性,不能反映砌石体的真实情况。

【送审稿格式体例存在问题分析】

总体意见

序号	修 改 意 见	理 由
1	数字与单位之间空一个字符间隙。如"4m~5m"	SL 1对数值的要求
2	项的内容换行后应与首字对齐,如: "1)试坑定位撬挖时,应登记试坑的高程、桩号、距坝轴线距离,并做好每班工作记录。对每班挖出的砌石体材料均应认真分类,集中称量记录,不应遗漏。对砌石体的砌筑情况,如砌缝的蜂窝、空洞以及材料的异样等,亦应详细记录说明。 2)试坑撬挖清理完毕后,应对坑内四壁及底面按比例直观描绘出试坑砌石体平面展示图,作为质量检查资料存查。" 按此修改文中的列项的对齐情况	SL 1对编排格式的要求
3	条文说明中编写对条款解释说明的内容,不应包括规定,不使用标准用词"应""宜""可"等。可采用"建议""一般"等词语	条文说明的编写要求

具体意见

序号	条款号/附录号	修 改 意 见	理 由
1	前言	"按照SL 1—2014《水利技术标准编写规定》要求"改为"按照SL/1—2024《水利技术标准编写规程》要求"	
2	1.0.2	"对于坝高100m及以上的砌石坝,应进行专题论证"单独作为一条	范围的内容中不应包括规定
3	2	术语增加引导语"下列术语及其定义适用于本标准。"且术语条目号、术语和英文译名采用五号黑体	SL 1对术语格式的规定
4	4.3.1	"骨料分为粗骨粒和细骨料"放在条文说明中	解释说明的内容放在条文说明中
5	4.3.42	"预制块强度低于设计强度等级的70%"改为"预制块强度低于设计强度等级的70%时"	语句完整
6	4.3.43	"避免受损"放条文说明中	表示目的的内容放在条文说明中

续表

序号	条款号/附录号	修 改 意 见	理 由
7	4.4.4 2	"水泥、掺合料、外加剂、水称量的允许偏差为±1%,砂、石称量的允许偏差为±2%"改为"水泥、掺合料、外加剂、水称量的允许偏差应为±1%,砂、石称量的允许偏差应为±2%"	增加标准用词"应"
8	4.4.4 4	"拌和过程中,根据气候条件定时检测骨料含水率"改为"拌和过程中,应根据气候条件定时检测骨料含水率"	增加标准用词"应"
9	表 5.1.6	表编号及表题才有小五号黑体,表内容采用六号宋体。表中单位统一标在表的右上方,表题行的最右端。 表 5.1.6 坝体面石砌缝宽度控制标准 单位:mm	SL 1 对表的编排格式的要求
10	5.2.1 3	"使其与座浆密实接触"改为"与座浆应密实接触"	目的性内容改为要求
11	5.3.2	"防止缝内被大骨料架空"改为"缝内不应被大骨料架空"	目的性内容改为要求
12	5.6.2	"高温季节应适当延长养护期。"改为"高温季节宜适当延长养护期。"	"应"不和"适当"等模糊词语连用
13	7.2.3 2	"必要时,施工前还应对预制块成品进行破损检测"改为"必要时,施工前还宜对预制块成品进行破损检测"	"应"不和"必要时"等模糊词语连用
14	7.2.4	"勾缝砂浆用细砂,勾缝砂浆各项指标需进行试验验证"改为"勾缝砂浆用细砂,勾缝砂浆各项指标应进行试验验证"	采用标准用词"应"表示规定
15	7.2.6	改为"每一工作台班每台搅拌机取样不应少于一组,28d 龄期每 250m³ 砌体所需胶结材料数量中取样不应少于一组,每组 3 个;设计龄期每 500m³ 砌体所需胶结材料数量中取样不应少于一组,每组 3 个"	采用标准用词"应"表示规定
16	7.3.2 2	"坝体不同高度的透水率 q 与坝前水头 H 有关,应符合表 7.3.2 的规定"改为"坝体不同高度的透水率 q 与坝前水头 H 的关系应符合表 7.3.2 的规定"	解释说明的内容改为规定
17	A.0.1	"试块组数 $n \geq 30$ 时"改为"试块组数 n 不小于 30 时"	陈述内容中,不采用符号

续表

序号	条款号/附录号	修改意见	理由
18	A.0.2	"试块组数 n＜30 组"改为"试块组数 n 小于 30 组"	陈述内容中，不采用符号
19	B.0.1	"砌石体之密实性以其透水率 q 值表示，q 值愈小，砌石体之密实性愈好"放在条文说明中。"q 值通过压水试验进行测定"改为"q 值应通过压水试验进行测定"	解释说明的内容放条文说明，采用标准用词"应"表示规定
20	B.0.2	"以检查栓塞止水效果""以鉴别栓塞止水性能"放在条文说明中	解释说明的内容放条文说明
21	C.0.1	改为"砌石体干密度检查，可采用试坑灌砂法与试坑灌水法两种。可通过灌砂或灌水的手段测定试坑的体积，并根据试坑挖出的浆砌石体材料重量，计算出浆砌石体的单位重量"	陈述性内容改为"有选择"
22	C.0.2	1."灌砂法"改为"灌砂法应满足下列要求：" "操作步骤"改为"操作步骤应如下：""试坑开挖记录及砌石体直观素描"改为"试坑开挖记录及砌石体直观素描应如下：" 2. 1 款下的项"1)～10)"以及 2 款下的项"1)～2)"的内容换行后与第一行首字对齐。 3."每次灌砂前，应将准备用以灌注的净砂事先称好，待灌注完毕后，再将所剩净砂称出，以总量减去剩余净砂重量，即为灌注所耗用的净砂重量"属于悬置段，改为项的内容或放在 1 款的引导语中	1. 完善引导语。 2. 款、项的编排格式。 3. 款下有了项的内容，再出现自然段就属于悬置段
23	C.0.3	"为使求得的试坑体积尽可能接近实际""以使灌水后的塑料薄膜与试坑顶面紧密贴合""避免塑料薄膜重叠"放条文说明中	解释说明的内容放条文说明

第三节　入河风沙量监测规程

一、标准编制的背景和必要性

风沙区风沙运动和沙丘运动监测对了解沙漠演进特征、开展沙漠地区水土保持工作具有重要意义。当前关于沙漠风沙运动的监测还未形成统一的规范，各研究机构根据各自承担的研究项目特征，选取局部区域进行短期监测，未形成风沙监测的长效机制。编制单位通过在乌兰布和沙漠开展长期、系统的风沙监测工作，定量评估进入河流的沙漠风沙量，在此基础上系统总结风沙监测和入河量计算的方法与原则，并最终形成本标准。风沙入河量计算是开展流经沙漠地区河流河床演变规律研究、确定河道治理和水资源开发利用方式的重要基础。为规范风沙区风沙运动和沙丘移动监测，科学计算风沙入河量，满足当前行业发展需求，制订本标准。本标准的制订对沙漠地区风沙入河量计算具有重要的指导意义。

二、标准的主要内容分析

（一）标准性质
本标准属于方法类标准。

（二）标准格式体例
本标准的格式体例按照 SL/T 1—2024 的规定进行编制。

（三）标准名称
入河风沙量监测规程。

1. 标准化对象：入河风沙量

表明了标准的标准化对象，为入河风沙量，标准所有的条款都将围绕入河风沙量编写。

2. 标准用途主题词：监测

本标准规定的内容是入河风沙量的特定方面——监测，标准的条款紧紧围绕监测的设备要求、监测内容、监测方法和计算要求编写，不应涉及其他无关的内容。

3. 特征名：规程

规程是对实际迫切需要但技术尚不太成熟、难以准确定量或统一要求，或要求较为原则与宏观的标准。常用于水利水电工程运行管理、设备操作、试验、计量检定、报告编制等具体过程、程序、方法的统一要求，以专用型标准为主，包括各种"计量检定规程"本标准规定了入河风沙量监测设备、监测内容、监测方法和计算要求，选用特征名"规程"。

（四）主要内容
本标准主要内容包括：风沙区风沙运动监测和入河风沙量的计算；监测点的布设原则；监测设备、内容、方法和要求；入河风沙量的计算方法。本标准适用于流经风沙区河流入河风沙量的监测，包括风沙运动和风沙流结构特征观测以及风沙量的计算。

（五）标准结构

本标准是一个方法标准，采用的是 SL/T 1—2024 的编写规则。

1. 总则

1.0.1 明确了标准编制的目的：范风沙区风沙运动和沙丘移动监测，科学计算入河风沙量。

1.0.2 表明了标准的适用范围：流经风沙区河流入河风沙量的监测，包括风沙运动和风沙流结构特征观测以及风沙量的计算。

1.0.3 和 1.0.4 给出了标准所规定内容的共性要求。

1.0.5 为所有按照 SL/T 1 编写的标准的共性要求，即规定执行相关标准的要求，采用"……除应符合本标准规定外，还应符合国家现行有关标准的规定"的典型用语。

本标准无引用标准清单。

2. 术语

本标准选取了 17 条术语作为第二章术语，"2.2 符号"给出了标准条文中符号的解释说明。

3. 技术要求

第 3 章监测：在"3.1 一般规定"中规定了监测资料收集、边界范围确定的要求；"3.2 监测点布设原则"规定了场地的选择、监测点的布置等要求；"3.3 监测设备"规定了监测设备的类型、规格及参数要求；"3.4 监测内容和方法"给出了监测的内容和方法；3.5 提出了监测要求。

第 4 章入河风沙量计算方法：规定了入河风沙量、沙丘移入河风沙量、风沙流入河风沙量的计算方法。

4. 补充部分

附录、标准用词说明、标准历次版本编写者信息。

附录 A　现状调查

附录 B　起沙风况统计

附录 C　监测指标体系

附录 D　常见风沙流监测仪器设备

本标准为首次制定，无历次版本编写者信息。

5. 条文说明

条文说明解释了条文编制的目的、依据和注意事项。

按照本书第四章第十节技术内容的编写原则，本标准的技术要素涉及入河风

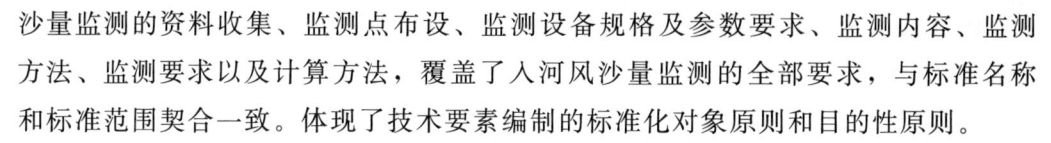

沙量监测的资料收集、监测点布设、监测设备规格及参数要求、监测内容、监测方法、监测要求以及计算方法，覆盖了入河风沙量监测的全部要求，与标准名称和标准范围契合一致。体现了技术要素编制的标准化对象原则和目的性原则。

标准的使用对象是监测人员。标准的内容可以独立指导监测人员规范化的进行入河风沙量监测，体现了编制的使用者原则。

三、标准送审稿示例

下面给出标准编制送审阶段的送审稿，后文将列出送审稿存在的格式体例问题。

【送审稿示例】

ICS ×××××
P××

T/CWEA××—201×

团 体 标 准

入河风沙量监测规程

Technical regulations of monitoring aeolian sand intorivers

（送审稿）

201×-××-××发布　　　　　　　　　201×-××-××实施

中国水利工程协会　发布

# 前　言

根据中国水利工程协会标准制修订工作安排，按照 SL/T 1—2024《水利技术标准编写规程》的要求，编制本标准。

本标准共 4 章和 4 个附录，主要技术内容包括：

——本标准的适用范围：风沙区风沙运动监测和入河风沙量的计算；

——监测点的布设原则；

——监测设备、内容、方法和要求；

——入河风沙量的计算方法。

本标准为首次发布。

本标准批准部门：**中国水利工程协会**

本标准主编单位：**黄河水利委员会黄河水利科学研究院**

　　　　　　　　水利部牧区水利科学研究所

本标准参编单位：**山东农业大学**

　　　　　　　　华北水利水电大学

　　　　　　　　巴彦淖尔市水土保持站

　　　　　　　　磴口县水务局

　　　　　　　　黄河流域水土保持生态环境监测中心

本标准主要起草人：

本标准审查会议技术负责人：

本标准体例格式审查人：

本标准内部编号：

目 次

1 总则 ·· 297
2 术语和符号 ··· 298
　2.1 术语 ·· 298
　2.2 符号 ·· 299
3 监测 ·· 301
　3.1 一般规定 ··· 301
　3.2 监测点布设原则 ·· 301
　3.3 监测设备 ··· 302
　3.4 监测内容和方法 ·· 303
　3.5 监测要求 ··· 304
4 入河风沙量计算方法 ··· 305
　4.1 入河风沙量 ··· 305
　4.2 沙丘移动入河风沙量 ··· 305
　4.3 风沙流入河风沙量 ·· 305
附录 A 现状调查 ··· 306
附录 B 起沙风况统计 ·· 307
附录 C 监测指标体系 ·· 308
附录 D 常见风沙流监测仪器设备 ······································· 309
标准用词说明 ··· 310
条文说明 ·· 311

1 总　　则

1.0.1 为规范风沙区风沙运动和沙丘移动监测，科学计算入河风沙量，制定本标准。

1.0.2 本标准适用于流经风沙区河流入河风沙量的监测，包括风沙运动和风沙流结构特征观测以及风沙量的计算。

1.0.3 入河风沙量监测应因地制宜，合理布设观测点和观测仪器，鼓励采用成熟可靠的新技术、新方法和高精度仪器。

1.0.4 本标准中所提到的入河风沙量指进入河道边界范围内的风沙量。

1.0.5 入河风沙量监测除应符合本标准规定外，尚应符合国家现行有关标准的规定。

2 术 语 和 符 号

2.1 术　语

2.1.1 风沙区　aeolian desert area

地表沙源丰富，水土流失以风蚀为主，地表土壤粗化、退化甚至出现类似流动沙地（丘）的沙漠化区域。

2.1.2 沙化土地　desertification land

地表呈现以沙物质为主要标志的退化土地。

2.1.3 流沙比例　proportion of movable dunes

不同沙化土地类型中，流沙面积占该地区土地总面积的百分比。

2.1.4 流动沙地（丘）　movable sand land or dune

土壤质地为沙质，植被盖度＜10％，流沙比例＞50％，地表沙物质常处于流动状态的沙地或者沙丘。

2.1.5 半固定沙地（丘）　semi-fixed sand land or semi-fixed dune

土壤质地为沙质，10％≤植被盖度＜30％（乔木林冠下无其他植被时，郁闭度＜0.50），10％＜流沙比例≤50％，局部受风蚀破坏，出现风蚀坑和吹扬灌丛沙堆及小片流沙的沙地或者沙丘。

2.1.6 固定沙地（丘）　fixed sand land or fixed dune

土壤质地为沙质，植被盖度≥30％（乔木林冠下无其他植被时，郁闭度≥0.50），流沙比例≤10％，地表仅有斑点状流沙的沙地或者沙丘。

2.1.7 风蚀　aeolian erosion

在风力作用下，地表土壤、土壤母质及岩屑（含沙粒）、松散岩层等被破坏、剥蚀、搬运和沉积的过程。风力侵蚀的简称，属于土壤侵蚀类型中的一类。

2.1.8 风沙流　wind-blown sand flow

气流和沙质地表相互作用下形成的气固两相流，即沙粒被风扬起并随风沿地面移动及近地空间搬运前进的挟沙气流。

2.1.9 沙丘移动　sand dune movement

在风力作用下沙粒从迎风坡吹扬搬运至坡顶后，在重力作用下不断堆积在背风坡，使落沙坡沿风沙流运动方向不断前移的过程。

2.1.10 起沙风速　incipient velocity for sand transportation

地表 2m 高度的风速逐渐增大到某一数值后，使地表沙粒由静止状态进入运动状态的临界风速。

2.1.11 入河风沙量　theamount of aeolian sand into the river

河道边界外地表沙物质在风力作用下以风沙流的形式和沙丘移动的形式进入河道边界以内的沙物质总量。

2.1.12 输沙量　sediment transport discharge

风沙流在单位时间内通过单位面积（或单位宽度）所搬运的沙物质量，也称为风沙流的固体流量，单位是 kg/(m·h) [或 kg/(m²·h)]。

2.1.13 蠕移　creep

沙粒沿地表滚动或滑动的运动形式。以蠕移形式运动的风沙，称为蠕移质。

2.1.14 跃移　saltation

沙粒受风力作用被弹射到气流中并从气流中获得动量，在空中运行一定距离后在其自身重力作用下又回到地面的运动形式。以跃移形式运动的风沙称为跃移质。

2.1.15 悬移　suspension

沙粒悬浮于空气中并保持一定时间不与地面接触，并随气流向前运移的运动形式。以悬移形式运动的风沙称为悬移质。

2.1.16 输沙量监测设施　equipments for monitoring sediment transport

监测某一地表类型在特定气候条件下，单位时间内通过单位面积或单位宽度沙物质量及其影响因子设施设备的总称。

2.1.17 沙丘移动监测设施　equipments for monitoring dune movement

在特定气候条件下对流动沙丘移动距离和移动量进行测量的设施设备的总称。

2.2　符　号

D——沙丘移动距离，m/a；

H——沙丘高度，m；

i——不同的土地利用类型；

j——不同等级的风速；

L——沙丘沿河道边界长度，m；

L_i——第 i 类土地利用类型沿河道的长度，m；

$q_{i,j}$——第 i 类土地利用类型在第 j 类风速下的平均输沙率，kg/(m·h)；

S——入河风沙量，t/a；

S_{csin}——由河道一侧边界进入河道的蠕移和跃移风沙量，t/(m·a)；

S_{csout}——在风力作用下由河道另一侧输出的蠕移和跃移风沙量，t/(m·a)；

S_{cs}——蠕移和跃移入河风沙量，t/a；

S_{mov}——沙丘移动入河风沙量，t/a；

$S_{sus\text{-}in}$——某一土地利用类型区沿河道一侧进入河道的悬移风沙量，t/(m·a)；

$S_{sus\text{-}out}$——某一土地利用类型区由河道另一侧输出河道的悬移风沙量，t/(m·a)。

S_{sus}——悬移入河风沙量，t/a。

S_{win}——风沙流入河风沙量，t/a；

T_j——第 j 类风速年均持续时间，h/a；

W——沙丘移动量，t/(m·a)；

θ_j——第 j 类风速的风向与河岸走向之间的夹角，(°)；

ρ_s——为沙物质容重，kg/m³。

3 监　　测

3.1 一　般　规　定

3.1.1 应充分收集监测区域土地利用类型、植被、地表组成等基本资料：
　　1 监测区域流动沙地（丘）、半固定沙地（丘）和固定沙地（丘）的面积。
　　2 流动沙地（丘）高度（H）、宽度、走向。
　　3 半固定沙地（丘）、固定沙地（丘）的植被类型、盖度、高度。
　　4 各类型沙地（丘）的土壤容重（ρ_s）、机械组成。详见附录C表C.1。

3.1.2 应按照实际情况对监测点集沙仪的沙物质进行定期或不定期收集，并对集沙仪收集到的沙物质进行称重。

3.1.3 河道边界范围应按照以下原则确定：
　　1 在有堤防的河道，以河道两侧堤防为河道边界；
　　2 无堤防的河道，以水文部门确定的河道测验断面左右端点为河道边界；
　　3 无堤防且无测验断面的河道，以50年一遇洪水水面线或冬季冰封期冰面最大覆盖区的最高线为河道边界。

3.2 监测点布设原则

3.2.1 观测场地应选择在距离河道边界小于500m的开阔区域，且下垫面均匀一致，无强烈人为干扰，每种土地利用类型观测场地应具有代表性。

3.2.2 在综合分析监测区域基本资料的基础上，选择同一土地利用类型连续分布面积大于等于1km^{2}的区域作为监测点布设位置。详见附录A表A.1。

3.2.3 应根据沙地（丘）的特征，合理确定监测点的布局：
　　1 流动沙地（丘）监测点的选择应根据流动沙地（丘）高度、宽度、走向等特征，监测点所在的沙丘应能够代表监测区域流动沙地（丘）的特点。
　　2 半固定沙地（丘）监测点的选择应根据半固定沙地（丘）裸露区域和植被覆盖区域的分布特征，监测点应能够代表半固定沙地（丘）的特征。
　　3 固定沙地（丘）监测点的选择应根据固定沙地（丘）植被类型、群落结构特征和分布面积，监测点应能够覆盖固定沙地（丘）的主要植被类型。

3.2.4 应根据沙地（丘）的特征，合理布设监测点的数量，监测点布设宜不少于

3个。

3.2.5 监测点应布设在风沙入河河道的两侧。

3.3 监 测 设 备

3.3.1 监测设备宜包括集沙仪、小型自动气象站、风沙观测通量塔、无人机、测桩、测钎、测绳、水准仪、全站仪、RTK、三维激光扫描仪等。详见附录D表D.1。

3.3.2 集沙仪主要用于收集不同土地利用类型风沙流的输沙量，包括距地表0cm～200cm等不同高度的仪器，其中距地表0cm的蠕移质收集仪主要用于蠕移质的监测，其他高度的集沙仪主要用于跃移质和悬移质监测，其规格包括：

  1 高30cm～100cm、宽30cm～50cm的扁平型集沙仪，在垂直高度上每2cm设置一个集沙盒，进沙口截面面积为2cm×2cm；

  2 高度为150～200cm的大容量集沙仪，仪器分层不少于4层，在20cm、50cm、100cm、150cm四个高度及根据需求确定的其它高度设置集沙盒，进沙口截面面积为2cm×5cm；

  3 高度为50cm～100cm的分方位积沙仪，能区分不同风向（16个方向）的风沙流，进沙口截面面积为2cm×50cm，或者2cm×100cm；

  4 野外监测时应选用附录D的A类仪器与C类仪器配套使用。

3.3.3 风沙观测通量塔主要用于悬移质风沙监测，高度应不低于10m，见附录D的B类仪器。

3.3.4 自动气象站主要用于风沙监测区域的气象特征监测，其主要参数应满足下列要求：

  1 工作温度宜为：−40℃～+60℃；

  2 数据记录时间：1min～10min；

  3 数据采集频率宜小于1min；

  4 最大承受风速宜大于35m/s；

  5 风速测量启动风速宜为1m/s，分辨率宜为0.1m/s；

  6 风向测量范围宜为0°～355°，精度宜为±5°，分辨率宜为1.4°；

  7 其他传感器可根据观测需求确定其参数，宜在−35℃以上的地区使用。

3.3.5 测钎主要用于沙丘移动监测，宜为光滑细长的圆柱形硬质金属杆，直径为2mm～10mm，长宜为50cm～100cm，顶端应设有小手柄环，环的下边应标有明显的顶端刻度线。

3.3.6 水准仪、全站仪、RTK、三维激光扫描仪等测量仪器,主要用于沙丘移动监测。平面精度宜为:$\pm(8+1\times10^{-6}\times D)$ mm,高程精度宜为:$\pm(15+1\times10^{-6}\times D)$ mm。宜在-35℃以上的地区使用。

3.3.7 监测过程中对土壤、水分、植被等下垫面特征的监测,可选择相关的水土保持监测设施设备。

3.4 监测内容和方法

3.4.1 沙丘沿河道边界长度 (L)

河道两侧不同土地利用类型边界长度与走向,应利用高分辨率遥感(航拍)影像资料,并结合实地调查进行确定。

3.4.2 起沙风速

监测区域各类型沙地(丘)的起沙风速应利用风速仪进行监测,或利用仿真地面、风洞模拟进行试验观测,并在野外进行校准和率定。

3.4.3 风速与风向

利用 2m 高小型自动气象站记录风向与风速数据,统计 16 个风向大于起沙风速的不同等级各风速(等级步长为 1m/s)的持续时间(T)及与河道方向的夹角(θ)。详见附录 B 表 B.1。

3.4.4 风沙流输沙量

1 蠕移和跃移输沙量(S_{cs}):利用不同高度的集沙仪监测沿河两岸不同土地利用类型的风沙运动,并根据集沙仪收集风沙的重量计算风沙流输沙率(q),根据公式(4.3.2-2)计算蠕移和跃移输沙量;

2 悬移风沙输沙量(S_{sus}):在河道两侧沿主风向方向布设风沙观测通量塔,监测不同高度的悬移风沙输沙量,并计算沿主风向进入(S_{sus-in})和输出($S_{sus-out}$)河道范围的悬移风沙输沙量。

3.4.5 流动沙丘移动速度

1 定位地形测量法:

　　1)选择沿河两岸不同类型和高度的流动沙丘,在沙丘正前方及四周埋设边界桩,边界桩埋深 1m,外露 1m。

　　2)采用全站仪或 RTK 在边界桩内进行全地形测量,测量时对沙丘的边界、沙脊线、落沙坡边界应有明确的标记,测量 1:200 的地形图,每年或者每季度测量 1 次。

　　3)测量后绘制沙丘形态平面图和等高线图,利用测量软件比较分析得到沙丘的移动方向、移动距离及形态变化，计算沙丘移动速度。
   2 遥感影像监测法：
      1) 利用高分辨率的遥感影像或者无人机航拍影像监测沿河两岸沙丘的运动及其外貌特征的变化。
      2) 收集不同时期的高精度卫星遥感影像或者定期的航拍影像资料，采用GIS或者EDARS等软件分析不同时期影像资料中沙丘的位置与外表形态的变化，从而推算出在该时期内沙丘的移动速度。
   3 根据移动速度计算沙丘移动距离（D）。

3.5 监 测 要 求

3.5.1 输沙量观测场面积不应小于1km^2，同一类型宜布设3个及以上重复监测点，监测点之间的距离应大于1km；沙丘移动宜监测3个及以上形态完整、相互独立的沙丘单体，也可监测连续的沙丘链断面。

3.5.2 沿主风向进出河道范围的悬移风沙量监测应在河道两侧沿主风向方向布设风沙观测通量塔，在2m～10m高度范围内根据需求设置风沙监测仪器。

3.5.3 利用集沙仪进行风沙监测时，应遵循以下原则：
   1 风沙流结构、输沙量的实时监测宜选用附录D的A类仪器，集沙效率应大于80%；
   2 进行长期监测宜选用大容量集沙仪；
   3 观测单一风向的输沙量时宜采用单向集沙仪；
   4 观测多个方向的输沙量宜采用分方位集沙仪。利用可分方位的集沙仪收集沙量，将收集的沙量按照16个方位进行存储，以区分不同方向的风沙流输沙量。

4 入河风沙量计算方法

4.1 入河风沙量

4.1.1 入河风沙量由沙丘移动引起的入河风沙量和风沙流引起的入河风沙量两部分组成，按下式计算：

$$S = S_{mov} + S_{win} \quad (4.1.1)$$

4.1.2 流动沙丘没有紧邻河道边界的河流，只计算风沙流入河风沙量，不计算沙丘移动入河风沙量。

4.2 沙丘移动入河风沙量

4.2.1 沙丘移动入河风沙量根据沙丘移动量和沙丘沿河道边界长度，按下式计算：

$$S_{mov} = W \times L \quad (4.2.1)$$

4.2.2 沙丘移动量根据沙丘的移动距离、沙丘高度和沙物质容重，按下式计算：

$$W = \rho_s D H / 1000 \quad (4.2.2)$$

4.2.3 沙丘高度、沙物质容重和沙丘的移动距离根据 3.1.1 和 3.4.5 获取，沙丘沿河道边界长度根据 3.4.1 监测内容中实地与遥感监测获取。

4.3 风沙流入河风沙量

4.3.1 风沙流入河风沙量包括蠕移、跃移和悬移三种形式引起的入河风沙量，计算公式如下：

$$S_{win} = S_{cs} + S_{sus} \quad (4.3.1)$$

4.3.2 蠕移和跃移引起的入河风沙量不仅与下垫面和风力状况有关，而且与某一风向和河岸的夹角以及沿岸不同土地利用类型的长度有关，按下式计算：

$$S_{cs} = S_{csin} - S_{csout} \quad (4.3.2-1)$$

$$S_{cs} = \sum_i \sum_i q_{i,j} \times L_i \times T_j \times 10^{-3} \times \sin\theta_j \quad (4.3.2-2)$$

4.3.3 风沙流中以悬移形式引起的入河量，按下式计算：

$$S_{sus} = \sum_i (S_{sus-in} - S_{sus-out}) \times L_i \quad (4.3.3)$$

4.3.4 以上公式中的参数均根据 3.4 中的实地监测进行取值。

附录 A 现 状 调 查

表 A.1 监测区域基本情况调查表

地点与经纬度	土地利用类型	植被类型	植被盖度或郁闭度/%	植被平均高度/m	土壤质地	流沙所占比例/%	沙丘类型	沙丘高度

附录B　起沙风况统计

表 B.1　2m 高度不同风向大于起沙风的风速年均持续时间

风向	大于起沙风的风速/(m/s)								合计
	起沙风～5.9	6.0～6.9	7.0～7.9	8.0～8.9	9.0～9.9	10.0～10.9	11.0～11.9	12.0～12.9	……	
N										
NNE										
NE										
ENE										
E										
ESE										
SE										
SSE										
S										
SSW										
SW										
WSW										
W										
WNW										
NW										
NNW										
合计										

注：上表应根据实际监测区域的起沙风速与最大风速进行调整

附录 C 监测指标体系

表 C.1 入河风沙量监测指标体系

监测目标	监测内容		监测指标
入河风积沙量	土地利用状况	土地利用类型	耕地、草地、林地、建设用地、水域、未利用地的分布，面积
		沙化土地类型	流动沙地（丘）、半固定沙地（丘）、固定沙地（丘）的分布，面积，流沙比例
		流动沙丘	沙丘的迎风坡长度，迎风坡坡度，背风坡长度，背风坡坡度，沙丘高度，沙丘宽度，沙丘移动速度，沙丘距河道的距离
	植被状况		不同土地利用状况下的植被种类组成，乔木的平均树高、胸径、郁闭度，灌木的平均高度、冠幅、盖度，草本的平均高度、盖度
	土壤状况		土壤容重、机械组成、土壤质地
	河道边界状况		河道边界确定，不同土地利用状况河道边界的长度、走向
	起沙风况		2m 高度起沙风速，大于起沙风速的风速、风向、持续时间，风向与河道边界的夹角
	风沙流运移特征		不同土地利用状况下的风沙流结构与输沙量

附录 D 常见风沙流监测仪器设备

表 D.1 常见风沙流监测仪器设备

风沙流收集仪器类型	监测内容	仪器参数	使用方法与注意事项
A 类仪器	蠕移、跃移沙物质	仪器高度为 100cm；整体旋转式集沙仪；进沙口规格：2cm×2cm，进沙口末端有排气孔；进沙口数量：50 个，即每个进沙口的高度为 2cm；进沙口总高度：1m；集沙盒容量 100g～200g	采样间隔根据监测需要和风力条件而定，可在 3 分钟至 7 天的时间称重。采样时倒入预先准备好的自封袋，并利用螺丝刀敲打积沙盒，直到倒干净为止，带回实验室进行称量。相同立地类型应设 2 个以上观测点，间距不小于 50m，观测区域相对开阔，无明显的遮挡物。用于监测蠕移和跃移入河风沙量
B 类仪器	悬移沙物质	收集仪器的高度应不低于 10m，从 2m 处开始收集沙物质，收集沙物质的间隔为 1m 或者 2m，一直到顶端，也可自行根据需求确定间隔。进沙口面积：2cm×5cm，集沙盒容量：500g～2000g	取样时间 3—5 月 1 个月收集 1 次，其他时间 1 个季度取样 1 次。采样时用硬质毛刷将积沙盒的沙物质刷干净，倒入预先准备好的自封袋，带回实验室进行称量，称重的精度为 0.01g。该类仪器要在河流的两岸沿主要起沙风的方向对称放置
C 类仪器	分方位收集沙物质	仪器高度应为 50cm～100cm，能区分不同风向（16 个方向）沙流的全方位集沙仪，集沙盒容量：2000g～5000g。进沙口截面通常为 2cm×50cm，或者 2cm×100cm	该仪器主要用于区分不同方位输沙量的比例。取样时间 3—5 月 1 个月收集 1 次，其他时间 1 个季度取样 1 次。采样时用硬质毛刷将积沙盒的沙物质刷干净，倒入预先准备好的自封袋，带回实验室进行称量，称重的精度为 0.01g。相同立地类型应设 2 个以上观测点，间距不小于 50m，观测区域相对开阔，无明显的遮挡物。该仪器使用时与 A 类、B 类仪器配套使用

标 准 用 词 说 明

标 准 用 词	严 格 程 度
必须	很严格，非这样做不可
严禁	
应	严格，在正常情况下均应这样做
不应、不得	
宜	允许稍有选择，在条件许可时首先应这样做
不宜	
可	有选择，在一定条件可以这样做

团 体 标 准

入河风沙量监测规程

T/CWEA××—201×

条 文 说 明

目　次

1 总则 …………………………………………………………… 313
2 术语和符号 …………………………………………………… 314
　2.1 术语 ………………………………………………………… 314
3 监测 …………………………………………………………… 315
　3.1 一般规定 …………………………………………………… 315
　3.2 监测点布设原则 …………………………………………… 315
　3.3 监测设备 …………………………………………………… 315
　3.4 监测内容和方法 …………………………………………… 315
　3.5 监测要求 …………………………………………………… 316
4 入河风沙量计算方法 ………………………………………… 317
　4.2 沙丘移动入河风沙量 ……………………………………… 317
　4.3 风沙流入河风沙量 ………………………………………… 317

1 总 则

1.0.1 风沙区风沙运动和沙丘运动监测对了解沙漠演进特征、开展沙漠地区水土保持工作具有重要意义，对定量计算沙漠地区入河风沙量具有重要作用。入河风沙量计算是开展流经沙漠地区河流河床演变规律研究、确定河道治理和水资源开发利用方式的重要基础。

1.0.4 入河风沙量的计算应首先明确河道范围，本标准中所提到的入河风沙量指进入河道范围的风沙量，并非进入水流中的风沙量。

一般情况下，流经风沙活动区的河流都有较为广阔的滩地，在计算风沙入河量时，应首先根据实际情况界定河道的范围，可根据堤防、河道测验断面、洪水水面线、冰冻期冰盖范围等确定河道范围。

2 术语和符号

2.1 术 语

2.1.13 蠕移 creep

蠕移质的粒径范围为 0.5～1.0mm，该粒径组的沙粒最容易以蠕移的方式运动。

2.1.14 跃移 saltation

跃移是风沙运动过程的最主要形式，沙物质粒径为 0.10mm～0.15mm 时，最容易以跃移的形式运动。

2.1.15 悬移 suspension

粒径小于 0.1mm 的沙粒，在大风状态下即可形成悬移质，粒径小于 0.05mm 的粉沙和黏土颗粒，体积小、质量轻，在空气中自由沉速低，一旦被风扬起，就不易沉落，能被悬移至较远距离。

3 监 测

3.1 一 般 规 定

3.1.2 定期收集指一年中除大风期外,每月或每季度对监测点的集沙仪进行收集。不定期指每年的大风期,及时对流沙区开展现场监测:

1 当观测到与地面接触的最底层积沙盒收集满时,应立刻收集集沙仪的全部沙物质量,并记录时间;

2 其他非流沙区域应在一场大风过后立即收集集沙仪的沙物质量;

3 不同监测点的风沙监测设备应在同一时间内同时进行收集。

3.2 监测点布设原则

3.2.1 观测类型应具有代表性,是指观测区域能够反映所属土地利用类型的一般特征,如植被盖度和类型、沙丘高度和宽度等。

3.2.4 监测点的布设不少于3个,对于3个监测点无法完全覆盖监测区域的,根据实际情况可适当增加监测点。

3.3 监 测 设 备

3.3.1 监测设备除条文中列出的主要设备外,还应用到罗盘仪、天平、烘箱、皮尺、盒尺、卷尺、钢尺、环刀、铝盒、土壤筛、土钻、数码相机等试验支撑设备。除以上设备外,测量过程中可用其他能够满足监测需求的相关设备。

3.3.6 监测沙丘移动时,监测单位可根据实际情况选择适宜的测量仪器,尽可能选择高精度的测量仪器。

3.4 监测内容和方法

3.4.4 风沙流输沙量

1 蠕移和跃移输沙量:根据集沙仪收集的风沙重量和集沙仪进口宽度,计算蠕移和跃移风沙单位宽度风沙流输沙率,对于区分16个方向的集沙仪,可分别统计各方向上收集的风沙重量,并计算各个方向上的风沙流输沙率。

2 悬移风沙输沙量:统计2m~10m不同高度的悬移风沙输沙量,拟合悬移风沙沿高度分布的函数，计算2m～10m悬移风沙输沙量，根据集沙仪收集的各方向风沙重量的比例，计算沿主风向的悬移风沙输沙量。

3.5 监 测 要 求

3.5.2 风沙观测通量塔主要是为了监测距地面10m范围内的悬移风沙量，可在2m、3m、4m、6m、8m和10m等6个高度应布设风沙监测仪器，每个监测点的高度可以根据需求进行设置。各高度上的监测仪器除集沙仪外，还可布设风速、风向、温度、湿度等监测设备。

3.5.3 每个监测区域至少应配备1个具有监测不同风向风沙流功能的集沙仪，收集不同风向上的风沙输沙量。同时配备1个小型自动气象站，获取集沙仪收集风沙时对应的气象信息。

4 入河风沙量计算方法

4.2 沙丘移动入河风沙量

4.2.1 计算沙丘移动入河风沙量时,计算公式中长度 L 仅考虑紧邻河道边界的沙丘段长度,距离河道较远的沙丘,沙丘移动不计入入河风沙量。

4.3 风沙流入河风沙量

4.3.3 风沙流入河风沙量中悬移风沙作为风沙流的运动形式之一,在风沙流中所占比重很小,在进行风沙运动规律监测时需要进行监测和分析,在计算风沙入河量时,在不具备监测条件的情况下可忽略不计。

【送审稿格式体例存在问题分析】
(1) 前言主要内容的介绍与章节层次不一致。
修改意见:
本标准共 4 章和 4 个附录,主要技术内容包括:
——监测点的布设原则、监测设备、监测内容、监测方法和监测要求;
——入河风沙量的计算方法。
(2) 1.0.4 在条款中解释术语。
修改意见:
"1.0.4 本标准中所提到的入河风沙量指进入河道边界范围内的风沙量。"放到术语中。
理由:对术语的界定统一放在术语和符号一章。
(3) 2.1"术语"增加引导语:"下列术语及其定义适用于本标准。"且术语的条目编号、术语和英文译名采用黑体五号字。
(4) "2.2 符号"中破折号对齐方式有误,符号中所列的符号不带单位。
修改意见:
1) 符号释义的破折号左对齐。
2) 删除符号解释中的单位。
理由:符号的单位在参与计算的时候才有意义,"2.2 符号"一节中对符号的解释不带单位。

（5）3.1.1缺少引语。

修改意见：改为"应充分收集监测区域土地利用类型、植被、地表组成等基本资料。基本资料包括下列内容："

理由：款和项要有引导语。

（6）3.1.3款中的表述不一致。

修改意见："在有堤防的河道"改为"有堤防的河道"。

（7）3.2.3缺少引导语。

修改意见："应根据沙地（丘）的特征，合理确定监测点的布局："改为"应按照下列要求根据沙地（丘）的特征，合理确定监测点的布局："

第四节　水工建筑物环氧树脂涂料施工规范

一、标准编制的背景和必要性

随着化工产业的发展，环氧防护涂料已广泛应用于水利水电、交通、建筑等行业，产品技术及其施工工艺逐步成熟，越来越多的工程将采用该材料。然而，水利行业并无此项标准，生产厂家都执行自己的企业标准，水利行业的设计单位及施工单位亦无确切的依据可参考，仅靠参考一些试验结果和参考资料，不能保证产品和工程质量，影响了产品的推广使用。

另外水利工程具有其自身特点，应用环境复杂，对环氧树脂防护涂料的性能要求亦有其特殊性，因此，需针对水利行业特点，制定环氧树脂防护涂料技术标准，以推进行业发展。

环氧树脂防护涂料在国外的应用始于20世纪60年代初，国内中科院广化所、中国水利水电科学研究院、武汉大学等单位也于70年代开始投入研发并应用于工程。目前环氧防护涂料已广泛应用于交通、工民建、港口及水工建筑物的防护，其用量及生产厂家也大幅增长。然而水利行业无该项标准。2014年建材行业标准《环氧树脂防水材料》（JC/T 2217—2014）发布实施，该标准仅适用于工民建工程非外露使用的环氧树脂防水涂料。然而针水工建筑物的防护有其自身的特点，要求较普通工民建高很多，用量也很大，仅参考国内外一些试验结果和参考资料，不能保证产品质量，影响产品的推广使用。因此，制定水利行业技术标准可以规范市场，为生产企业提高和控制产品质量提供方向，为设计和施工单位提供依据。

该标准的制定将对提高工程质量、推动水利行业环氧树脂防护涂料的健康发展起到积极的作用。

二、标准的主要内容分析

（一）标准性质
本标准属于技术类标准。

（二）标准格式体例
本标准的格式体例按照 SL/T 1—2024 的规定编制。

（三）标准名称
水工建筑物环氧树脂涂料施工规范。

1. 标准化对象：水工建筑物环氧树脂涂料

表明了标准涉及的领域是水工建筑物，标准的适用范围是水工建筑物领域，标准的技术内容也要围绕水工建筑物编写，不可包含其他工程建筑环氧树脂涂料施工的技术要求。标准化对象为环氧树脂涂料，标准所有的条款都将围绕环氧树脂涂料编写。

2. 标准用词主题词：施工

本标准规定的内容是环氧树脂涂料的特定方面——施工，不是生产、设计、检验验收，标准的条款紧紧围绕施工的相关要求编写，不应涉及生产、设计等与补充元素无关的内容。

3. 特种名：规范

规范常用于水利水电工程勘察、设计、施工、验收等技术方面的统一要求；技术性强，以专用型标准为主。本标准的内容为水工建筑物环氧树脂涂料施工方面的统一技术要求，选用特征名"规范"。

（四）标准结构
根据标准名称可以判断，本标准是一个工程应用的技术标准，采用的是 SL/T 1—2024 的编写规则。

前引部分：封面、前言、目次。

正文部分：总则、术语、技术要求。

1. 总则

1.0.1 明确了标准编制的目的：规范环氧树脂涂料施工，保障工程质量。

1.0.2 表明了标准的适用范围：水工混凝土建筑物环氧树脂涂料防护工程，与标准名称水工建筑物环氧树脂涂料施工相契合。

1.0.3 列出了标准正文所引用的标准清单。

1.0.4 为所有按照 SL/T 1 编写的标准的共性要求，即规定执行相关标准的要求，采用"……除应符合本标准规定外，还应符合国家现行有关标准的规定"的典型用语。

2. 术语

本标准选取了 4 条独有的术语作为第二章术语，"环氧树脂涂料""涂层""适用期""复涂间隔"。

3. 技术要求

第 3 章材料：在"3.1 一般规定"中规定了环氧树脂涂料的分类、产品标识、包装、运输储存要求；"3.2 性能及试验"中从固体含量、黏结强度、热相容性、抗冻性、抗渗压力、抗冲击性几个方面规定了涂料的性能以及试验方法，并规定了各个类型的涂料的涂抹厚度及间隔时间；"3.3 抽样检验"规定了涂料抽样方法及判断准则。

第 4 章施工要求：在"4.1 一般规定"中规定了涂料的施工前准备、厚度要求、施工环境要求、施工混凝土基层要求以及施工工序；"4.2 基层处理"详细规定了基层处理的方法；"4.3 涂料涂覆"规定了涂料配制、涂抹、固化期保护的要求。

第 5 章安全与环保：在"5.1 安全"中规定了施工前及施工过程中的安全规定，"5.2 环保"规定了施工过程中的环境保护要求。

第 6 章质量检验与验收：在"6.1 基层"中规定了基层应达到的标准；"6.2 涂层"规定了涂层应达到的标准以及检验方法；"6.3 施工记录"规定了施工记录的内容。

4. 补充部分

附录、标准用词说明、标准历次版本编写者信息。

本标准无附录。

本标准为首次制定，无历次版本编写者信息。

5. 条文说明

条文说明解释了条文编制的目的、依据和注意事项。

按照本书第四章第十节技术内容的编写原则，本标准的技术要素涉及材料性能要求、施工要求、安全与环保要求、质量检验与验收要求，覆盖了环氧树脂涂料在水工建筑物上施工过程的全部要求，与标准名称和标准范围契合一致。体现了技术要素编制的标准化对象原则和目的性原则。

标准的使用对象是涂料施工人员。标准的内容可以独立指导施工人员规范化的进行涂料施工,体现了编制的使用者原则。

三、标准送审稿示例

下面给出标准编制送审阶段的送审稿,后文将列出送审稿存在的格式体例问题。

【送审稿示例】

ICS 27.140
P59

团 体 标 准

T/CWEA ××—2021

水工建筑物环氧树脂涂料施工规范
Specificationforepoxyresincoatingsofhydraulicstructures

（送审稿）

2021-××-×× 发布　　　　　　　　2021-××-×× 实施

中国水利工程协会　发布

前　言

根据中国水利工程协会标准制修订计划安排，按照 SL/T 1—2024《水利技术标准编写规程》的要求，编制本标准。

本标准共 6 章和 1 个附录，主要技术内容有：

——材料；

——施工要求；

——安全与环保；

——质量检验与验收。

本标准为首次发布。

本标准批准部门：中国水利工程协会

本标准主编单位：中国水利水电科学研究院

本标准参编单位：

本标准主要起草人：

本标准审查会议技术负责人：

本标准体例格式审查人：

本标准内部编号：

目　　次

1 总则 ·· 325
2 术语 ·· 326
3 材料 ·· 327
　3.1 一般规定 ·· 327
　3.2 性能及试验 ·· 327
　3.3 抽样检验 ·· 328
4 施工要求 ·· 329
　4.1 一般规定 ·· 329
　4.2 基层处理 ·· 329
　4.3 涂料涂覆 ·· 329
5 安全与环保 ·· 331
　5.1 安全 ·· 331
　5.2 环保 ·· 331
6 质量检验与验收 ··· 332
　6.1 基层 ·· 332
　6.2 涂层 ·· 332
　6.3 施工记录 ·· 332
本标准用词说明 ·· 333
条文说明 ·· 334

1 总　　则

1.0.1 为规范环氧树脂涂料施工，保障工程质量，制定本标准。

1.0.2 本标准适用于水工混凝土建筑物环氧树脂涂料防护工程。

1.0.3 本标准主要引用下列标准：

GB/T 3186　色漆、清漆和色漆与清漆用原材料取样

GB/T 16777　建筑防水涂料试验方法

GB/T 22374　地坪涂装材料

SL/T 352　水工混凝土试验规程

SL 230　混凝土坝养护修理规程

SL 398　水利水电工程施工通用安全技术规程

DL/T 5193　环氧树脂砂浆技术规程

JC/T 2217　环氧树脂防水涂料

1.0.4 水工建筑物环氧树脂涂料的施工，除应符合本标准外，尚应符合国家现行有关标准的规定。

2 术　语

2.0.1 环氧树脂涂料　epoxy resin protection coating

以环氧树脂、固化剂、稀释剂及其他助剂、颜填料等组成，混合后反应生成具有防护功能涂层的材料。

2.0.2 涂层　coating

涂料经一道或多道涂覆后固化所得到的防护层。

2.0.3 适用期　potlife

环氧树脂涂料从拌制完成到保持其施涂性能的可操作时间。

2.0.4 复涂间隔　recoating interval

在涂覆过程中，两道施涂之间的时间间隔。

3 材　　料

3.1 一　般　规　定

3.1.1 环氧树脂涂料可分为自流平型（SLEC）、薄浆型（BBEC）或厚浆型（HBEC）。

3.1.2 环氧树脂涂料应进行产品标识。标识顺序宜为：产品名称、类型、执行标准。

3.1.3 产品包装应符合下列要求：

　　1 外包装上印刷或粘贴产品标志内容宜包括：产品名称、产品净质量、批号、贮存期、生产日期、生产企业名称及地址等；

　　2 不同组分包装外观应有明显区别；

　　3 产品包装中应附有产品合格证和使用说明书。

3.1.4 产品运输和储存应符合下列要求：

　　1 运输过程中应防止日晒雨淋，不同批号、包装的产品应分别堆放，不应混杂；

　　2 搬运时应轻搬轻放，防止碰撞、挤压；

　　3 产品宜在10℃～40℃环境下储存，注意通风，不应露天堆放，并应远离热源、火源。

3.2 性　能　及　试　验

3.2.1 搅拌后产品各组分应均匀、无凝胶、无结块。

3.2.2 环氧树脂涂料的性能应符合表3.2.2的规定。

表3.2.2　环氧树脂涂料性能

序号	项　目		技术指标	试验方法
1	固体含量/%		≥95	GB/T 16777
2	干燥时间/h	表干时间	≤6	GB/T 16777
		实干时间	≤24	
3	黏结强度/MPa	干基面	≥3.0	DL/T 5193
		潮湿基面	≥2.5	

续表

序号	项目		技术指标	试验方法
4	热相容性	干热循环（30次）	涂层无开裂、起皮、剥落	DL/T 5193
		湿热循环（20次）	涂层无开裂、起皮、剥落	
5	抗冻性（200次循环）		涂层无开裂、起皮、剥落	SL/T 352
6	抗渗压力/MPa		≥1.0	JC/T 2217
7	抗冲击性（落球法）/(500g, 100cm)		涂层无开裂、剥落	GB/T 22374

3.2.3 厚浆型环氧树脂涂料具有良好的厚涂性能，单次施涂厚度不应小于0.5mm。在结露环境下使用的厚浆型环氧树脂涂料，单次施涂厚度应满足防护设计要求。

3.2.4 自流平型和薄浆型环氧涂料试验涂覆厚度应为0.40mm±0.05mm，厚浆型环氧涂料试验涂覆厚度应为1.00mm±0.10mm。宜1次涂覆到所需厚度，若分2次成型，间隔时间应按产品说明相关要求执行。

3.3 抽样检验

3.3.1 环氧树脂涂料应具备产品合格证和性能检测报告。材料进场后，应进行抽样检测，合格后方可使用。

3.3.2 同类型环氧树脂涂料宜每10t为一批次，不足10t按1批次计。

3.3.3 抽样应按GB/T 3186规定执行，并应满足下列要求：

    1 按配比抽取不少于10kg样品；

    2 试样分为二份，一份试验，一份备用，备用样品储存期为3个月；

    3 试样应置于不与涂料发生反应的干燥密闭容器中，密封贮存。

3.3.4 进场材料抽样检测项目应包括固体含量、干燥时间及黏结强度。检测结果应符合下列规定：

    1 检测结果符合本标准表3.2.2中相关要求，应判定为合格；

    2 若有一项指标不符合要求，应对不合格项目进行两倍复检，检测结果全部符合要求时，应判定为合格，否则应判定为不合格；

    3 若有两项或两项以上不符合标准规定，应判定为不合格；

    4 其他性能抽样检测可根据工程特殊要求确定。

4 施 工 要 求

4.1 一 般 规 定

4.1.1 环氧树脂涂料在施工前宜进行现场工艺试验，验证施工工艺和参数，并编制施工技术方案。

4.1.2 环氧树脂涂料的涂层厚度应符合设计要求，无设计要求时应符合下列规定：
  1 在长期浸泡或过水环境下，涂层厚度宜为 0.5mm～2.0mm；
  2 非长期浸水运行环境下，涂层厚度宜为 0.2mm～0.5mm。

4.1.3 环氧树脂涂料施工环境应满足下列要求：
  1 环境温度宜为 5℃～35℃；
  2 雨天或高温天气日光直射环境施工应搭设遮挡棚；
  3 露天环境下的喷涂作业宜在四级风以下进行。

4.1.4 进行环氧树脂涂料施工的混凝土基层强度等级不宜低于 C20。新浇混凝土的龄期宜在大于 28d 后方可进行环氧树脂涂料施工。

4.1.5 环氧树脂涂料施工应按基层处理、涂料涂覆的工序进行，每道工序完成并检查合格后，方可进行下道工序施工。

4.2 基 层 处 理

4.2.1 混凝土基层处理应采用高压水或机械打磨等方法除去表面松动物、浮浆、油污，露出新鲜、坚实的混凝土基面，清洁表面并晾干。

4.2.2 裂缝、渗水部位应按照 SL 230 有关规定采取灌浆、开槽填充、导流等方法进行预处理。

4.2.3 混凝土基面空洞、蜂窝麻面宜采用环氧树脂砂浆、环氧腻子等材料进行修补。

4.2.4 在环氧树脂涂料涂覆施工前，应避免二次污染，保持混凝土基面洁净、干燥。

4.3 涂 料 涂 覆

4.3.1 环氧树脂涂料应按照产品要求配制。拌和好的材料应在适用期内使用完毕。

4.3.2 环氧树脂涂料可采用刮涂、涂刷、辊涂或喷涂的方法施工。

4.3.3 应根据设计要求和产品性能确定一次施涂厚度。需多道涂覆时，应在产品复涂间隔时限内进行。整个涂覆过程中，作业基面不应被水、灰尘及杂物污染。

4.3.4 涂层施工完成后应进行固化期保护，期间应避免接触水，并防止外力破坏。

5 安 全 与 环 保

5.1 安 全

5.1.1 环氧树脂涂料的施工过程应符合 SL 398 相关规定。

5.1.2 施工前应进行安全教育与培训,明确危险因素和注意事项。

5.1.3 在室内或封闭空间作业时,应采取抽排风等措施保持空气流通。

5.1.4 施工现场宜避免使用明火,作业人员施工现场不应进食、吸烟。

5.1.5 施工人员应戴手套,基层混凝土面处理人员应戴防尘面具、防护眼镜。

5.1.6 如遇物料接触皮肤或溅入眼中,应立即用清水冲洗,并及时送医检查。

5.2 环 保

5.2.1 基层处理时,宜避免扬尘,并根据现场情况采取喷水、喷雾或封闭施工等降尘措施。

5.2.2 清洗液、材料包装桶、废弃原材料和处理剂应及时回收,统一处理。

6 质量检验与验收

6.1 基 层

6.1.1 基层检查宜采用目测及敲击方式进行,表面应干燥、坚实。

6.1.2 混凝土基层应无裂纹、孔洞和蜂窝麻面等缺陷。

6.2 涂 层

6.2.1 环氧树脂防护涂层的外观应光滑平整,顶面和立面无流坠现象,施工接缝处应搭接平整,平顺连接。

6.2.2 环氧树脂防护涂层与基层的黏结强度应采用拉开法检测,破坏形式应为基层混凝土内聚破坏。每400m^2应为一个单元,每单元取5个测点,不足400m^2的按400m^2计。拉开法测试应按DL/T 5193的相关规定执行,检测龄期宜为7d~14d。

6.2.3 厚度检测可与黏结强度同时进行,直接测量柱状上涂层厚度。检测频次与黏结强度测试相同。

6.2.4 环氧树脂防护涂层的平均厚度应满足设计要求,测点最小厚度应不小于设计厚度的80%,厚度小于设计厚度的比例不应大于15%。

6.2.5 施工过程中应随时采用梳规等测厚工具进行未固化涂层厚度控制,发现不合格情况应及时处理。

6.3 施 工 记 录

6.3.1 施工中应进行过程控制和质量检验记录。

6.3.2 施工记录应包括以下内容:
——工程项目名称、施工时间、地点、人员信息等;
——施工环境温湿度;
——产品状态;
——产品及施工过程状况;
——施工面积及材料用量;
——施工过程湿膜及涂层厚度记录。

本标准用词说明

标 准 用 词	严 格 程 度
必须	很严格,非这样做不可
严禁	
应	严格,在正常情况下均应这样做
不应、不得	
宜	允许稍有选择,在条件许可时首先应这样做
不宜	
可	有选择,在一定条件下可以这样做

团 体 标 准

水工建筑物环氧树脂涂料施工规范

T/CWEA××—2021

条 文 说 明

1 总 则

1.0.1 环氧树脂在国外用作防护涂料，始于20世纪60年代初，继美国之后，欧洲、苏联、日本、韩国等亦在防水工程中使用，国内中科院广州化学所70年代首先开始渗透型环氧树脂防水、补强材料的研究，中国水利水电科学研究院、长江科学院、武汉大学等十几家科研单位相继投入环氧防护涂料的研发并在工程中推广应用。到20世纪90年代，随着化工产业的发展，环氧防护涂料已广泛应用于水利水电、交通、建筑等行业，产品技术及其施工工艺逐步成熟。在此基础上，有相关研究单位和施工单位共同探讨，编制了本标准，旨在指导和规范环氧树脂涂料在水利工程上的应用，确保工程质量。

1.0.2 环氧树脂涂料从不同角度可以分为很多类型和品种。如从涂料状态角度，可以分为溶剂型环氧涂料、环氧粉末涂料、无溶剂型环氧涂料以及水性环氧涂料等；从反应角度，可以分为双组份反应型涂料、单组分潜伏性反应型涂料、辐射固化型涂料等。水利工程混凝土防护中，由于应用环境比较苛刻，施工多为受限环境，通风条件不良，以及温、湿度条件的限制，通常无溶剂反应性环氧涂料有更好的性能表现，因此工程应用也更为广泛。另外相对于其他防腐蚀应用领域，水工条件下的应用防护目的更为多样，如防介质侵蚀、抗冲磨、防冻融、表面降糙以及防生物附着等，另外水利工程多为百年工程，要求防护寿命长，因此一般对膜厚要求比较严格。为区别于其他类型环氧树脂涂料，本标准的适用范围限定在无溶剂、反应成膜型的环氧树脂涂料，另外为了区别于渗透型环氧涂料，强调其成膜特点，本标准中将其称为环氧树脂涂料。

2 术 语

2.0.4 复涂间隔一般包括"最小复涂间隔"和"最大复涂间隔",以保障涂膜质量和附着力。通常情况下,具体复涂间隔与作业现场温、湿度条件相关。

3 材 料

3.1 一 般 规 定

3.1.1 按照工程防护目的、工程特点和需要，选用不同的类型和施工性能的环氧防护涂料。自流平型黏度较低，搅拌后具有流动性或稍加辅助性铺摊就能流动找平。薄涂型适合于厚度较薄的表面防护，施工性能好，涂覆后容易得到更好的外观效果。厚浆型有更好的厚涂性能，黏度较高，触变性好，可以减少施工遍数，甚至可以一次施涂达到防护设计厚度，降低多道施工中可能出现的层间黏结薄弱隐患，在高湿环境、交叉作业及工期紧张的工程防护中适用性更好。

3.1.2 环氧树脂涂料应进行产品标识。标识顺序应为：产品名称、类别、执行标准。示例：自流平环氧树脂涂料标记为：自流平型环氧树脂涂料 SLECT/CWEA××—2021。

3.2 性 能 及 试 验

3.2.2 本标准规定的物理力学性能，主要考虑了产品本身的物理力学性能要求、工程使用与环境要求、产品最终的功能及生产产品质量控制与施工工艺要求，同时也参照了国内外同类产品标准与技术要求的资料。表3.2.2中7个项目可以比较全面地反映环氧树脂涂料产品的特性。

3.2.3 厚浆型产品对单次施涂厚度提出了要求。在水利工程防护中，经常遇到高湿环境，甚至出现结露现象，这种环境下对多道施涂带来很大困难，也不利于最终防护质量的控制。因此，本标准除了对厚浆型涂层材料的厚涂性能制定了0.5mm的最低要求，同时对结露环境下使用的涂层材料厚涂性能做了更进一步的规定，即单次施涂厚度能达到设计厚度，以避免二道施工层间黏结不良的问题。

3.3 抽 样 检 验

3.3.4 环氧树脂涂料进场抽样检测项目定为固体含量、干燥时间、黏结强度3项指标，这3项检测可基本保证涂料的质量控制，并可较快得到试验验证结果。

4 施 工 要 求

4.1 一 般 规 定

4.1.2 水工混凝土建筑物运行环境多为涉水环境，经受长期浸泡、冲刷，隧洞等环境还有外水内渗的背水压力问题，对于这种长期涉水的应用环境和条件，在参考国内外工程应用案例及相关标准、规范的基础上，本标准建议环氧树脂涂料的施工厚度应该在 0.5mm～2.0mm 之间，而在相对少水运行环境下的防护可以降低涂层厚度，但一般在 0.2mm 以上。针对通过增加厚度可以达到更高防护需求的情况，可以根据具体情况设计涂层厚度，如某工程的消力池抗冲磨防护，其涂层防护厚度设计为 4mm。

4.1.3 环氧树脂涂料是热固性材料，交联反应速度随温度的升高而加快，高温导致材料的适用期缩短；而低温则使树脂体系的黏度增加，环氧树脂涂料的工作性能降低，施工后养护时间增加。经验表明：5℃～35℃温度条件对于大多数环氧树脂防护体系都是合适的施工温度。但并不是超出此温度范围就不可施工，而是需要工艺控制更严格、施工组织更科学。环氧树脂涂料的施工对环境潮湿比较敏感，基面水分含量是界面黏结的重要影响因素。特别要避免基面或多次涂覆层间施工面结露，影响界面黏结和涂层强度。在室外施工时应避免阳光直射，在四级风及以上的露天环境条件下，不宜实施喷涂作业。

4.1.4 基层混凝土强度过低，亦出现防护涂层与基层脱开，导致防护破坏、失效。经过大量的工程实践表明，基层混凝土的强度等级为 C20 以上时，是可以满足环氧树脂涂料的施工要求。

4.2 基 层 处 理

4.2.1 基层处理是环氧树脂涂料施工的关键工序，目的是彻底去除表面浮浆、灰尘、污染物等薄弱层，常见的处理工艺包括机械打磨、高压水冲洗、水喷砂等方法。机械打磨要注意粉尘污染，尽量使用有除尘功能的打磨工具，或增加排风、洒水等除尘手段，同时也应注意基面的二次粉尘污染，必要时后续擦除灰尘；高压水冲洗通常采用 20MPa 以上压力水进行冲洗，同时避免压力过高对混凝土基面造成太大损伤，冲洗后的混凝土基面需要晾干，达到基面干燥度要求，修补防护施工前要避免基面的二次污染。

4.2.2 混凝土基面的活动裂缝会引起环氧树脂防护涂层的开裂,所以表面裂缝应按照 SL 230 技术规程的相关规定进行处理,避免在运行过程中裂缝的开合。

4.2.3 为了形成完整的表面封闭防护层,混凝土表面的孔洞、麻面等缺陷应进行封闭和找平修补。通常情况下,这类缺陷的修补是局部的薄层修补(厚度一般不超过 1cm),为了保证修补薄层的强度及与混凝土基面的黏结性能,所采用修补材料应为黏结性好、强度高的树脂基材料,推荐使用环氧树脂砂浆或环氧腻子进行修补。同时要注意采用的修补材料与环氧树脂涂料的配伍性,不能减弱整体修复质量,特别要考察缺陷修补材料形成的新表面与环氧树脂涂料的黏结效果和可靠性。

5 安全与环保

5.1 安 全

5.1.1~5.1.6 环氧树脂涂料含有刺激性物质,浓度过高或长时间接触容易引起皮肤、呼吸道、眼睛等组织的过敏性反应,作业人员应自觉穿戴工作服、劳保鞋,并佩戴口罩、乳胶手套、护目镜等防护用具。禁止皮肤直接接触物料,如不慎接触后应立即清洗干净。特别强调与物料接触人员不得只佩戴无阻隔性能的线手套,一旦手套受到污染可能会使手部皮肤长期接触物料。对过敏性物质的耐受能力因人而异,在施工前应对人员的身体健康情况进行调查,避免过敏性体质和带病人员上岗。基面处理中经常出现颗粒飞溅,操作人员应佩戴护目镜,保证安全。

5.2 环 保

5.2.1 颗粒飞溅和粉尘污染是基面处理中应注意的主要问题,除应注意个人防护外,还应该选择使用扬尘小的设备或方法。加强环境通风是一项重要的安全措施,是消除粉尘污染、过敏性物质的积累的重要手段。

6 质量检验与验收

6.1 基 层

6.1.1~6.1.2 基层处理的质量对环氧树脂涂料工程最终质量有关键性影响,需给予高度重视。基础处理质量不佳将导致环氧树脂防护涂层材料与基层黏结不良,是运行后出现脱空、脱落、开裂等问题的关键因素之一。另外混凝土表面的裂纹、气孔等对涂层外观质量及封闭效果会产生不利影响,可能影响整体防护效果。应严格按要求检查和控制基层处理的质量,避免不合格基面进入后续施工工序。基层处理的质量主要是通过现场观察等检查手段来控制。

6.2 涂 层

6.2.2 环氧树脂涂料属于环氧热固性材料,国外修补标准规定的检测龄期多数为7d。水利工程条件比较复杂,多数施工环境温度偏低,而环境温度是影响环氧树脂类材料固化物性能关键因素,因此本标准建议现场检测龄期宜为7d~14d,通过足够的固化养护时间来降低环境温度对环氧树脂防护涂层性能增长带来的不确定性影响。由于涂层性能与养护时间直接相关,为避免异议,养护时间的确定应与产品供应商进行事前沟通。

【送审稿格式体例存在问题分析】

序号	条款号/附录号	修 改 意 见	理 由
1	1.0.3	引用标准清单各个类别的标准按照编号从小到大排列。 SL 230 混凝土坝养护修理规程 SL/T 352 水工混凝土试验规程	引用标准清单各个类别的标准按照编号从小到大排列
2	2	术语增加引导语"下列术语及其定义适用于本标准。"且术语条目号、术语和英文译名采用五号黑体	SL 1对术语格式的规定

续表

序号	条款号/附录号	修 改 意 见	理 由
3	3.1.3 1	"外包装上印刷或黏贴产品标志内容宜包括"建议修改为： 外包装上印刷或黏贴产品标志内容应包括： 1）产品名称； 2）如……还应包括产品净质量； 3）批号； 4）贮存期； 5）生产日期； 6）生产企业名称及地址等	"宜"表示所列的项目都是可选项，而实际中产品名称等内容是标志中必须有的，因此改为款和项的形式，将可以选择的内容前面增加选择条件，如修改后的2）
4	3.1.4	改为： 产品运输和储存应符合下列要求： 1 运输以及储存过程中应防止日晒雨淋，不同批号、包装的产品应分别堆放，不应混杂； 2 搬运时应轻搬轻放，防止碰撞、挤压； 3 产品宜在10℃～40℃环境下储存，注意通风，并应远离热源、火源	相似的内容合并在一起
5	5.1.4	"宜避免使用明火"改为"应避免使用明火。"或者"不应使用明火"	明火使用的规定，涉及人身财产安全，采用严格程度"宜"太轻。应采用"应"
6	5.1.6	"严重者及时就医"改为"严重者应及时就医"	增加标准用词
7	条文说明3.1.1	对各个类型材料的性能补充建议总结提炼之后放在正文中	条文说明不进行补充规定

第五节 水利水电工程食品级润滑脂应用导则

一、标准编制的背景和必要性

水利水电工程一般拦江河或依江河而建，这一特点决定了其开发活动对于当地水环境的影响更为直接，施工期的影响尤为凸显出。目前水利工程中设备使用的润滑脂为工业级别，工业级润滑脂中含有重金属及致癌物质。设备的润滑脂多采用人工涂抹方式进行加注，在工作过程中，多余油脂会掉入水中，对当地和下游水环境污染，给下游居民生活和工农业生产产生危害。规范水利水电工程润滑脂的使用，为加强对在水利水电工程中，特别是在饮用水源地和引水工程中水利工程启闭机、闸门、清污机等设备上使用的润滑脂进行监管提供依据。在提高饮用水质安全、保障设备安全运行上有创新性突破，能够显著降低了润滑脂对水源的污染，符合当前水利部提出的"科教兴水"和"可持续发展战略"，具有重大战略意义。

二、标准的主要内容分析

（一）标准性质

本标准属于产品类标准。

（二）标准格式体例

本标准格式体例按照 GB/T 1.1—2020 的规定编制。

（三）标准名称

水利水电工程食品级润滑脂应用导则。

1. 引导元素：水利水电工程

表明了标准涉及的领域是水利水电工程，标准的适用范围也将会是水利水利工程领域。

2. 主体元素：食品级润滑脂

表明了标准的标准化对象，为食品级润滑脂，标准所有的条款都将围绕食品级润滑脂编写。

3. 补充元素：应用导则

本标准规定的内容是食品级润滑脂的特定方面——应用，不是生产、也不是设计、检验验收，标准的条款紧紧围绕应用的相关要求编写，不应涉及生产、设计等内容。

食品级润滑脂在水利水电工程中的应用刚刚起步，虽然在应用中已经积累了一定的成熟经验，但是本标准是首次对食品级润滑脂在水利水电工程中应用进行规定，部分内容还处于探索阶段，因此采用特征名"导则"。

（四）主要内容

本标准主要内容包括：本标准规定了水利水电工程食品级润滑脂的产品质量指标、工程应用、贮存、运输和验收。适用于水利水电工程特别是饮用水水源地、饮用水调水工程以及对水质要求较高的水利水电工程等设备润滑脂选择和使用，也适用于水利水电工程食品级润滑脂的贮存、运输和验收等。

（五）标准结构

根据标准名称可以判断，本标准是一个产品应用的技术标准，采用的是 GB/T

1.1—2020 的编写规则。

资料性要素：封面、前言、目次、规范性引用文件，本标准无引言。

规范性要素：范围、术语和定义以及核心技术要素

1. 范围

范围的第一段"本标准规定了水利水电工程食品级润滑脂的产品质量指标、工程应用、贮运和验收。"严格对应了标准名称中标准化对象（水利水电工程食品级润滑脂）及其特定方面——应用（产品质量指标、工程应用、贮运和验收）。

范围的第二段"本标准适用于水利水电工程中饮用水水源地、饮用水调水工程以及对水质要求较高的水利水电工程设备的润滑脂选择和使用，同时适用于水利水电工程食品级润滑脂的贮运和验收等。"给出了标准具体的适用范围，便于使用者对照使用。

2. 核心技术要素

第 4 章质量指标：规定了产品食品级润滑脂的分类、性能和质量指标，以及这些指标的检验方法，保证了产品的性能和质量。

第 5 章工程应用：规定了产品食品级润滑脂的适用的环境条件、在水利水电工程中的适用部件、使用方法以及使用时应遵守的原则，规范了产品的工程应用。

第 6 章贮存和验收：规定了食品级润滑脂的标志、储存和运输的要求，明确了验收的程序和要求。

按照第五章第十节"技术内容"中规范性技术要素的编制原则，本标准的核心技术要素涉及了水利水电工程食品级润滑脂的性能及检验方法，工程应用要求以及贮存和验收要求。包含了标准化对象应用方面的全部内容，体现了标准化对象原则以及使用者原则。本标准的使用对象——水利水电工程食品级润滑脂的使用人员，按照本标准的要求，即可明确所使用的食品级润滑脂是否合格，并能够对所购产品进行验收，能够正确的使用食品级润滑脂（包括适用范围和正确的使用方法），并在贮存和运输中保证产品质量良好。保证了食品级润滑脂在水利水电工程中的规范应用，满足了标准编制目的——该产品的规范应用。

三、标准送审稿示例

下面给出标准编制送审阶段的送审稿，后文将列出送审稿存在的格式体例问题。

【送审稿示例】

ICS×××××

CCS P ××

团 体 标 准

T/CWEA ××—2021

水利水电工程食品级润滑脂应用导则

Guidelines of food-grade grease application
for water and hydropower projects

（送审稿）

202×-××-×× 发布　　　　　　　　　　202×-××-×× 实施

中国水利工程协会　发布

目 次

前言 ·· 347
1 范围 ·· 348
2 规范性引用文件 ··· 348
3 术语和定义 ··· 348
4 质量指标 ·· 349
　4.1 钢丝绳表面润滑脂质量指标要求 ·· 349
　4.2 轴承润滑脂质量指标要求 ··· 350
5 工程应用 ·· 351
　5.1 一般规定 ·· 351
　5.2 适用部件 ·· 351
　5.3 使用方法 ·· 351
　5.4 使用要求 ·· 352
6 贮运和验收 ··· 352
　6.1 贮运 ··· 352
　6.2 验收 ··· 353

前　言

根据中国水利工程协会团体标准制修订计划安排，按照 GB/T 1.1—2020《标准化工作导则第 1 部分：标准化文件的结构和起草规则》的要求，编制本标准。

本标准共 6 章，主要内容包括：
——范围；
——规范性引用文件；
——术语和定义；
——质量指标；
——工程应用；
——贮运和验收。

本标准为首次发布。

本标准批准部门：中国水利工程协会

本标准主编单位：水利部水工金属结构质量检验测试中心
　　　　　　　　中国石化润滑油有限公司

本标准参编单位：

本标准主要起草人：

本标准审查会议技术负责人：

本标准体例格式审查人：

本标准内部编号：

水利水电工程食品级润滑脂应用导则

1 范围

本标准规定了水利水电工程食品级润滑脂的产品质量指标、工程应用、贮运和验收。

本标准适用于水利水电工程中饮用水水源地、饮用水调水工程以及对水质要求较高的水利水电工程设备的润滑脂选择和使用，同时适用于水利水电工程食品级润滑脂的贮运和验收等。

2 规范性引用文件

下列文件中的内容通过文中的规范性引用而构成本标准必不可少的条款。其中，凡是注日期的引用文件，仅该日期对应的版本适用于本标准；不注日期的引用文件，其最新版本（包括所有的修改单）适用于本标准。

GB/T 269—1991　润滑脂和石油脂锥入度测定法
GB/T 3498—2008　润滑脂宽温度范围滴点测定法
GB/T 5018—2008　润滑脂防腐蚀性试验法
GB/T 5750—1985　生活饮用水标准检验法
GB 15193.3—2003　急性毒性试验
SL 41—2018　水利水电工程启闭机设计规范
SL/T 722—2020　水工钢闸门和启闭机安全运行规程
NB/SH/T 0164—2019　石油及相关产品包装、储运及交货验收规则
NB/SH/T 0387—2014　钢丝绳用润滑脂
NB/SH/T 0967—2017　润滑剂包装标识通则
SH/T 0081—1991　防锈油脂盐雾试验法
SH/T 0202—1992　润滑脂极压性能测定法（四球机法）
SH/T 0204—1992　润滑脂抗磨性能测定法（四球机法）
SH/T 0338—1992　滚珠轴承润滑脂低温转矩测定法

3 术语和定义

前述引用文件中界定的以及下列术语和定义适用于本标准。

3.1 润滑脂　grease

用稠化剂稠化基础油并加入添加剂制备的润滑剂。

3.2 食品级润滑脂　food-gradegrease

基础油、稠化剂、添加剂均符合食品级标准，并在食品级专用设备生产的润滑脂。

3.3 滴点　dropping point

表示润滑脂油皂分离或变软流失的最低温度。

3.4 低温性能　low temperature property

润滑脂在低温环境下，稠度和粘度变化程度。

3.5 低温转矩　low temperature torque

润滑脂用于轴承润滑时的低温性能。

3.6 防腐蚀性　corrosion preventive property

润滑脂保护金属免于锈蚀的能力。

3.7 滑落实验　sliding test

测试润滑脂在高温环境、垂直工况下是否滑落。

3.8 极压性能　EP property

润滑脂在负荷下的承载能力。

3.9 抗磨性能　anti-wear property

润滑脂在高负荷运转设备中保持润滑部件不被磨损的能力。

3.10 盐雾试验　salt spray test

测试润滑脂在盐雾环境下对金属的防锈性。

3.11 锥入度　cone penetration

表示润滑脂稠度及软硬程度。

4 质量指标

4.1 钢丝绳表面润滑脂质量指标要求

钢丝绳表面润滑脂的质量指标应符合表1给出的特定值。

表1　钢丝绳表面润滑脂的质量指标

项　目	质量指标	试验方法
外观	浅黄色至白色均匀油膏	目测
非工作锥入度/0.1mm	220～295	GB/T 269—1991

续表

项　　目	质量指标	试验方法
滴点/℃，不低于	260	GB/T 3498—2008
防腐蚀性（52℃，48h，蒸馏水）	合格	GB/T 5018—2008
盐雾试验（45号钢，A级）/天，不小于	7	SH/T 0081—1991
滑落实验（80℃，1h）	合格	NB/SH/T 0387—2014 附录 B
低温性能（−40℃，30min）	合格	NB/SH/T 0387—2014 附录 C
急性经口毒性测试	无毒	GB 15193.3—2003
重金属测试	合格	IEC 62321
涉水试验	合格	GB/T 5750—1985
中国环境标志（Ⅱ型）产品认证	通过	—
NSF（National Sanitation Foundation）H1认证	通过	—

4.2 轴承润滑脂质量指标要求

轴承润滑脂的质量指标应符合表2给出的特定值。

表2　轴承润滑脂的质量指标

项　　目	质量指标 1号	质量指标 T1号	质量指标 2号	质量指标 T2号	试验方法
外观	浅黄色至白色均匀油膏				目测
工作锥入度/0.1mm	310～340	290～320	265～295	245～275	GB/T 269—1991
滴点/℃，不低于	240	240	260	260	GB/T 3498—2008
防腐蚀性（52℃，48h，蒸馏水）	合格				GB/T 5018—2008
盐雾试验（45号钢，A级）/天，不小于	7				SH/T 0081—1991
极压性能（四球机法）烧结负荷（P_D值）/N不小于	1961				SH/T 0202—1992
低温转矩（−40℃）/(mN·m) 启动转矩不大于 运转转矩不大于	700 150	700 150	900 200	900 200	SH/T 0338—1992
抗磨性能（1200rpm，392N，75℃，60min） 磨痕直径/mm，不大于	0.60				SH/T 0204—1992
急性经口毒性试验	无毒				GB 15193.3—2003

续表

项　　目	质量指标				试验方法
	1号	T1号	2号	T2号	
重金属测试	合格				IEC 62321
涉水相关试验	合格				GB/T 5750—1985
中国环境标志（Ⅱ型）产品认证	通过				—
NSF（National Sanitation Foundation）H1认证	通过				—

注：食品级润滑脂按稠度等级分为1号、T1号、2号和T2号四个牌号。

5　工程应用

5.1　一般规定

5.1.1 食品级润滑脂在使用时，使用单位应根据不同用途、不同工况要求选择不同种类产品。

5.1.2 使用单位应根据使用工况、维保要求确定产品具体用量及更换频率。

5.1.3 不同种类的润滑脂产品不能混用，使用前不应加热。

5.1.4 钢丝绳表面润滑脂的适应温度范围应为：低温≤－40℃，高温≥120℃。

5.1.5 轴承润滑脂的适应温度范围应为：低温≤－40℃，高温≥160℃。

5.2　适用部件

5.2.1 对环保要求较高的工程，如供水工程、饮用水源、饮用水调水工程等，在启闭机吊具轴承或其他设备大齿轮、小齿轮和钢丝绳等设备上使用的润滑脂应满足 SL 41—2018 及 SL/T 722—2020 的规定，应采用食品级润滑油和润滑脂。

5.2.2 食品级钢丝绳表面润滑脂适用于水利水电工程各类机械设备钢丝绳部位的润滑和防护。

5.2.3 食品级轴承润滑脂适用于水利水电工程各类机械设备轴承部位、开式齿轮以及清污机的传输链条等运动部位的润滑和防护，应按照使用环境、荷载、加油方式、使用频率等情况分别选取不同等级的润滑脂，食品级润滑脂按稠度等级分为1号、T1号、2号和T2号四个牌号。集中润滑系统且供脂管线较长以及低温启动性要求较高的一般选择稠度较小的1号或T1号。手工加脂及设备工作频繁、长期运转时可选择稠度较大的2号或T2号。

5.3　使用方法

5.3.1 食品级钢丝绳表面润滑脂的使用应满足下列要求：

a) 在使用及更换时，采用干净无纺布沾取洁净的有机溶剂将钢丝绳表面的废旧油脂及表面黏附的泥沙擦拭干净，或用其他方法将钢丝绳表面的废旧油脂及表面黏附的泥沙擦拭干净，并通风晾干，用刷子或涂脂器等工具将油脂涂抹在钢丝绳表面，使其均匀覆盖。

b) 更换周期根据设备运转情况而确定，设备运转越频繁更换周期应越短，但不宜超过一年。

c) 废旧润滑脂要采用符合国家环保要求的方法进行处理。

5.3.2 食品级轴承润滑脂的使用应满足下列要求：

a) 在使用及更换时，先将使用部位的旧脂清理干净，轴承部位应采用干净无纺布沾取洁净的有机溶剂将轴承的内外圈、滚动体和保持架等擦拭干净，并将轴承放在通风处晾干，随后将本轴承润滑脂涂敷在工况表面。轴承运转速度越高，装脂量越少，转速越低，装脂量越多。

b) 更换周期应根据设备运转情况及轴承实际润滑状况确定，设备运转越频繁更换周期越短，但不宜超过三年。

c) 废旧润滑脂要采用符合国家环保要求的方法进行处理。

5.4 使用要求

食品级润滑脂在使用过程中应遵循以下原则：

a) 应按机械设备不同部位的要求或说明书的规定选用润滑脂产品的种类、牌号，使用合适的产品。

b) 应防止不同种类、牌号及新、旧产品的混合，避免装脂容器、工具混用。

c) 领取和加注产品前应进行容器和工具的清洁，机械设备上的供脂口应事先擦拭干净不应混入机械杂质和尘土沙粒，使用前不应加热。

d) 建议填充适量的润滑脂。对密封轴承，产品的填充量宜为轴承内部空腔的1/3～2/3为宜。

6 贮运和验收

6.1 贮运

6.1.1 食品级润滑脂的标志、储存和运输等应按 NB/SH/T 0164—2019 的有关规定或使用单位要求执行。

6.1.2 食品级润滑脂的贮存期限宜为 3 年。

6.1.3 在贮存运输过程中同时应遵循以下原则：

a) 产品应优先入库保管，避免温度、水分、尘土等对产品的影响，储存温度不宜高于 35℃，防止日晒雨淋。

b) 盛装产品的容器应密封，避免进入水分、杂质。

c) 使用时应沿桶身均匀取样，使用后应保证剩余的产品表面平整，避免坑凹析油。

d) 收发或向加注产品用的容器、工具应保证清洁且专品专用。储存和发放产品时应防止不同润滑脂的混合。

e) 适时抽查贮存的产品质量，质量指标接近标准上下限的，不应继续贮存。如有变质应及时按照国家环保要求的方法进行处理。

f) 包装容器，应产品专用，同时应根据产品用途和用量，采用适宜大小的包装，选用的包装容器应利于储存和便于使用。避免使用过大容器包装。装运产品时，宜轻取轻放，避免沿桶边缘滚筒，防止容器损坏，避免雨水、灰尘等污染润滑脂。

g) 运输过程中，避免包装破损，不应与有毒有害的危险化学品混装。

6.2 验收

产品在验收时应当遵循以下原则。

6.2.1 交货产品应附有生产厂家的产品检验合格证书，并注明产品种类、牌号、生产日期和保质期等信息。

6.2.2 生产厂家每三年应向使用单位提供具有资质的第三方单位出具的检测报告。

6.2.3 产品外包装出现破损，应停止产品交付。

【送审稿格式体例存在问题分析】

序号	条款号/附录号	修改意见	理由
1	3	"前述引用文件中界定的以及下列术语和定义适用于本标准。"建议明确"前述引用文件"具体的文件名称	表述不明确
2	3.3	"表示润滑脂油皂分离或变软流失的最低温度。"删除"表示"	术语定义的规定
3	3.4	"润滑脂在低温环境下，稠度和黏度变化程度。""在低温环境下，润滑脂稠度和黏度的变化程度。"	更顺畅
4	3.7	改为"测试润滑脂在高温环境、垂直工况下是否滑落的实验。"	语句完整
5	4.1	改为"钢丝绳表面润滑脂的质量指标及其试验方法应符合表1的规定。"	表的引出语的内容与表的内容一致
6	4.2	改为"轴承润滑脂的质量指标及试验方法应符合表2的规定。"	表的引出语的内容与表的内容一致
7	表2	"注"中润滑脂的分类，建议作为条文单列一节，润滑脂的分类	表注不应包括规定
8	5.1.3	"不能"改为"不应"	标准化用词不用"不能"
9	5.1.4、5.1.5	"范围要求"改为"范围应为"	增加引导语"应"
10	5.2.1	"应采用食品级润滑油和润滑脂"与前文"应满足SL 41—2018及SL/T 722—2020的规定"是否一致？	前后规定协调一致
11	5.2.2、5.2.3	修改为： 5.2.2 食品级润滑脂按稠度等级分为1号、T1号、2号和T2号四个牌号。应按照使用环境、荷载、加油方式、使用频率等情况分别选取不同等级的润滑脂。集中润滑系统且供脂管线较长以及低温启动性要求较高的宜选择稠度较小的1号或T1号。手工加脂及设备工作频繁、长期运转时可选择稠度较大的2号或T2号。 5.2.3 食品级钢丝绳表面润滑脂适用于水利水电工程各类机械设备钢丝绳部位的润滑和防护。食品级轴承润滑脂适用于水利水电工程各类机械设备轴承部位、开式齿轮以及清污机的传输链条等运动部位的润滑和防护	条款每一条应只规定一个内容
12	5.3.1 a)	删除"或用其他方式……擦拭干净"，改为"可采用干净无纺布沾取洁净的有机溶剂将钢丝绳表面的废旧油脂及表面黏附的泥沙擦拭干净，并通风晾干，用刷子或涂脂器等工具将油脂涂抹在钢丝绳表面，使其均匀覆盖。"	标准不包括"其他方法"这种模糊规定

续表

序号	条款号/附录号	修 改 意 见	理由
13	5.3.1 b)	改为"更换周期应根据设备运转情况而确定,设备运转越频繁更换周期应越短,但不宜超过一年。"	增加标准化用词"应"
14	5.3.1 c)	改为"废旧润滑脂应采用符合国家环保要求的方法进行处理。"	修改标准化用词"应"
15	5.4 d)	改为"润滑脂填充宜适量,对密封轴承,产品的填充量宜为轴承内部空腔的1/3～2/3。"	语句通顺
16	6.2	删除"产品在验收时应当遵循以下原则"	不应有悬置段
17	6.2.3	改为"应停止产品交付"	增加标准化用词"应"

参 考 文 献

[1] 国家标准化发展纲要. 国务院 2021 年 10 月印发.
[2] 团体标准管理规定（国标委联〔2019〕1 号）.
[3] 关于促进团体标准规范优质发展的意见（国标委联〔2022〕6 号）.
[4] 水利部关于修订印发水利标准化工作管理办法的通知，水利部 2022 年 7 月印发.
[5] 水利部印发关于加强水利团体标准管理工作的意见的通知（水国科〔2020〕16 号）.
[6] 中国水利工程协会标准管理办法. 中国水利工程协会标准管理工作细则.（水协〔2020〕38 号）.
[7] 中华人民共和国水利部. 水利技术标准体系表（2020 年版）. 2020 年 10 月.
[8] GB/T 20000.1—2014 标准化工作指南　第 1 部分：标准化和相关活动的通用术语 [S].
[9] GB/T 20004.1—2016　团体标准化　第 1 部分：良好行为指南 [S].
[10] 中华人民共和国住房和城乡建设部. 工程建设标准编写规定. 2008 年 10 月 7 日.
[11] GB/T 1.1—2020 标准化工作导则　第 1 部分：标准化文件的结构和起草规则 [S].
[12] SL T 1—2024 水利技术标准编写规定 [S].